Konstruktionsbücher
Herausgegeben von Professor Dr.-Ing. G. Pahl
Band 40

Dietrich Schlottmann

Auslegung von Konstruktionselementen

Sicherheit,
Lebensdauer und Zuverlässigkeit im Maschinenbau

mit 87 Abbildungen

Springer-Verlag

Berlin Heidelberg New York
London Paris Tokyo
Hong Kong Barcelona Budapest

Prof. Dr. sc.techn. Dietrich Schlottmann
Universität Rostock
Institut für Konstruktionstechnik

Prof. Dr.-Ing. Gerhard Pahl
em. Universitätsprofessor, Fachgebiet Maschinenelemente und
Konstruktionslehre der Technischen Hochschule Darmstadt

ISBN 3-540-55893-4 Springer-Verlag Berlin Heidelberg New York

CIP-Eintrag beantragt

Dieses Werk ist urheberrechtlich geschützt. Die dadurch begründeten Rechte, insbesondere die der Übersetzung, des Nachdrucks, des Vortrags, der Entnahme von Abbildungen und Tabellen, der Funksendung, der Mikroverfilmung oder der Vervielfältigung auf anderen Wegen und der Speicherung in Datenverarbeitungsanlagen, bleiben, auch bei nur auszugsweiser Verwertung, vorbehalten. Eine Vervielfältigung dieses Werkes oder von Teilen dieses Werkes ist auch im Einzelfall nur in den Grenzen der gesetzlichen Bestimmungen des Urheberrechtsgesetzes der Bundesrepublik Deutschland vom 9. September 1965 in der jeweils geltenden Fassung zulässig. Sie ist grundsätzlich vergütungspflichtig. Zuwiderhandlungen unterliegen den Strafbestimmungen des Urheberrechtsgesetzes.

© Springer-Verlag Berlin, Heidelberg 1995
Printed in Germany

Die Wiedergabe von Gebrauchsnamen, Handelsnamen, Warenbezeichnungen usw. in diesem Werk berechtigt auch ohne besondere Kennzeichnung nicht zu der Annahme, daß solche Namen im Sinne der Warenzeichen- und Markenschutz-Gesetzgebung als frei zu betrachten wären und daher von jedermann benutzt werden dürften.

Sollte in diesem Werk direkt oder indirekt auf Gesetze, Vorschriften oder Richtlinien (z.B. DIN, VDI, VDE) Bezug genommen oder aus ihnen zitiert worden sein, so kann der Verlag keine Gewähr für Richtigkeit, Vollständigkeit oder Aktualität übernehmen. Es empfielt sich, gegebenenfalls für die eigenen Arbeiten die vollständigen Vorschriften oder Richtlinien in der jeweils gültigen Fassung hinzuzuziehen.

Einbandgestaltung: Konzept & Design GmbH, Ilvesheim
Herstellung: PRODUserv Springer Produktions-Gesellschaft, Berlin

SPIN: 10081189   68/3020-5 4 3 2 1 0 – Gedruckt auf säurefreiem Papier.

Vorwort

Die Berechnung von Sicherheit, Lebensdauer und Zuverlässigkeit technischer Gebilde des Maschinenbaus erweist sich immer wieder als wesentlicher und anspruchsvoller Bestandteil der Arbeit des in der Konstruktion tätigen Ingenieurs.

Höhere Leistungsparameter, geringerer Materialeinsatz sowie verbesserte Verfügbarkeit kennzeichnen zunehmend die Erzeugnisse insbesondere des Maschinenbaus.

Das vorliegende Buch ist hervorgegangen aus Vorlesungen für Studierende der Ausbildungsrichtung Konstruktionstechnik, aus praktischen Erfahrungen des Autors in der Auslegungspraxis auf dem Gebiet des Schiffsmaschinenbaus sowie Forschungs- und Entwicklungsaufgaben am Institut für Konstruktionstechnik der Universität Rostock.

Es erhebt keinen Anspruch, neue Forschungsergebnisse z.B. auf Gebieten wie der Betriebsfestigkeitslehre oder der Tribotechnik zu verbreiten. Es verfolgt das Anliegen, multivalent nutzbare Methoden zur Auslegung von Konstruktionselementen und Maschinen für die Konstuktionspraxis sowie für Studierende konstruktiv geprägter Fachrichtungen zu vermitteln. Diesem Anliegen tragen auch die Datensammlung im Anhang A und die Beispiele im Anhang B Rechnung.

Ich gebe der Hoffnung Ausdruck, daß das vorliegende Buch durch das Erscheinen in der bewährten Reihe des Springers-Verlages "Konstruktionsbücher" viele Leser und Interessenten erreichen wird. Für die Unterstützung bei der Fertigstellung des Buches danke ich meinen Mitarbeitern wie auch dem Lektorat des Springer-Verlages.

Rostock, Januar 1995   Dietrich Schlottmann

Inhalt

1. **Einleitung** 1

2. **Einordnung der Auslegung von Konstruktionselementen und Maschinen in den Konstruktionsprozeß** 3

3. **Auslegung von Konstruktionselementen durch Berechnung der "Sicherheit"** 6
   - 3.1. Auslegung, dargestellt am klassischen Sicherheitsbegriff 6
   - 3.2. Berechnung der "vorhandenen" Spannungen 8
   - 3.3. Versagen durch bleibende Verformung, Gewalt- und Schwingbruch . . . 12
   - 3.4. Bestimmung der Sicherheit bei Schwingbeanspruchung 16
   - 3.5. Örtliche Spannungserhöhungen ; Konzept der Sicherheitsberechnung nach örtlichen Spannungen 19
   - 3.6. Einflüsse auf die Schwingfestigkeit ; das Nennspannungskonzept 26
   - 3.7 Zusammengesetzen oder kombinierte Beanspruchung stabförmiger Bauteile; Vergleichsspannung und Gesamtsicherheit 33
   - 3.8. Vergleichsspannung und Sicherheitsnachweis für nichtstabförmige Bauteile, Grenzen des Konzepts der örtlichen Spannungen 40
   - 3.9. Erforderliche Sicherheit ; Sicherheit unter wahrscheinlichkeitstheoretischem Aspekt 41

4. **Schaden und Schädigung als stochastischer Vorgang; Grundlagen der Zuverlässigkeitstheorie** 45
   - 4.1. Mathematische Aufbereitung des statistischen Ausfallverhaltens 45
   - 4.2. Grundlagen der Zuverlässigkeitstheorie 48
   - 4.3. Verteilungsfunktion ; Anwendung spezieller Verteilungsfunktionen . . . 51
   - 4.4. Systemzuverlässigkeit 54

5. **Schädigung und Versagen technischer Gebilde** 59
   - 5.1. Überblick 59
   - 5.2. Schädigung durch Ermüdung 62
   - 5.3. Schädigung durch Verschleiß 71
     - 5.3.1. Problemstellung 71
     - 5.3.2. Berechnungansatz für das Versagen durch Verschleiß 75
   - 5.4. Problemstellung 80
   - 5.5. Mehrfache Schädigung 81
   - 5.6. Komplexe Schädigung 83

      5.6.1. Schädigung an Wälzlagern 83
      5.6.2. Komplexer Schädigungsvorgang am System Laufbuchse/
            Kolbenring - eine einfache Modellvorstellung 88

6. Beanspruchungsfunktionen; Beanspruchungskollektive . . . 92
   6.1. Übersicht 92
   6.2. Beanspruchungskollektive 92
   6.3. Kollektivermittlung bei stochastisch schwingender
       Beanspruchungsfunktion 96

7. Lebensdauerberechnung; Schadensakkumulation 99
   7.1. Lebensdauer bei einem Beanspruchungshorizont 99
   7.2. Lebensdauer bei Kollektivbeanspruchung 99
   7.3. Lebensdauer bei Kollektivbeanspruchung im Langlebigkeits-
       bzw. Dauerfestig-keitsbereich 103
   7.4. Äquivalente Beanspruchung bzw. Belastung 104

8. Lebensdauer und Sicherheit ; Lebensdauerreserve und aktuelle Zuverlässigkeit 107
   8.1. Elementare Sicherheitsnachweis 107
   8.2. Allgemeiner Zusammenhang zwischen Lebensdauer und
       Sicherheit im Kurzlebigkeitsbereich bei gleichbleibender
       Zuverlässigkeit 107
   8.3. Zusammenhang Lebensdauerreserve und Zuverlässigkeit
       im Kurzlebigkeitsbereich 111
   8.4. Zusammenhang zwischen Sicherheit und Schadens-
       wahrscheinlichkeit im Sinne des klassischen Sicherheitsbegriffes 112

9. Zuverlässigkeit und Instandhaltung 115
   9.1. Grundbegriffe der Instandhaltungstheorie 115
   9.2. Systemzuverlässigkeit mit Erneuerung 116
   9.3. Funktionelle Verfügbarkeit technischer Gebilde 116
   9.4. Ökonomische Optimierung der Nutzungsdauer 118

10. Zu einigen ungelösten Problemen und anstehenden Forschungsaufgaben   121

Literaturverzeichnis 123

Anhang A Datensammlung 127

Tafel I.	Spannungszustände	129
II.	Festigkeitswerte (Tabellen)	134
III.	Schwingfestigkeit (Smithdiagramm)	138
IV.	Einflüsse auf die Schwingfestigkeit	143
V.	Sicherheiten	151
VI.	Sicherheiten im Kurzlebigkeitsbereich (Wöhlerdiagramme) . . .	152
VII.	Verschleiß und andere flächenabtragende Prozesse	157
VIII.	Beanspruchungskollektive	158
IX.	Lebensdauerwerte, Ausfallraten, erforderliche Zuverlässigkeiten	160
X.	Verteilungsfunktionen	161

Anhang B Beispiele 167

1. Sicherheit gegen Streck- und Fließgrenzenüberschreitung, Einfluß der Vergleichspannungshypothesen 169
2. Sicherheitsnachweis bei Schwingbeanspruchung 170
3. Lebensdauerberechnung im Zeitfestigkeitsbereich bei einem Beanspruchungshorizont 172
4. Lebensdauerberechnung mittels linearer Schadensakkumulationshypothese 173
5. Verschleiß und Grenznutzungsdauer von Bremsbelägen 177
6. Ausfallverhalten und Auslegung eines Hydraulikventils 181
7. Systemzuverlässigkeit einer Zweikreisbremse 183
8. Wälzlager - Systemzuverlässigkeit 185
9. Zuverlässigkeit, ökonomische Nutzungsdauer 189

Sachwortverzeichnis 191

1. Einleitung

Bevor für den konstruktionstheoretisch interessierten Leser die "Auslegung von Konstruktionselementen" eine entsprechende Einordnung in den konstruktiven Gesamtprozeß erfahren wird, soll in einer historisch angelegten Darstellung verdeutlicht werden, welchem wissenschaftlichen Anliegen und welchem Ziel das vorliegende Buch zuzuordnen ist.

Bei der *Auslegung* von Maschinen, Baugruppen und Elementen wird nach der Festlegung der Prinziplösung über *Hauptabmessungen*, *Masse* und *Zuverlässigkeit* entschieden.

Informationsverarbeitung und Rechentechnik haben das Tätigkeitsbild des Konstrukteurs in den letzten Jahrzehnten verändert.

Neben den Möglichkeiten der Computergraphik lassen sich Berechnungen durchführen, die noch vor Jahren wegen des hohen Arbeits- und Zeitaufwandes nicht denkbar waren.

Natürlich hat diese Entwicklung auch die "Auslegung" von Konstruktionselementen beeinflußt. Denken wir nur an die Methode der Finiten Elemente, die es gestattet, die vorhanden Spannungen in kompliziertesten Bauteilen zu berechnen.

Trotzdem bleibt die Rechentechnik für die Ermittlung von Sicherheit, Lebensdauer und Zuverlässigkeit ein Hilfsmittel, da das Ausfallverhalten von Konstruktionselementen und Maschinen damit nur auf der Basis mathematischer Modelle simuliert werden kann.

Das Problem *des Ausfalles* bzw. *des Versagens* von Geräten und schließlich auch Bauwerken dürfte so alt sein wie die Menschheit selbst. Die Erfahrung der Menschen lieferte jedoch offensichtlich ein relativ sicheres Gefühl für die Belastbarkeit der beeindruckenden Bauwerke des Altertums.

Erste wissenschaftliche Ansätze einer "Auslegungsrechnung" gehen auf *Galilei*, (1564-1663) zurück, der den Methoden und Modellen der heutigen Festigkeitslehre bereits sehr nahe kam (vergl. z.B. /1/, /2/). So verwendete er den Begriff der Spannung und berechnete diese für den Einspannungsquerschnitt eines Kragarmes. Auch wenn die angenommene Spannungsverteilung und damit das Ergebnis falsch waren, so erkannte er die Bedeutung der Spannung als Vergleichsgröße für das Eintreten des Bruches. Mit Recht wird deshalb der Name Galilei mit der einfachsten Bruchtheorie, nämlich der Hauptnormalspannungshypothese in Verbindung gebracht (vergl. Abschnitt 3.)

Natürlich war es bis zur Gestaltungsänderungsenergiehypothese (1913) nach v. *Mises* /3/ noch ein weiter Weg. Die v. Mises´sche Hypothese dürfte für das Fließen und den Bruch infolge statischer Beanspruchung insbesondere für metallische Werkstoffe der Realität am nächsten kommen.

Neue Rätsel gaben die sich immer schneller drehenden Maschinen ihrem Schöpfern insbesondere bzgl. ihrer Haltbarkeit auf. Berechnungen mit Kräften analog den statischen Lasten erwiesen sich als völlig unzutreffend. Es ist das bleibende Verdienst von *Wöhler*, das Ermüdungsverhalten von Werkstoffen und Bauteilen mit dem nach ihm bezeichneten "Wöherdiagramm" anschaulich und zweckmäßig beschrieben zu haben /4/.

Ein Grundanliegen des vorliegenden Buches besteht darin, *der von Wöhler für die Ermüdung entwickelten Methodik auch für andere Versagensarten wie Verschleiß und Korrosion zu folgen.*

Die ehemals von Wöhler entdeckte "Dauerfestigkeit" metallischer Werkstoffe, d.h. ihre Unempfindlichkeit gegenüber schwingender Beanspruchung unterhalb eines bestimmtem Beanspruchungsnivaus, führte zu relativ einfachen Beanspruchmethoden auch für den Ermüdungsbereich. Wie bei statischer Belastung werden "Sicherheiten" als Quotient aus zum Versagen führender und vorhandener Beanspruchung berechnet. Obwohl diese einfache ingenieurmäßige Methode im Abschnitt 3. teilweise einer kritischen Betrachtung unterzogen wird, dürfte sie auch in Zukunft ihre Bedeutung behalten.

Andererseits ist es gerade die Schädigung durch "Ermüdung", die sich im letzten Jahrzehnt durch eine hohe Forschungsdichte auszeichnet und als "Betriebsfestigkeitslehre" zu einer selbständigen Teildisziplin der Festigkeitslehre geworden ist.

Leider hat sich die Betriebsfestigkeitslehre bisher nicht von der Empirie lösen können, und es muß vielleicht gerade deshalb beklagt werden, daß sie nicht in gebührendem Maße bei der Auslegung von Bauteilen des Maschinenbaus zur Anwendung gekommen ist. Die Berechnungsstandards gehen bisher weitgehend davon aus, daß eine Maschine auf "Dauerfestigkeit" ausgelegt wird - und das ist gleichbedeutend mit einer zumindest theoretisch unendlichen Lebensdauer.

Die Erfahrung lehrt aber, daß Maschinen nach endlichen Zeiten ausfallen - und das nicht nur durch Gewalt- oder Ermüdungsbruch, sondern auch durch Verschleiß, Korrosion und andere Versagensarten. So gesehen stellt die von Palmgreen /5/ bereits 1920 vorgeschlagene Methode der Lebensdauerberechnung von Wälzlagern eine der Zeit vorausgehende Pionierleistung dar, deren Entwicklung sich aufdrängte, da Wälzlager keinen Dauerfestigkeitsbereich aufwiesen.

Neben der Wöhlerlinie wird die von Palmgreen eingeführte und von Miner /6/ verallgemeinerte Methode der Lebensdauerberechnung in der vorliegenden Publikation als eine ingenieurmäßig zweckmäßige Vorgehensweise auch auf andere Schädigungsmechanismen angewendet.

Auch wenn Schädigungen durch Ermüdung, Verschleiß und Korrosion ursächlich kaum Gemeinsamkeiten aufweisen, soll der Versuch unternommen werden, eine phänomenologisch begründete gleichartige Berechnungsmethode zu entwickeln, um eine ingenieurmäßig einheitliche Berechnung von Schädigungen im Sinne der Auslegungsrechnung zu erreichen.

Es sei hervorgehoben, daß die vorgeschlagene Vorgehensweise nur aus der Sicht des Konstrukteurs ihre Begründung findet. Sie erhebt keinen Anspruch, auf den Teilgebieten wie der Ermüdung, des Verschleißes oder der Korrosion einen auf die Grundlagen gerichteten Beitrag leisten zu wollen. Trotzdem dürfte die integrative Betrachtungsweise auch für den Spezialisten der Teildisziplin Anregungen bieten.

Im übrigen wird eine solide Beherrschung der Wahrscheinlichkeitsrechnung sowie der mathematischen Zuverlässigkeitstheorie vorausgesetzt. Beide Disziplinen bilden zunehmend unverzichtbare Hilfsmittel einer wissenschaftlich begründeten Konstruktionspraxis.

2. Einordnung der Auslegung von Konstruktionselementen und Maschinen in den Konstruktionsprozeß

Das Bedürfnis nach neuen Erzeugnissen wird durch die Entwicklung der Wirtschaft und das Entstehen von Marktlücken ausgelöst. Für den Entwicklungsingenieur und Konstrukteur beginnt der Konstruktionsprozeß in der Regel mit einer entsprechend formulierten Aufgabe und endet mit der Produktionsdokumentation des angestrebten Erzeugnisses.

Eine wissenschaftliche Analyse dieses Prozesses geht auf Hansen /7/ sowie Müller /8/ zurück. Ähnliche Darstellungen sind in /9/ und /10/ zu finden.

Ohne die Struktur des Konstruktionsprozesses beschreiben zu wollen, werden in der Regel sieben Phasen durchlaufen (vergl. Bild 2.1.), wie am Beispiel einer Getriebekonstruktion erläutert wird.

Im Bild 2.2. wird deutlich, daß im Arbeitsschritt 5 über die *wesentlichen Abmessungen* des *technischen Gebildes* entschieden wird, d.h. das Bauteil erfährt seine vorläufige *"Auslegung"*.

Bei genauer Betrachtung unterteilt sich dieser Prozeß wiederum in 3 Teilschritte, nämlich in

- *Entwurfsrechnung*
- *Gestaltung* und
- *Funktionsnachweis* ;

wie am Beispiel der Welle ebenfalls im Bild 2.2. zu ersehen ist /10/.

In der *Entwurfsrechnung* wird in der Regel auf weniger als 10% der für den späteren Produktionsprozeß erforderlichen *geometrischen* und *stofflichen Informationen* Einfluß genommen.

Nach der *Gestaltung* entscheidet erst der *Funktionsnachweis* über das positive bzw. negative Ergebnis dieses iterativen Auslegungsprozesses.

Der klassische Funktionsnachweis besteht in der Bestimmung einer *"Sicherheitszahl"*, die durch den Quotienten aus zum Versagen führender und vorhandener Belastung oder Beanspruchung berechnet wird. Sie läßt jedoch keine Aussagen über *Ausfallwahrscheinlichkeit* und *Lebensdauer* des technischen Gebildes zu.

Der Sicherheitsnachweis bleibt außerdem auf die festigkeitsmäßig begründeten Versagensarten wie Gewaltbruch, Streckgrenzenüberschreitung und Dauerschwingbruch beschränkt.

Ansätze zur Berechnung von Lebensdauer und Zuverlässigkeit sind durch die Wälzlagerberechnung und die Betriebsfestigkeitslehre bekannt.

Wie bereits in der Einleitung (Abschnitt 1.) dargestellt, soll eine *allgemeine ingenieurmäßige Auslegungsmethodik* auf der Basis der Berechnung von Lebensdauer und Zuverlässigkeit entwickelt werden , die *auch Schädigungen wie Verschleiß, Korrosion und andere flächenabtragende Schädigungsprozesse* berücksichtigt.

Die klassische Auslegungsmethode durch den Sicherheitsnachweis wird jedoch auch ihre Anwendungsberechtigung behalten.

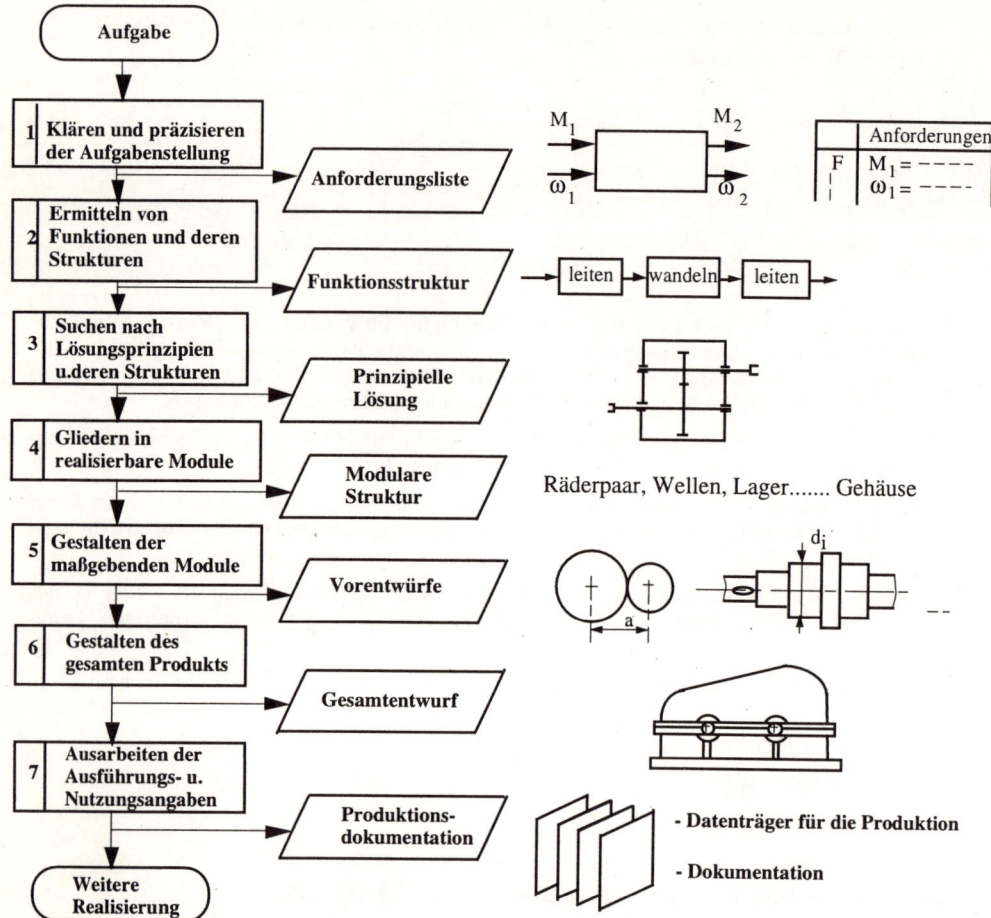

Bild 2.1. Generelle Arbeitsschritte u. Arbbeitsergebnisse des Konstruktionsprozesses nach Richtlinie VDI 2221 /9/ am Beispiel einer Getriebekonstruktion

Die Berechnung der *Bauteilsicherheit* soll deshalb im folgenden dargestellt werden, zumal sie auch für einen Ansatz der Auslegung "nach Lebensdauer und Zuverlässigkeit" unverzichtbare Grundlagen liefert.

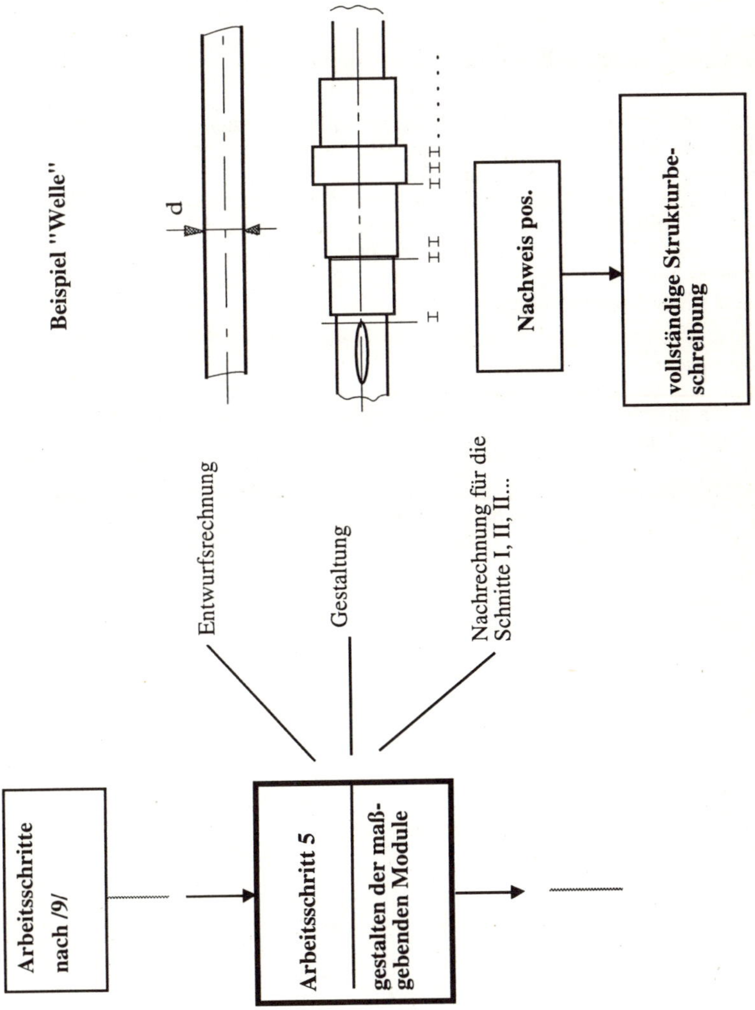

2. Einordnung der Auslegung von Konstruktionselementen und Maschinen in den Konstruktionsprozeß

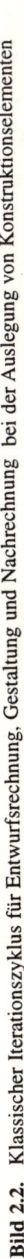

Bild 2.2. Klassischer Iterationszyklus für Entwurfsrechnung, Gestaltung und Nachrechnung bei der Auslegung von Konstruktionselementen

3. Auslegung von Konstruktionselementen durch Berechnung der "Sicherheit"

3.1. Auslegung, dargestellt am klassischen Sicherheitsbegriff

Schon in dem 1862 erschienenen, wohl ersten deutschsprachigem Lehrbuch der Konstruktionslehre von Moll/ Reuleaux /11/ wird der Sicherheitsbegriff mit einer Zahl $S > 1$ in Verbindung gebracht, die das unzulässige Überschreiten von Belastungen und Spannungen begrenzen soll. Dem Text ist bereits sinngemäß zu entnehmen, daß die beim "Gebrauch des Bauteils" vorhandenen Belastungen immer kleiner sein müssen als die maximal möglichen bzw. zum Versagen führenden. Es wird bereits das Versagen durch Fließen und Bruch unterschieden.
Allgemein können wir schreiben

$$B_{vorhanden} < B_{versagen} \tag{3.1}$$

Dabei sollen unter Belastungen B sowohl Kräfte als auch Momente verstanden werden (vergl. Bild 3.1.).

Entsprechend der bereits in /11/ getroffenen Definition der Sicherheit als Faktor $S > 1$ kann für (3.1.) auch geschrieben werden,

$$B_{vorh} \cdot S = B_{vers} \tag{3.2}$$

und damit

$$S = \frac{B_{vers}}{B_{vorh}} \tag{3.3}$$

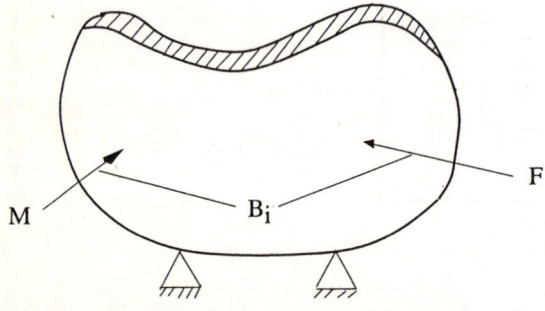

Bild 3.1. Scheibenförmiges Bauteil mit Belastungen Bi
  - Kraft F in der Scheibenebene
  - Moment M senkrecht zur Scheibenebene

3.1. Auslegung, dargestellt am klassischen Sicherheitsbegriff

Für eine verallgemeinerte Sicherheitsberechnung (vergl. ebenfalls /11/) erweist es sich als zweckmäßig, nicht Belastungen sondern zum Versagen führende Spannungen σ, im weiteren auch Beanspruchungen genannt, über eine analoge Sicherheitszahl zu vergleichen.

So gilt auch

$$S = \frac{\sigma_{vers}}{\sigma_{vorh}} \quad . \tag{3.4}$$

Der Vorteil einer Sicherheitsberechnung über Spannungen wird bereits erkennbar, wenn mehrere am Bauteil angreifende Belastungen an der gleichen Schnittfläche Spannungen hervorrufen.
Im Sinne der linearen Elastizitätstheorie gilt dann das Superpositionsprinzip (vergl. Bild 3.2.)

$$\sigma = \Sigma \sigma_i \tag{3.5}$$

$$\text{mit } \sigma_i = f(\sigma_i) \; ; \quad i = 1, 2, 3, 4... \quad ,$$

welches wegen der oft unterschiedlichen schädigenden Wirkung später allerdings in Frage zu stellen ist.
In der Praxis tritt dieser einfache Sonderfall jedoch nur selten auf. Beispiele wären "scheibenartige" Bauteile mit "lastfreien" Oberflächen oder "einachsig" beanspruchte Stäbe. Häufig anzutreffen ist dagegen die Kombination einer Normalspannung σ mit einer Schubspannung τ – wie später noch gezeigt wird.
Für das allgemeine räumliche Bauteil muß am Materialelement mit

    3 Normalspannungen und
    6 Schubspannungen

gerechnet werden (vergl. Bild 3.3.), wobei die Schubspannungen sich wegen der "Gegenseitigkeit" auf drei reduzieren.

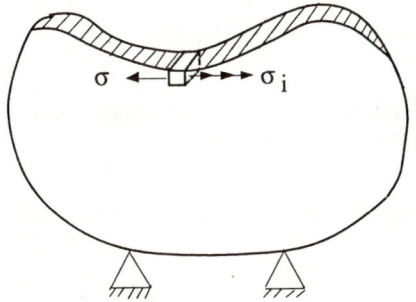

Bild 3.2. "Einachsiger" Spannungszustand am Rande eines Bauteils infolge Belastungen

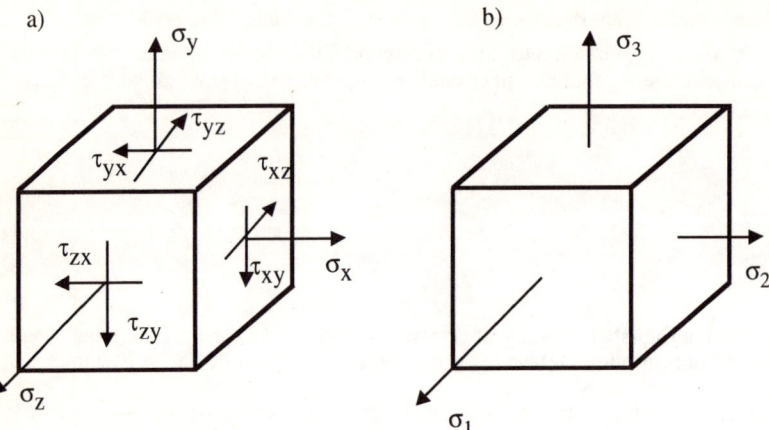

Bild 3.3. Spannungen am Materialelement eines Bauteils
a) allgemeiner Spannungszustand
b) Hauptspannungen

Die Spannungen lassen sich anschaulich in Spannungstensoren darstellen, wobei für homogene und isotrope Werkstoffe jeder Spannungstensor in einen Hauptspannungstensor überführt werden kann, für den die Schubspannungen zu Null werden (vergl. dazu elastiztätstheoretische Fachbücher wir z.B. /1/, /2/)

$$\sigma^T = \begin{pmatrix} \sigma_x & \tau_{xy} & \tau_{xz} \\ \tau_{xy} & \sigma_y & \tau_{yz} \\ \tau_{zx} & \tau_{zy} & \sigma_z \end{pmatrix} \longrightarrow \begin{pmatrix} \sigma_1 & 0 & 0 \\ 0 & \sigma_2 & 0 \\ 0 & 0 & \sigma_3 \end{pmatrix} \quad (3.6)$$

Auf die Berechnung dieser Spannungstensoren im Sinne vorhandener Spannungen soll im Abschnitt 3.2. übersichtsmäßig eingegangen werden.

3.2. Berechnung der "vorhandenen" Spannungen

Die Berechnung der vorhandenen Spannungen ist die Aufgabe der Elastizitätstheorie, hier soll nur ein systematischer Überblick gegeben werden.

Das einfachste *Modell* eines realen Bauteils wird durch den *Stab* realisiert. Ausgehend von äußeren Belastungen werden zunächst die Auflagerreaktionen des Systems bestimmt, um dann die sogenannten *Schnittgrößen* zu berechnen. Diese Elementarkenntnisse werden vorausgesetzt.
In einer Schnittstelle x oder s (x in der Regel für den geraden, s für den gekrümmten Stab) wirken die Schnittgrößen

Normalkraft $Fn(s)$
Biegmoment $Mb(s)$
Torsionsmoment $Mt(s)$ u.
Querkraft $Fq(s)$

3.2. Berechnung der "vorhandenen" Spannungen

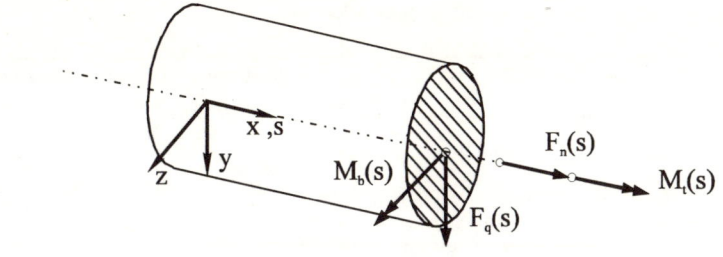

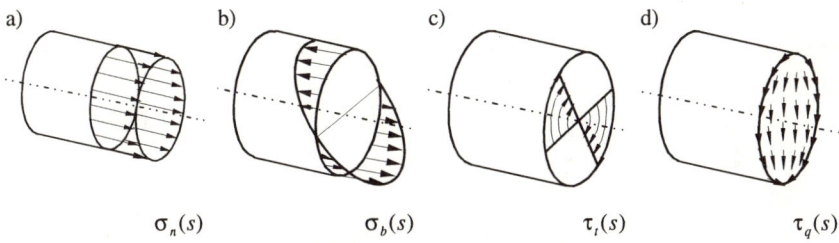

Bild 3.4 Spannungen in stabförmigen Bauelementen
a) Spannungen infolge Längskraft $F_n(s)$
b) Spannungen infolge Biegemoment $M_b(s)$
c) Spannungen infolge Torsionsmoment $M_t(s)$
d) Spannungen infolge Querkraft $F_q(s)$

(vergl. Bild 3.4.), aus denen sich die Spannungen τ_{zd}, σ_b, τ_t und τ_q nach den in Tafel 3.1. angegebenen Formeln berechnen lassen. Auch hier gilt die Bemerkung, daß im elastizitätstheoretischem Sinne σ_{zd} und σ_b sowie τ_t und τ_q bei Übereinstimmung von Schnittflächen und Richtung addiert werden dürften, was im folgenden wegen der unterschiedlichen schädigenden Wirkung nur mit einer entsprechenden Gewichtung zugelassen werden soll..
Neben dem Stabmodell sind auch die Vollwelle unter Außendruck, die Bohrung in der unendlichen Scheibe unter achsensymmetrischer radialer Pressung und der dünnwandige Kessel als "elementare" Spannungszustände anzusehen (vergl.. Tafel I im Anhang A). Querschnittsänderungen insbesondere des Stabes und andere Formabweichungen der elementaren Berechnungsmodelle werden in Abschnitt 5. noch ausführlicher behandelt.

Berechnungsmodelle der "höheren technischen Mechanik" sind

> Scheiben (ebener Spannungs- bzw. ebener Zustand)
> Platten
> Schalen
> Torsion primatischer Körper und
> Kontaktaufgaben.

Sie sind übersichtsmäßig in ebenfalls im Anhang, Tafel I, zusammengestellt. Abgesehen von Sonderfällen werden diese Spannungszustände heute mit "Finite-Elemente-Methoden" berechnet. Diese Berechnungen liefern in der Regel den vollständig besetzten Spannungstensor, der sich aber an lastfreien Oberflächen auf zweiachsige Spannungszustände reduziert.

Tafel 3.1. Elementare Spannungszustände in Stabförmigen Bauelementen

Bezeichnung	Sinnbild	Berechnung	Spannungstensor
Normalkraft $F_b(s)$		$\sigma_n = \dfrac{F_n(s)}{A}$ A..Querschnittsfläche	$\begin{pmatrix} \sigma_1 & 0 & 0 \\ 0 & 0 & 0 \\ 0 & 0 & 0 \end{pmatrix}$ $\sigma_1 = \sigma_n$
Biegemoment $M_b(s)$		$\sigma_b = \dfrac{M_b(s)}{I_z}$ $\sigma_{bRand} = \dfrac{M_b(s)}{W_z}$ Iz...Trägheitsmoment Wz...Widerstands- moment	$\begin{pmatrix} \sigma_1 & 0 & 0 \\ 0 & 0 & 0 \\ 0 & 0 & 0 \end{pmatrix}$ $\sigma_1 = \sigma_b$
Torsions- moment $M_t(s)$		$\tau_t = \dfrac{M_t(s)}{I_z} \cdot r$ $\tau_{tRand} = \dfrac{M_t(s)}{W_t}$ It...Trägheitsmoment Wt...Widerstands- moment	$\begin{pmatrix} \sigma_1 & 0 & 0 \\ 0 & \sigma_2 & 0 \\ 0 & 0 & 0 \end{pmatrix}$ $\sigma_1 = |\tau| = \sigma_2$
Querkraft $F_q(s)$		$\tau_{qMAX} = \chi \dfrac{F_q}{A}$ χ...Flächenbeiwert	$\begin{pmatrix} \sigma_1 & 0 & 0 \\ 0 & \sigma_2 & 0 \\ 0 & 0 & 0 \end{pmatrix}$ $\sigma_1 = |\tau| = \sigma_2$

Wegen des gehäuften Auftretens dieses "ebenen" Spannungszustandes sei noch ohne Ableitung auf die Formel zur Berechnung der Hauptspannungen

$$\sigma_{1,2} = \frac{\sigma_x + \sigma_y}{2} \pm \sqrt{\frac{\sigma_x - \sigma_y}{2}^2 + \tau_{xy}^2} \qquad (3.7)$$

3.2. Berechnung der "vorhandenen" Spannungen

und deren anschauliche Darstellung im *Mohrschen Kreis* (vergl. Bild 3.5.) sowie auf die Sonderfälle *"einachsiger Spannungszustand"* und *"reiner Schubspannungszustand"* verwiesen.

a)
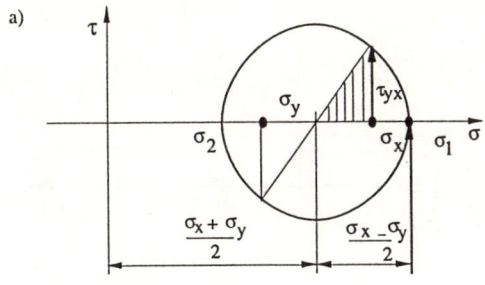

b)
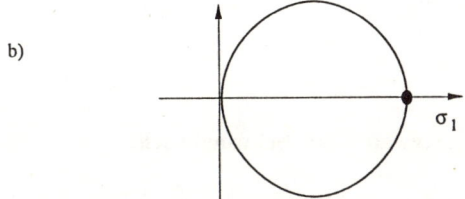

c)
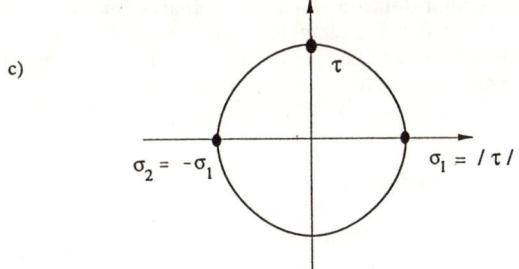

Bild 3.5. Ebener Spannungszustand im Mohr'schen Kreis
    a) allgemeiner ebener Spannungszustand
    b) einachsiger Spannungszustand
    c) Schubspannungszustand

Wesentlich für die Werkstoff- bzw. Bauteilschädigung ist die Beachtung und Kenntnis der *Zeitfunktionen* vorhandener Spannungen.
Während die "Statik" vorzugsweise von "statischen" oder "ruhenden Belastungen" ausgeht, sind Maschinenbauteile in der Regel "periodisch schwingend" belastet und beansprucht. Hingewiesen sei auf dabei den häufig auftretenden Sonderfall der sog. "Umlaufbiegung", bei dem ein konstantes Biegemoment der Welle eine "wechselnde" Beanspruchung hervorruft.

Besondere Beachtung erfordern "stochastische" Belastungen, die natürlich auch "stochastische" Beanspruchungen mit sich bringen (vergl. Bild 3.6.).
Diesen Belastungs- und Beanspruchungs- "Kollektiven" wird in späteren Abschnitten gebührender Raum zugemessen.

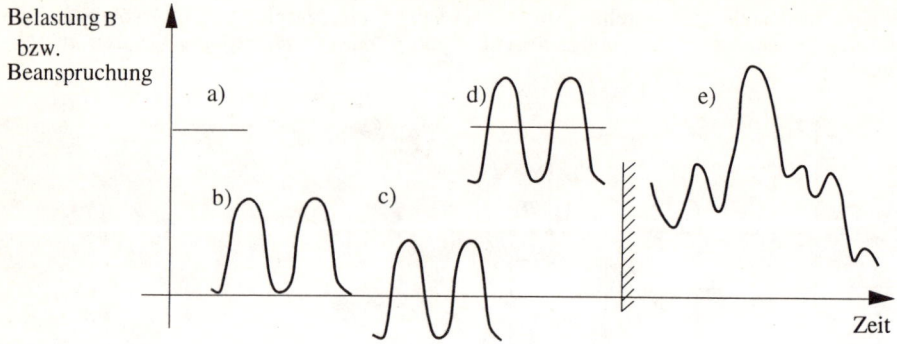

Bild 3.6. Belastungs- und Beanspruchungsarten
  a) ruhend
  b) schwellend ⎫
  c) wechselnd   ⎬ periodisch schwingend
  d) allgemein   ⎭
  e) stochastisch

3.3. Versagen durch bleibende Verformung, Gewalt - und Schwingbruch

Der Konstruktionsprozeß bringt eine unendliche Vielfalt technischer Gebilde mit unterschiedlichster geometrischer Form und verschiedenartiger Werkstoffe hervor, die außerdem unterschiedlichen Beanspruchungsarten und Belastungsfällen unterliegen. Für den Sicherheitsnachweis bzgl. der zum Versagen führenden Belastungen hat es sich als ökonomisch und zweckmäßig erwiesen, die Belastungsgrenzen der Bauelemente durch Vergleich mit dem Versagensverhalten einer überschaubaren Menge idealisierter Prüfkörper, die speziellen und in Prüfmaschinen realisierbaren Belastungen unterworfen werden, zu ermitteln.
Solche Prüfkörper sind z.B. die im Bild 3.7. dargestellten standardisierten Rund- und Flachproben.

Am einfachsten zu realisieren ist durch die Werstoffprüfung der Zugversuch mit ruhender Belastung. Die Belastung wird dabei zügig, d.h. mit konstanter elastischer und schließlich plastischer Dehnungszunahme bis zum Eintreten des Bruches aufgebracht.
Nach der Form des Bruches sind drei charakteristische Arten von Werkstoffen (vergl. Bild 3.8.) zu unterscheiden:

- Werkstoffe, die bei ruhender Beanspruchung zum *spröden Trennbruch* neigen
  (z.B. Glas, Grauguß, gehärteter Stahl)

- Versagen durch *Gleitbruch*
  (z.B. Kupfer und Kupferlegierungen)

- Werkstoffe mit ausgeprägter Fließzone, die erst nach *Einschnürung* einen Trennbruch zeigen (vorzugsweise Stähle).

Werden bei diesem Prüfvorgang die Spannungen über der Dehnung aufgetragen, so ergibt sich das aus der Werkstoffprüfung bekannte *Spannungs- Dehnungs-Diagramm*, das abhängig von der Bruchart charakteristische Formen aufweist (Bild 3.9.).

Für die Auslegung von Bauteilen unter ruhender Belastung sind also nicht nur die verschiedenen Brucharten interessant. Es muß insbesondere für Stähle mit ausgeprägtem Fließverhalten bereits von *Versagen* gesprochen werden, wenn das Bauteil durch unzulässige plastische Deformationen seine Funktionsfähigkeit verliert.

3.3. Versagen durch bleibende Verformung, Gewalt - und Schwingbruch

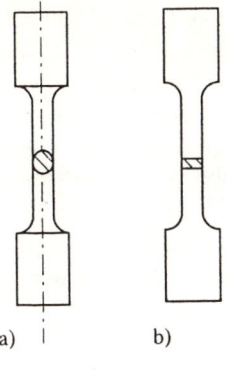

Bild 3.7. Prüfkörper der Werkstoffprüfung
a) Rundprobe
b) Flachprobe

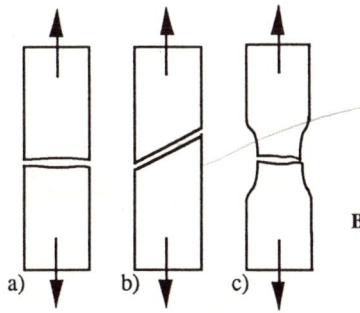

Bild 3.8. Brucharten beim Zugversuch
a) Trennbruch bei sprödem Werkstoff
b) Gleitbruch
c) Trennbruch nach Einschnürung und Verfestigung

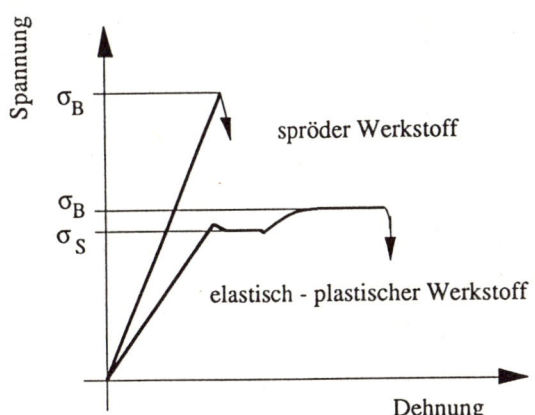

Bild 3.9. Spannungs-Dehnungs-Diagramm für spröden und elastisch-plastischen Werkstoff

Ausgehend von den an Stäben möglichen Beanspruchungsarten (siehe Abschnitt 3.2.) ergeben sich bereits infolge ruhender Beanspruchung theoretisch acht Werkstoffkennwerte, die aus praktischen Gründen auf vier eingeschränkt werden (vergl. Tafel 3.2.)

Nun sind die meisten Bauteile nicht ruhend, sondern periodisch schwingend oder sogar stochastisch belastet bzw. beansprucht (vergl. auch 3.6.).
Es ist das Verdienst von *Wöhler* /3/, im Jahre 1870 die *Dauerschwingfestigkeit* der metallischen Werkstoffe entdeckt und in einem noch heute üblichen, nach ihm benannten Diagramm dargestellt zu haben (Bild 3.10.).

Bei schwingender Beanspruchung nimmt die zum Schwingbruch führende Lastspielzahl n für abnehmende Spannungshorizonte zu. Bei Erreichen eines Spannungshorizontes σ_{AD} wird schließlich eine gegen unendlich gehende Lastspielzahl ertragen. Dieser Übergang zur "Dauerschwingfestigkeit" wird bei Lastspielzahlen $n_{grenz} = 10^6 ... 10^7$ Lastwechseln beobachtet, d.h. die meisten Maschinen wie Motoren und durch sie angetriebene Arbeitsmaschinen überschreiten diese *Grenzlastspielzahl* nach wenigen Tagen, sie sind also nach "*Dauerfestigkeit*" auszulegen. Durch die Unterdrückung des Zeitparameters wird auch für diese Fälle eine "*Sicherheitsberechnung*" möglich".

Dieses Dauerfestigkeitsverhalten der metallischen Werkstoffe, welches durch abnehmende Ausschlagfestigkeiten bei zunehmender Mittelspannung gekennzeichnet ist, läßt sich in sog. Dauerfestigkeitsschaubildern darstellen (vergl. Bild 3.11.).

Wegen der im Maschinenbau größeren Verbreitung benutzen wir im weiteren das Dauerfestigkeitsschaubild nach *Smith*.
Dabei wird die zum Bruch führende Ausschlagspannung an einer durch den I. und III.

Tafel 3.2. Versagenskennwerte bei reihender Belastung

☐ vorzugsweise zu bestimmende Größen

Beanspruchungsart	Art des Versagens	
	Fließen	Bruch
Zug / Druck	$\boxed{\sigma_B}$	$\boxed{\sigma_F \text{ bzw. } \sigma_s}$
Biegung	σ_{bB}	$\boxed{\sigma_{bF}}$
Torsion	τ_{tB}	$\boxed{\tau_{tF}}$
Abscheren	τ_{sB}	τ_{sF}

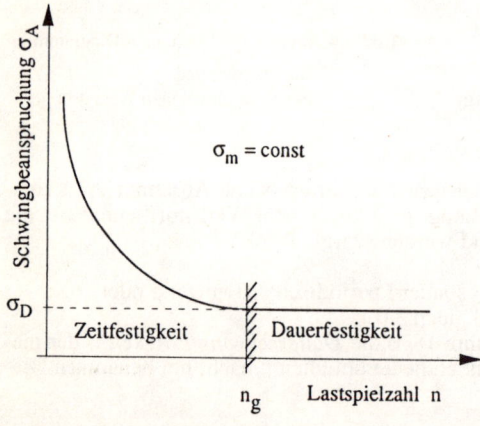

Bild 3.10. Klassische Darstellung des Wöhlerdiagramms

3.3. Versagen durch bleibende Verformung, Gewalt- und Schwingbruch

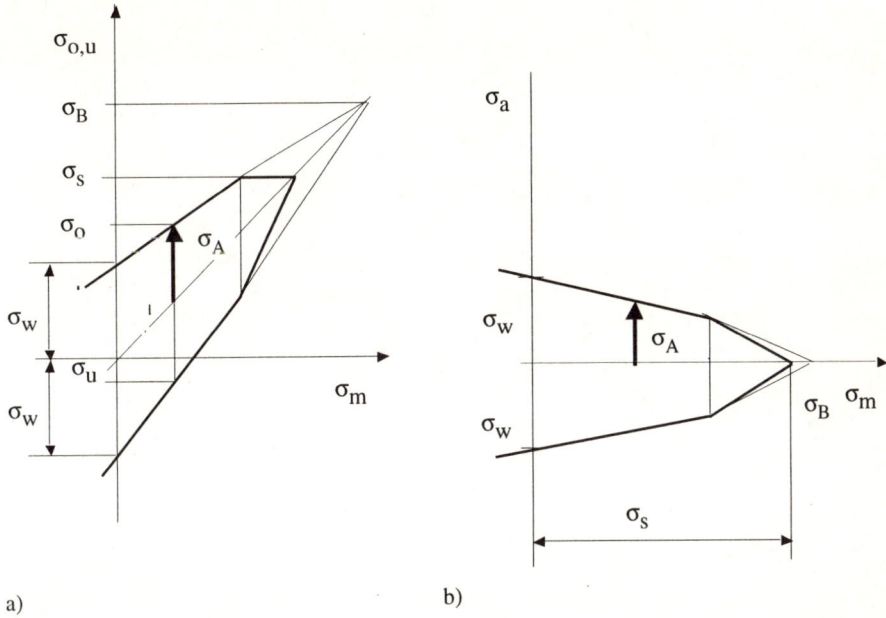

Bild 3.11 Dauerfestigkeitsschaubild
a) Smith
b) nach Haigh

Quadranten gelegten 45°-Geraden in Ordinatenrichtung in Abhängigkeit von der Mittelspannung abgetragen, wobei eine obere und eine untere Grenzkurve der Dauerfestigkeit entsteht.

An dieser Stelle sei darauf hingewiesen, daß Spannungen, die zum Versagen des Bauteils führen, auch bei der Schwingbeanspruchung durch große Buchstaben als Indices gekennzeichnet werden. Für die Mittelspannung σ_m als Orientierungsgröße ist generell ein kleiner Buchstabe üblich, was gelegentlich zu Schwierigkeiten führt. (s. Sicherheitsberechnung im Smith-Diagramm).

Theoretisch kann die Mittelspannung σ_m maximal gleich der Bruchspannung σ_B werden (die Ausschlagspannung σ_A geht dann gegen Null), wenn das Bauteil nicht vorher durch unzulässig große plastische Verformungen versagt. Für praktische Fälle wird das Dauerfestigkeitsverhalten der Werkstoffe deshalb oberhalb der Streckgrenze σ_S uninteressant.

Wegen des großen Aufwandes der Bestimmung einer einzigen Wöhlerlinie aus Schwingversuchen gibt es eine Reihe von Vorschlägen zur einfachen *Konstruktion von Smithdiagrammen.*

Am günstigsten sind die Vorschläge, die lediglich die Wechselfestigkeit σ_w als einzige Schwingfestigkeitsgröße, sowie die statische Bruchspannung σ_B und die Steckgrenze σ_S bzw. die Fließgrenze benötigen (vergl. /12/ u. /13/). Wir folgen insbesondere /13/, die außerdem im III. Quadranten für negative Mittelspannung σ_m das günstigere Festigkeitsverhalten gegenüber der positiven Mittelspannung berücksichtigt, während die anderen Methoden wie /12/ symmetrisches Festigkeitsverhalten im I. und III. Quadranten voraussetzen. Sind insbesondere bei Biegung und Torsion die Bruchwerte nicht bekannt, so kann auch der Winkel α (siehe Bild 3.12.) für die Konstruktion des Smith-Diagrammes benutzt werden.

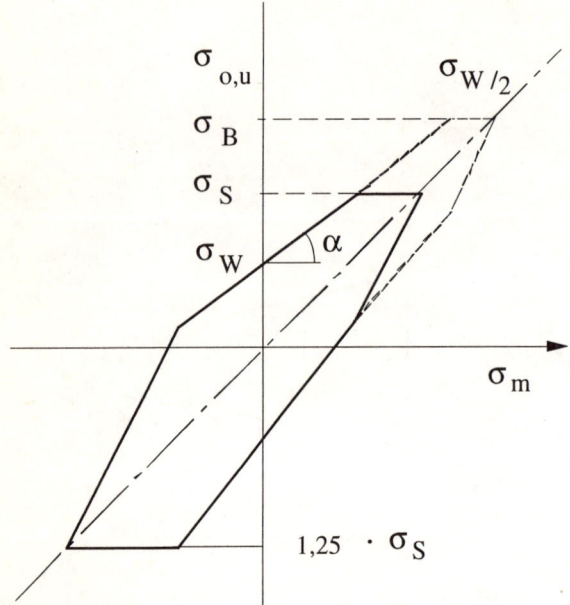

Bild 3.12. Konstruktion des Smith-Diagrammes σ_B, σ_S und σ_W

Es gelten die Werte

$\alpha = 36°$ bei Biegung,

$\alpha = 40°$ bei Zug/Druck und

$\alpha = 42°$ für Torsion.

Auffallende Unterschiede weisen die Smithdiagramme für die Beanspruchungsarten Zug/Druck, Biegung und Torsion auf, wie für das Beispiel St 50 im Bild 3.13. gezeigt wird.

Neben umfangreichen Angaben zu Schwingfestigkeitswerten in der Tafel I des Anhanges sei auf die Sammlung von Smithdiagrammen in der Tafel II verwiesen. Weitere Smithdiagramme lassen sich nach den angegebenen Methoden bei Bedarf konstruieren.

3.4. Bestimmung der Sicherheit bei Schwingbeanspruchung

Unter Schwingbeanspruchung sollen hier Spannungen mit periodischer Zeitfunktion und konstanter Amplitude entsprechend Bild 3.6. für stabförmige Bauteile infolge Längskraft *oder* Biegemoment *oder* Torsion sowie einachsige Spannungszustände z.B. an Rändern oder Oberflächen verstanden werden.

Wir folgen grundsätzlich der Sicherheitsdefinition nach Gleichung (3.4.) als dem Quotienten von zum *Versagen führender Spannung* zur *vorhandenen Beanspruchung*.

Die vorhandene Beanspruchung ist dabei in der Form

$$\sigma_{vorh} = \sigma_m \pm \sigma_a \quad \text{bzw} \quad \tau_{vorh} = \tau_m \pm \tau_a \tag{3.8}$$

aufzubereiten.

3.4. Bestimmung der Sicherheit bei Schwingbeanspruchung

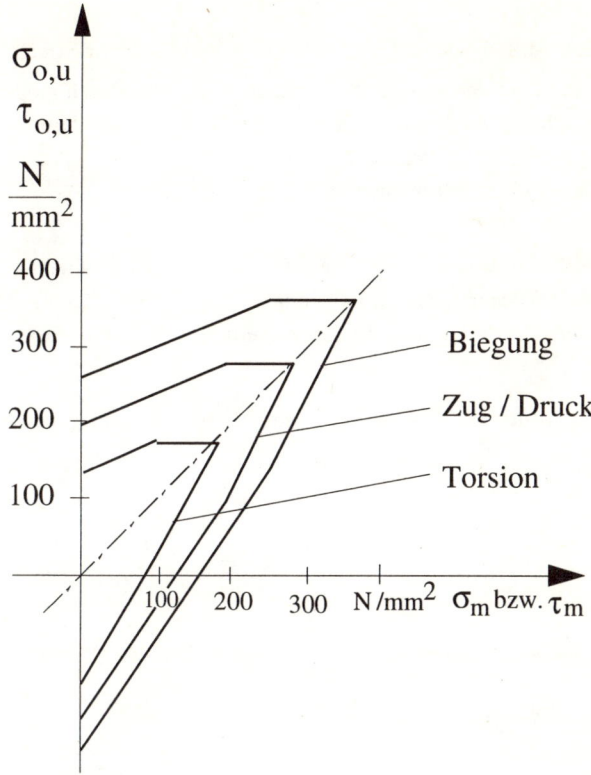

Bild 3.13. Dauerfestigkeitsschaubilder für St 50 bei Biegung, Zug / Druck, Torsion

Das Versagen wird durch die Ausschlagspannung σ_A und die Mittelspannung σ_M (sie soll hier vorübergehend mit großem Buchstaben als Index versehen werden), entsprechend dem Smithdiagramm gekennzeichnet, analog durch τ_A und τ_M bei Torsion.

Die im Abschnitt 3.1. angestellten Überlegungen sind hier sowohl auf die Ausschlagspannungen als auch die Mittelspannung anzuwenden, d. h. es muß davon ausgegangen werden, daß Sicherheiten für die Spannungsamplitude und für die Mittelspannung anzugeben sind.

Es gilt

$$S_a = \frac{\sigma_A}{\sigma_a} \quad \text{bzw.} \quad \frac{\tau_A}{\tau_a}$$

$$S_m = \frac{\sigma_M}{\sigma_m} \quad \text{bzw.} \quad \frac{\tau_M}{\tau_m} \tag{3.9}$$

Unterschiede der Sicherheit S_a und S_m sind aus unterschiedlichen Unsicherheiten der Lastannahmen abzuleiten. Wir wollen verschiedenen Fälle, sog. *Überlastfälle* diskutieren.

3. Auslegung von Konstruktionselementen durch Berechnung der "Sicherheit"

Überlastfall 1

Die mittlere Belastung und damit die Mittelspannung σ_m ist klein im Vergleich zur Streckgrenze σ_s bzw. sie kann sicher bestimmt werden. Ungleich "unsicherer" sei etwa durch mögliche Resonanzschwingungen die Amplitude. In diesem Falle wird nur S_a entsprechend groß vorgegeben; für die Mittelspannung genügt die Sicherheit $S_m = 1$.
Das Bild 3.14.a veranschaulicht diesen Fall im Smithdiagramm.

Überlastfall 2

Beide Sicherheiten sollen gleich groß sein, wenn davon ausgegangen wird, daß Mittelspannung σ_m und Amplitude σ_a gleich "unsicher" sind. Die Sicherheit $S = S_a = S_m$ kann mit Hilfe eines Ähnlichkeitsstrahls aus dem Smithdiagramm bestimmt werden (s. Bild 3.14. b.)

Überlastfall 3

Die Spannungen σ_m und σ_a sind in der Weise unsicher, so daß $\sigma_u = const.$ bleibt (vergl. Bild 3.24.c) und schließlich als

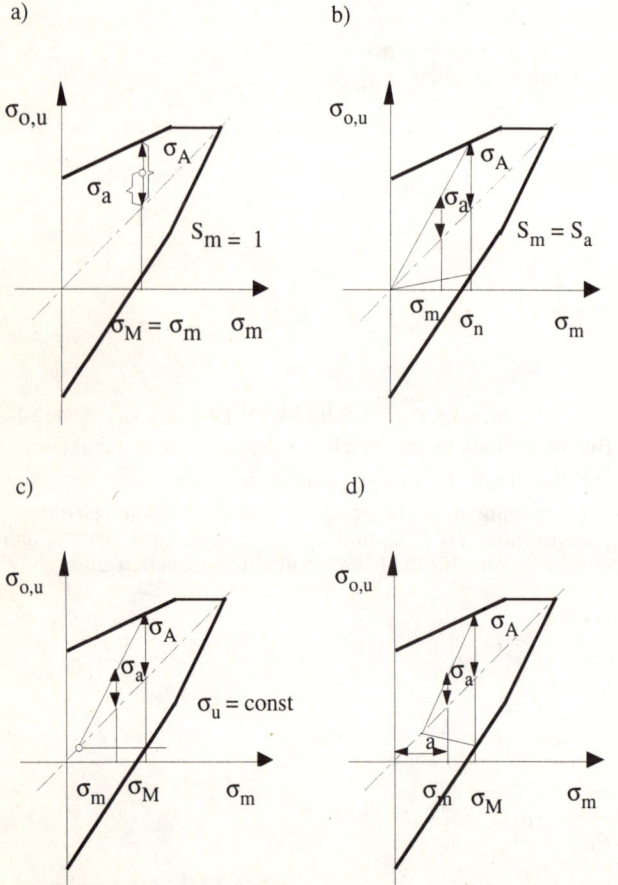

Bild 3.14. Sicherheitsbestimmung im Dauerfestigkeitsdiagramm

3.5. Örtliche Spannungserhöhungen; Konzept der Sicherheitsberechnung nach örtlichen Spannungen

allgemeiner Fall
für ein bestimmtes Verhältnis S_d/S_m, für das der Schnittpunkt durch den Abstand *a* auf Abszisse festgelegt werden kann (Bild 3.14.d).

In der Regel wird sich der Bearbeiter für den Fall 1 oder Fall 2 entscheiden.

In jedem Falle empfiehlt sich die Überprüfung einer ausreichenden Sicherheit *gegen Überschreiten der Steckgrenze* nach

$$S_s = \frac{\sigma_S}{\sigma_m + \sigma_a} \qquad (3.10)$$

Sonderfälle liegen bei Wechsel- und Schwellfestigkeit vor.
Bei Wechselfestigkeit gilt $\sigma_m = 0$. Für alle Überlastungsfälle gilt übereinstimmend

$$S_a = \frac{\sigma_W}{\sigma_a} \qquad (3.11)$$

Für die Schwellfestigkeit gilt $\sigma_m = \sigma_a$, d.h. für den Überlastfall 1 kann vereinfacht mit

$$S_a = \frac{\sigma_{Sch}}{2 \cdot \sigma_a} \quad (S_m = 1) \qquad (3.12)$$

gerechnet werden.

Nach diesenAusführungen zur Anwendung der "Überlastfälle" wird es erforderlich, prinzipielle Überlegungen zur Zweckmäßigkeit der weiteren Vorgehensweise anzustellen. Insbesondere das Auftreten örtlicher Spannungsspitzen an *Kerben* wie Querschnittsänderungen an Stäben, Bohrungen, Nuten u .a. führen auf die Unterscheidung zwischen der Sicherheitsbestimmung nach dem

>   *Konzept der örtlichen Spannungen*

bzw. dem

>   *Nennspannungskonzept.*

Beide Konzepte werden in den nachfolgenden Abschnitten dargestellt.

3.5. Örtliche Spannungserhöhungen ; Konzept der Sicherheitsberechnung nach örtlichen Spannungen

Örtliche Spannungserhöhungen treten im Bereich von "Kerben" an stabförmigen Bauteilen, Scheiben, Platten oder auch Schalen auf.
Örtliche Spannungserhöhungen sind Bereiche zuerst beginnender Plastizierung. Sie bilden meistens den Ausgangspunkt für Brüche.

Die klassische Lösung für eine Spannungserhöhung im Bereich einer Kerbe wurde von *Kirsch* /14/ im Jahre 1898 mit der mathematischen Lösung des Spannungszustandes in der Umgebung einer Bohrung in einer unendlich ausgedehnten Scheibe mit einachsigem Spannungszustand σ_1 geliefert (vergl. Bild 3.15.).

Die "Kerbspannung" beträgt in diesem Falle $\sigma_k = 3 \cdot \sigma_1$, wobei auch die Spannung $-\sigma_1$ am um $90°$ versetzten Randpunkt zu beachten ist.

Da die Störung in geringem Abstand von der Bohrung rasch abklingt, kann mit Hilfe der "Kirsch`en Lösung" auch die Auswirkung einer Querbohrung z.B. in einer Welle auf die örtlichen Spannungen abgeschätzt werden.

Definieren wir die Spannungserhöhung am Kerbrand gegenüber dem Nennungsspannungszustand durch

$$\sigma_k = \alpha_k \cdot \sigma_{nenn} \tag{3.13}$$

α_k ... *Formzahl* ,

so kann für die Querbohrungen bei kleinem Durchmesser gegenüber dem Wellendurchmesser für Zug und Biegung mit $\alpha_{kz} = \alpha_{kb} = 3{,}0$ gerechnet werden.

Für Torsion steigt die örtliche Spannungserhöhung auf $\alpha_{kt} = 4{,}0$, wie aus der Überlagerung des zweiachsigen Hauptspannungszustandes (vergl. Bild 3.16.) leicht zu erkennen ist..

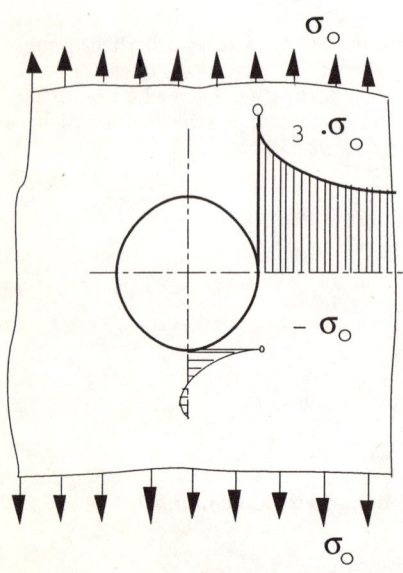

Bild 3.15. Spannungserhöhungen am Rand einer Bohrung in der unendlich ausgedehnten Scheibe und Zugbelastung (Kirsch`sche Lösung)

3.5. Örtliche Spannungserhöhungen; Konzept der Sicherheitsberechnung nach örtlichen Spannungen

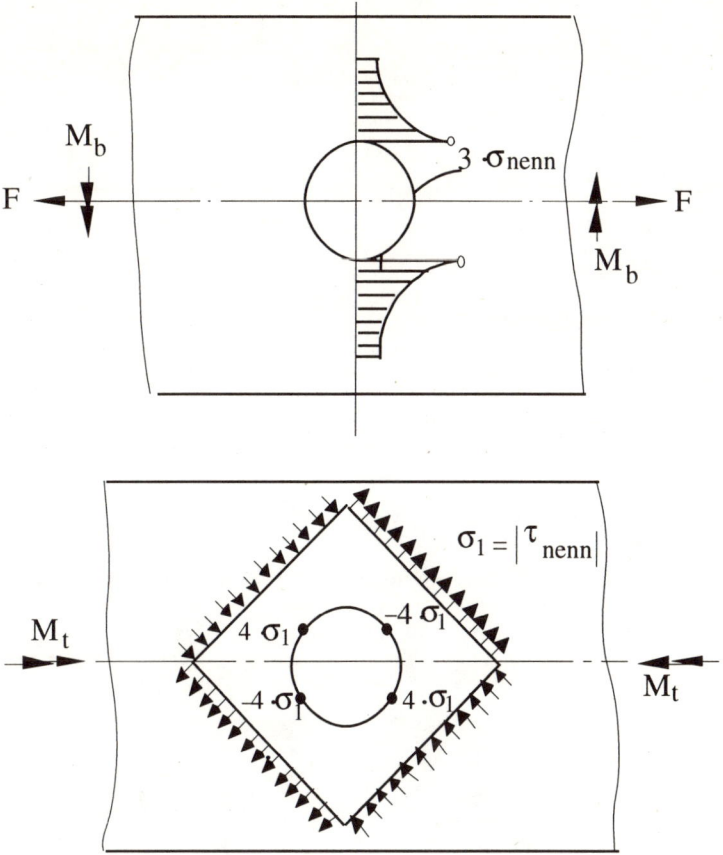

Bild 3.16. Spannungserhöhung in einer Welle mit Querbohrung
    a) Zug bzw. Biegung
    b) Torsion

Insbesondere infolge schwingender Beanspruchung sind Querbohrungen häufig Ausgangspunkte von Brüchen, deren Richtung wertvolle Hinweise auf die verursachende Belastung geben kann (vergl. Bild 3.17.)

Typische konstruktiv unvermeidbare Kerbformen sind dem Bild 3.18. zu entnehmen

Der Kerbfaktor ist, wie an den Bildern 3.19. und 3.20. deutlich wird, abhängig vom Durchmesserverhältnis und insbesondere vom relativen Kerbenradius.

Besonders gefährlich sind "Spitzkerben", wie sie mit der Gewindegeometrie verbunden sind. Die Kerbwirkung erhöht sich am belasteten Gewinde infolge der Umlenkung der "Kraftlinien" um den Kerbgrund (vergl. Bild 3.21.). Die Formzahlen dürften die Größenordnung von $\alpha_k = 6...9$ erreichen.)*

Örtliche Spannungserhöhungen werden aber auch durch ungünstige Materialanhäufungen bewirkt.

)* Die Ausschlagfestigkeit von Gewindeschäften wird direkt angegeben.

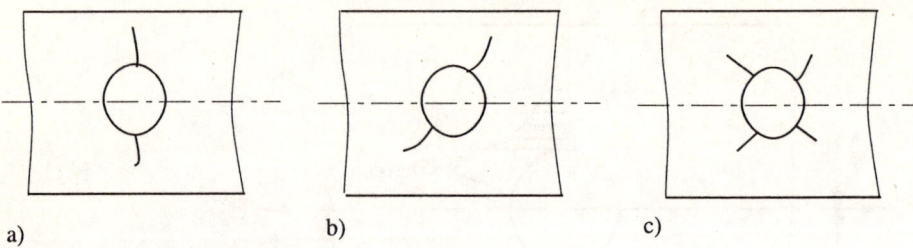

Bild 3.17. Anrisse an Schmierbohrungen in Kurbelwellen
   a) Biegebeanspruchung
   b) Torsionsriß infolge schwingender Überlastung
   c) Torsionsriß bei Wechsel- Schwingbeanspruchung

So erhöht sich z.B. der elementare Spannungszustand an "Kesseln" durch aufgeschweißte Flansche, Stützen oder Ösen (vergl. Bild 3.22.), weil die Ausbildung des Membranspannungszustandes behindert wird.

Problematisch sind ebenfalls ungünstig gestaltete "Krafteinleitungen" im Stahlbau. Hierzu sei auf die einschlägige Literatur (z.B. /15/) verwiesen.

Im übrigen sind eine große Zahl in der Praxis auftretender Kerbspannungsprobleme im Anhang A enthalten.

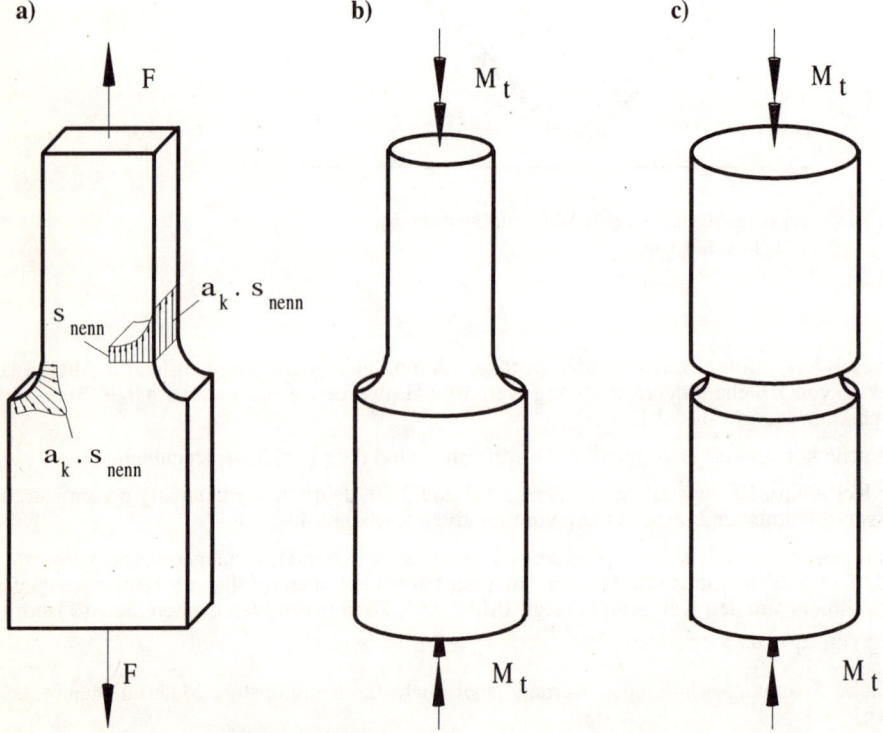

Bild 3.18. Kerben an Schulterstab und Welle

3.5. Örtliche Spannungserhöhungen; Konzept der Sicherheitsberechnung nach örtlichen Spannungen

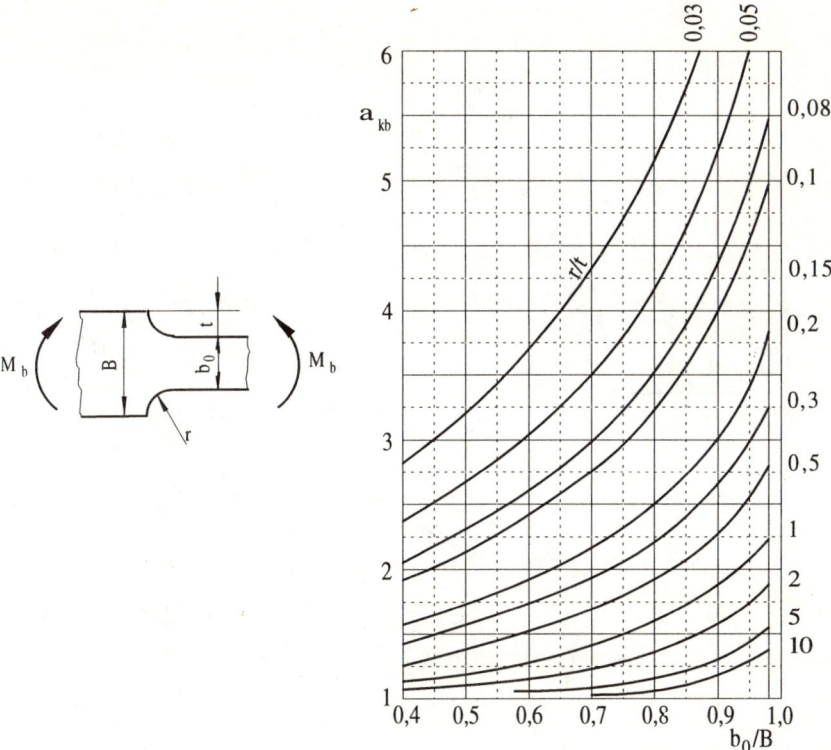

Bild 3.19. Formzahl a_{kb}
Biegebeanspruchung des abgesetzten Flachstabes
(weitere Beanspruchungen und Formen s. Tafel IV des Anhanges)

Folgen wir der bisherigen Vorgehensweise beim Berechnen der Sicherheit, so darf die *örtliche Spannungserhöhung* die zum Versagen führenden Beanspruchungen nicht überschreiten.
Es gilt also

$$S = \frac{\sigma_{vers}}{\alpha \cdot \sigma_{nenn}} \quad bzw. \quad \frac{\sigma_{vers}}{\alpha \cdot \sigma_{nenn}} \quad (3.14)$$

Dieses "*Konzept der örtlichen Spannungen*" ist vorzugsweise beim Versagen durch

- Streckgrenzüberschreitung und
- Bruch infolge statischer bzw. ruhender Beanspruchung

anzuwenden vergl. (Tafel 3.3.).
Beim Versagen durch Schwingbruch sind neben der durch Spannungen ausgedrückten Beanspruchung Einflüsse wie die Oberflächenrauhigkeit, der Spannungsgradient und die unterschiedliche Kerbempfindlichkeit der Werkstoffe zu berücksichtigen. Praktische Erwägungen bei der experimentellen Ermittlung dieser Einflußgrößen und insbesondere der unterschiedli-

24   3. Auslegung von Konstruktionselementen durch Berechnung der "Sicherheit"

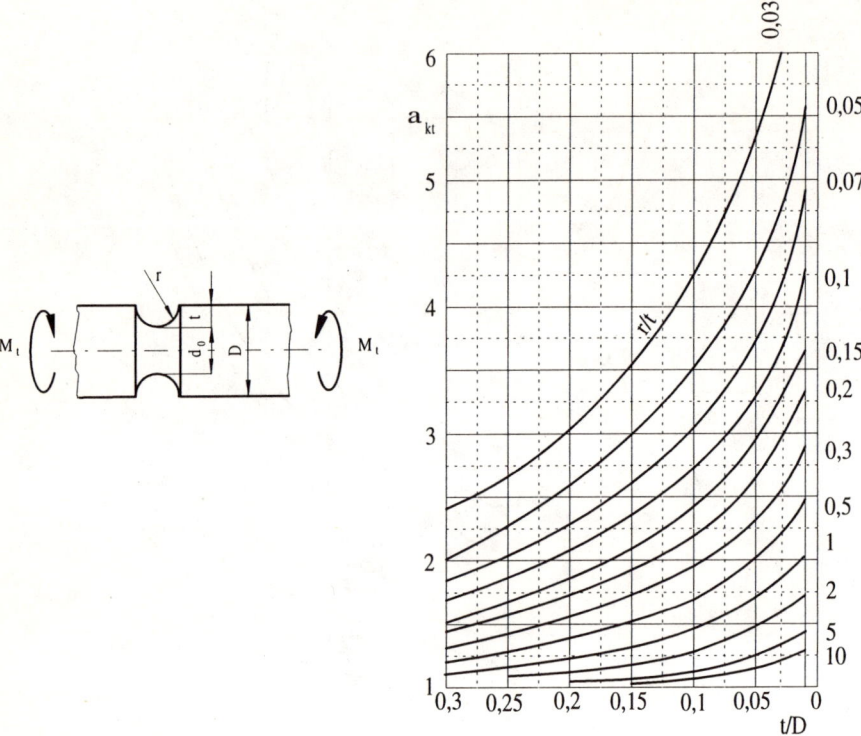

Bild 3.20. Formzahl a_{kt}
Torsionsbeanspruchung der gekerbten Welle
(weitere Beanspruchungen und Formen s. Tafel IV des Anhanges)

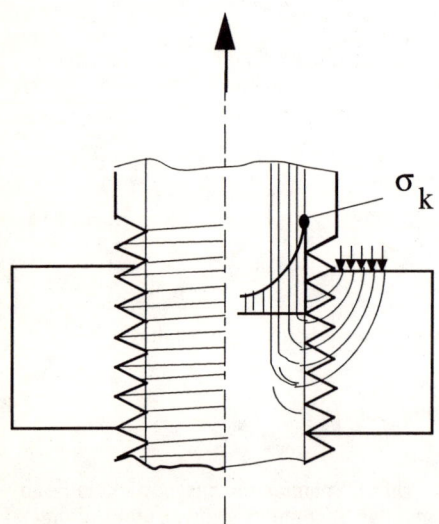

Bild 3.21. Kerbspannungen am Gewinde

3.5. Örtliche Spannungserhöhungen; Konzept der Sicherheitsberechnung nach örtlichen Spannungen

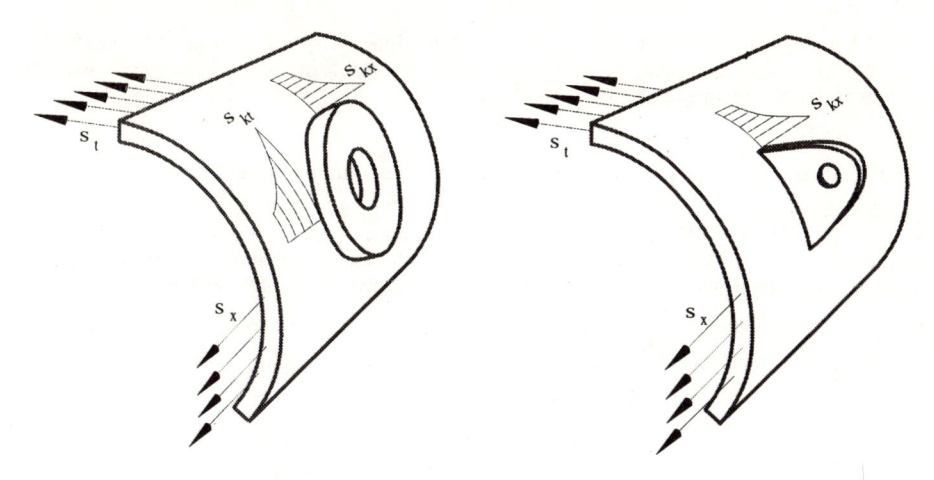

Bild 3.22. Spannungserhöhung durch Behinderung der Ausbreitung des Membranspannungszustandes

Tafel 3.3 Festigkeitsnachweis nach dem Konzept der „örtlichen Beanspruchungen".

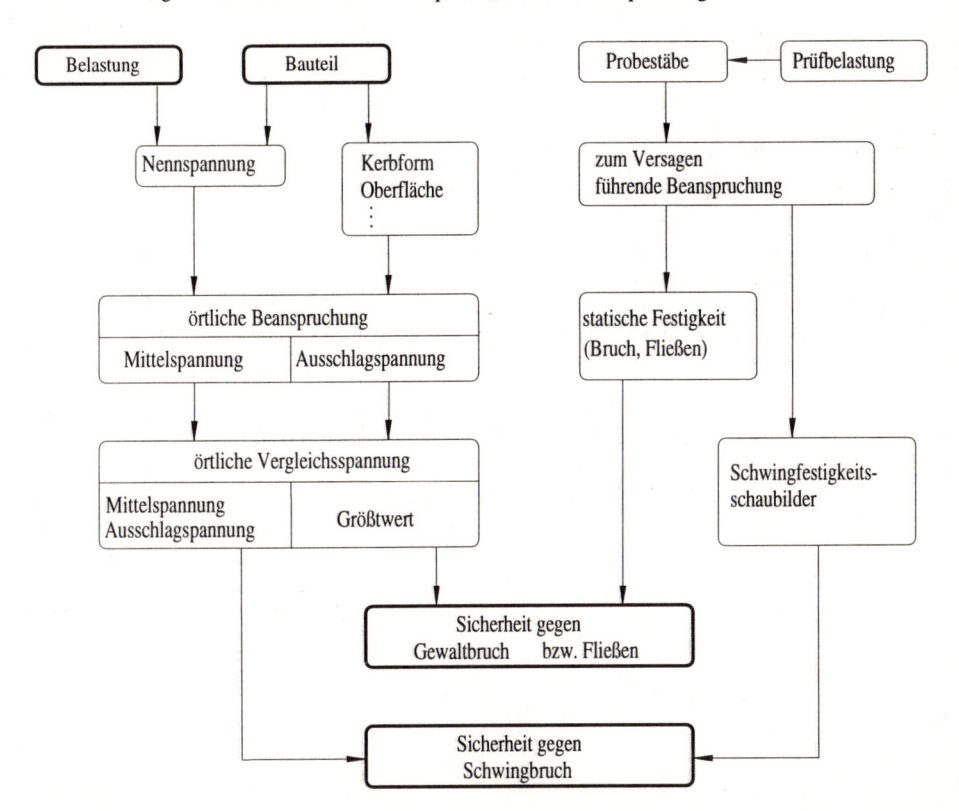

che Schädigungseinfluß von Mittelspannung und Ausschlagsgrößen haben zur Entwicklung des sog. *"Nennspannungskonzeptes"* geführt, welches für stabförmige Bauteile gegenwärtig dem Konzept der örtlichen Spannungen überlegen ist.

3.6. Einflüsse auf die Schwingfestigkeit ; das Nennspannungskonzept

Wir kennen bereits einige Hinweise, daß nicht die Spannung allein für den Schwingbruch verantwortlich ist. Wie sollten sonst die wesentlich höheren ertragbaren Beanspruchungen bei Biegung gegenüber denen bei Zug/Druck-Beanspruchungen erklärt werden.

Bekannt ist die Hypothese, daß auch das *Spannungsgefälle* den Schwingbruch beeinflußt.

Entsprechende Versuche zeigen, daß das sog. "bezogene Schwingungsgefälle" χ

$$\chi = \frac{1}{\sigma_{Rand}} \cdot \frac{d\sigma}{dn} \tag{3.15}$$

wirksam wird.

Wird in Analogie zur Formzahl α_k eine *Kerbwirkungszahl*

$$\beta_k = \frac{\text{Dauerfestigkeit des ungekerbten Stabes}}{\text{Dauerfestigkeit des gekerbten Stabes}} \tag{3.16}$$

definiert, so ergibt sich für gehärtete Stähle eine Übereinstimmung von α_k und β_k, während für elastisch-plastische Stähle $\beta_k < \alpha_k$ gilt. Wir erkennen damit als weiteren Einfluß eine *Abhängigkeit vom Werkstoff*.

Da diese *Ermüdungsvorgänge* weit unterhalb der Streck- oder Flußgrenze wirksam werden, muß es infolge des Spannungsgefälles zu *intermolekularen* oder *interkristallierten Ausgleichsvorgängen* kommen, die die Spannungsspitzen abbauen und benachbarte Werkstoffbereiche stärker beanspruchen (vergl. Bild 3.23.). Diese Erscheinung wird auch als *Stützwirkung* bezeichnet.

Wegen des hohen Aufwandes einer direkten Bestimmung der Kerbwirkungszahl β_k nach Gleichung (3.16.) aus dem Schwingversuch gibt es in der Literatur mehrfache Bemühungen, den Form- und den Stoffeinfluß zu trennen.

Auf Thum /17/ geht die empirische Formel für eine *Kerbempfindlichkeit* η_k

$$\eta_k = \frac{\beta_k - 1}{\alpha_k - 1} \tag{3.17}$$

zurück, d.h. bei Kenntnis von α_k und η_k kann β_k nach

$$\beta_k = 1 + \eta_k(\alpha_k - 1) \tag{3.18}$$

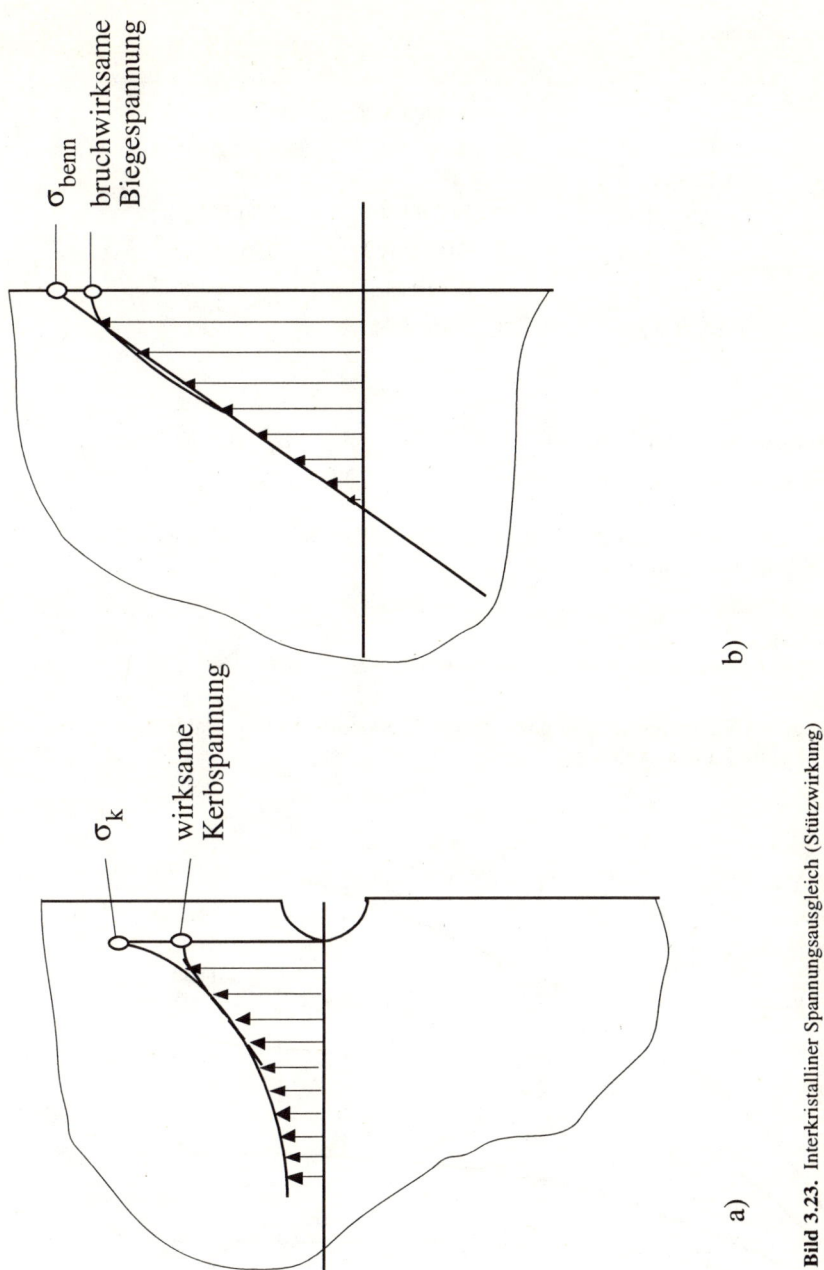

3.6. Einflüsse auf die Schwingfestigkeit; das Nennspannungskonzept

Bild 3.23. Interkristalliner Spannungsausgleich (Stützwirkung) a) Kerbbereich b) am Biegestab

Tafel 3.4. Kerbempfindlichkeiten h_k

Baustähle		hochfeste und gehärtete Stähle	
St 38	0,50...0,60	C60	0,80...0,90
St 42	0,55...0,65	34 CrMo4	0,90...0,95
St 50	0,65...0,70	30 CrMoV9	0,95
St 60	0,30...0,75	Federstähle,	0,95...1,00
St 70	0,70...0,80	gehärtete Stähle	

berechnet werden. Aus dem Vergleich zwischen bekannten α_k und β_k lassen sich in Tafel 3.4. zusammengestellte Kerbempfindlichkeiten η_k ableiten (vergl. auch Tafel IV des Anhanges).

Eine weitere, sich zunehmender Anwendung erfreuende Methode, wurde von *Siebel* /18/ entwickelt. Sie definiert eine Stützziffer n

$$\beta_k = \frac{\alpha_k}{n}, \qquad (3.19)$$

die vom bezogenen Spannungsgefälle und von der Werkstoffestigkeit abhängig ist (siehe Bild 3.24 und Tafel VI des Anhanges).

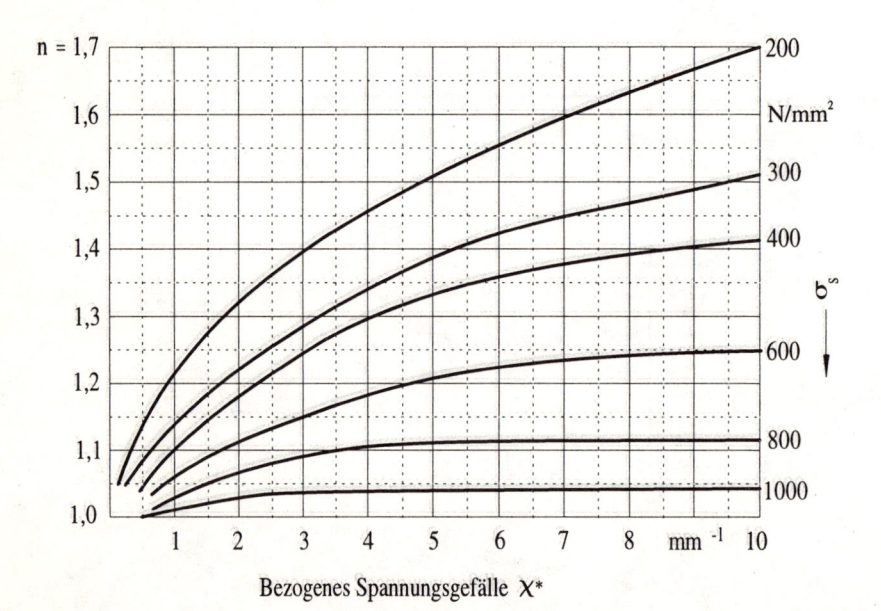

Bild 3.24. Stützziffer n als Funktion des bezogenen Spannungsgefälles
(vergl. Tafel IV. des Anhanges A)

3.6. Einflüsse auf die Schwingfestigkeit ; das Nennspannungskonzept

Allerdings wird die Kenntnis des bezogenen Spannungsfälles notwendig, für das im Anhang (Tafel IV) ebenfalls Angaben zu finden sind.

Aus der Literatur sind weitere Wege zur Bestimmung der Kerbwirkungszahl bekannt, auf die hier nicht eingegangen werden soll:

Wir empfehlen folgende Methoden, wobei die Reihenfolge als Wertung verstanden werden soll.

1. Kerbwirkungszahl β_k aus dem direkten Schwingversuch nach Gleichung (3.16.) bzw., Tafel IV des Anhanges.

2. Kerbwirkungszahl β_k, berechnet aus α_k über die Stützziffer n nach Gleichung (3.19.) mit Werten nach Tafel IV des Anhanges.

3. Kerbwirkungszahl β_k , berechnet aus α_k mit Hilfe der Kerbempfindlichkeit η_k des Werkstoffes nach Gleichung (3.18) ebenfalls mit Hilfe der Tafel V des Anhanges.

Nun bedürfen diese Kerbwirkungszahlen einer weiteren Korrektur, wenn Durchmesser und Oberflächenbeschaffenheit des realen Bauteils sich von denen des Probestabes unterscheiden.

Mit dem Oberflächeneinflußfaktor o_F und dem Größeneinflußfaktor k definieren wir den Gesamteinflußfaktor γ_k zu

$$\gamma_k = \frac{\beta_k}{o_F \cdot k} \quad . \tag{3.20}$$

Rauhe Oberflächen insbesondere im Kerbbereich vermindern die Schwingfestigkeit erheblich, wie das Bild 3.25. ausweist.

Der Größeneinfluß kann geometrische und technologische Ursachen haben.

Der geometrische Größeneinflußfaktor k_g ist wieder mit der Stützwirkung bzw. dem interkristallierten Spannungsausgleich zu erklären. Er ist dementsprechend nur für Biegung und Torsion, nicht aber für Zug/Druck zu berücksichtigen.

Gehen wir davon aus, daß der Größeneinfluß proportional dem bezogenen Spannungsfälle nach Gleichung (3.15) ist, so ergibt sich für Torsion und Biegung mit $\chi = 2/d$ die Funktion einer Hyperbel

$$k_g = a \cdot \frac{1}{d} + b \quad , \tag{3.21}$$

in der a und b aus

$$k_g = 1 \quad \textit{für} \quad d = d_{Probe}$$

und $\quad k_g = k_\infty \quad \textit{für} \quad d = \longrightarrow \infty$

zu bestimmen sind.

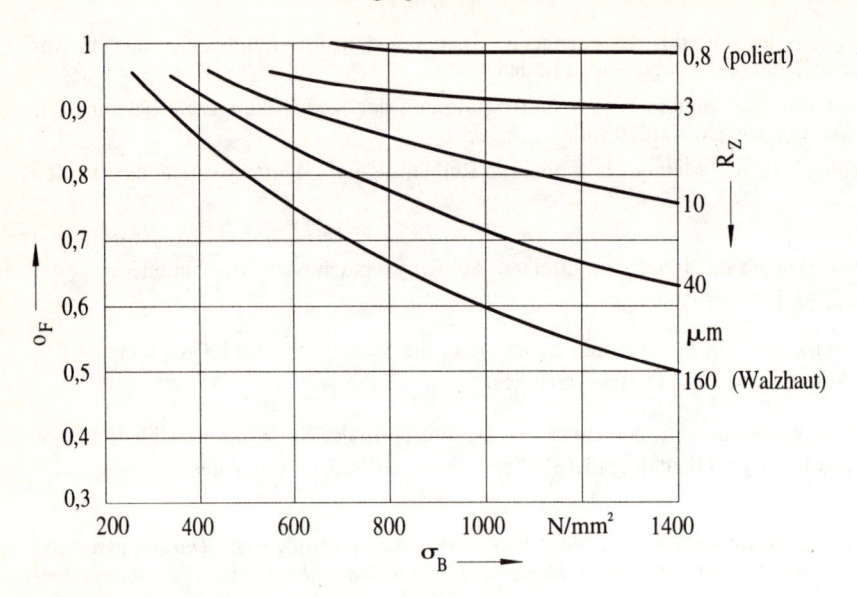

Bild 3.25. Oberflächeneinflußfaktor o_F (s. Anhang A, Tafel IV.)

Der maximale Größeneinfluß k_∞ kann z.B aus

$$k_\infty = \frac{\sigma_{zdw}}{\sigma_{bw}} \qquad (3.22)$$

berechnet werden, so daß sich ergibt

$$k_g = (1 - k_\infty) \frac{d_{Probe}}{d} + k_\infty \qquad (3.23)$$

Eine Auswertung der Gleichungen (3.22) und 3.23 ergibt die im Bild 3.26. dargestellten Kurvenverläufe.

Dem geometrischen Größeneinfluß können sich *technologische Einflüsse* durch Einsatzhärten oder Vergütungüberlagern (vergl. Anhang A, Tafel IV), so daß

$$k = k_g \cdot k_t$$

zu bilden ist.

Oberflächeneinfluß und Größeneinfluß erhöhen die Kerbwirkung. Nutzbar sind aber insbesondere im Bereich von Kerben auch technogische Möglichkeiten zur *Verringerung der Kerbwirkung*. Das sind vor allem Maßnahmen zur Erzeugung von Druckspannungszuständen wie Kugelstrahlen, Walzen und Einsatzhärten. In der Literatur wird von einem Einfluß bis zu 50% berichtet, der aber für allgemeingültige Rechnungen schwer zu quantifizieren ist.

3.6. Einflüsse auf die Schwingfestigkeit; das Nennspannungskonzept

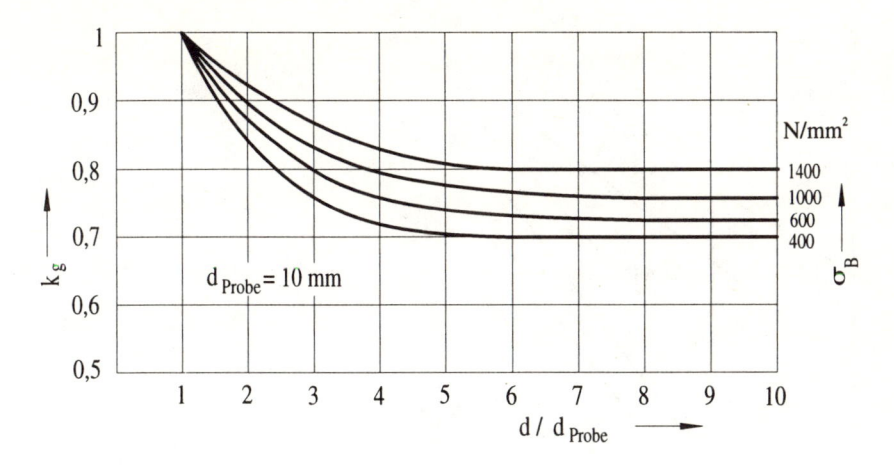

Bild 3.26. Geometrischer Größeneinflußfaktor k_g für Biegung und Torsion
(Arbeitsdiagramm s. Anhang, Tafel IV.)

Die Vorgehensweise, Einflüsse auf die Schwingfestigkeit ebenfalls am Probestab und nicht am realen Bauteil zu analysieren, hat zu einer Abwendung vom "Konzept der örtlichen Spannungen" geführt. Insbesondere für Stäbe wurde das "*Nennspannungskonzept*" entwickelt, welches bei der Sicherheitsbestimmung die *vorhandene Spannung* mit der Nennspannung identifiziert und diese zur durch die Einflüsse auf die Schwingfestigkeit *reduzierten Versagensspannung* in Relation setzt. Für die Sicherheit gilt jetzt

$$S = \frac{\sigma_{versagen} \text{ (des gekerbte Probestabes)}}{\sigma_{vorhanden} \text{ (Nennspannung am realen Bauteil)}} \quad (3.24)$$

Für die praktische Bauteilauslegung sind die Smith-Diagramme für Zug/Druck, Biegung und Torsion, die am ungekerbten Probestab ermittelt wurden, durch den *Gesamteinflußfaktor* γ_k an das reale Bauteil anzupassen (vergl. Bild 3.27.)

Für die Umrechnung gilt

$$\sigma_{Ak} = \frac{\sigma_A}{\gamma_k}, \quad (3.25)$$

wobei gegenüber dem Konzept der örtlichen Spannungen zu beachten ist, daß die Mittelspannung σ_m eine fiktive Spannung ohne Umrechnung bleibt. Die prinzipielle Vorgehensweise nach dem "Nennspannungskonzept" ist der Tafel 3.5. zu entnehmen.

Bei der Anpassung des Smith-Diagramms kann eine Streckgrenzenerhöhung infolge Verfestigung im Kerbbereich berücksichtigt werden durch

$$\sigma_s' = \sigma_s (1 + 0{,}1 \cdot \alpha_k) \quad (3.26)$$

Ist α_k nicht bekannt, so liegt man mit $\alpha_k = \beta_k$ auf der "sicheren Seite".

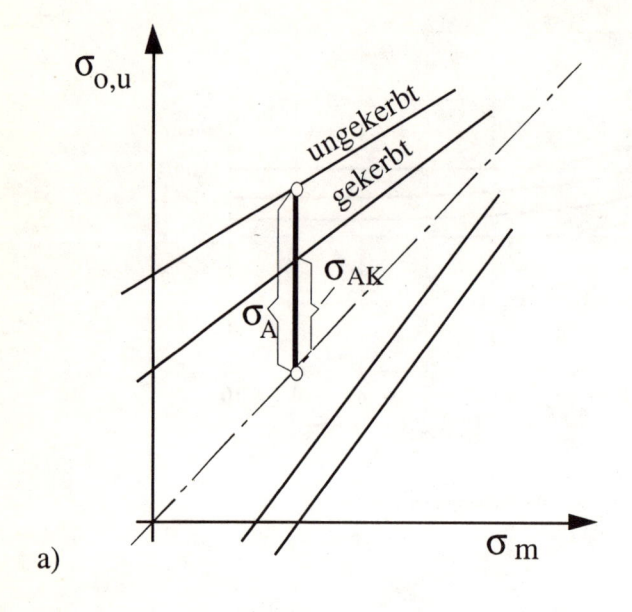

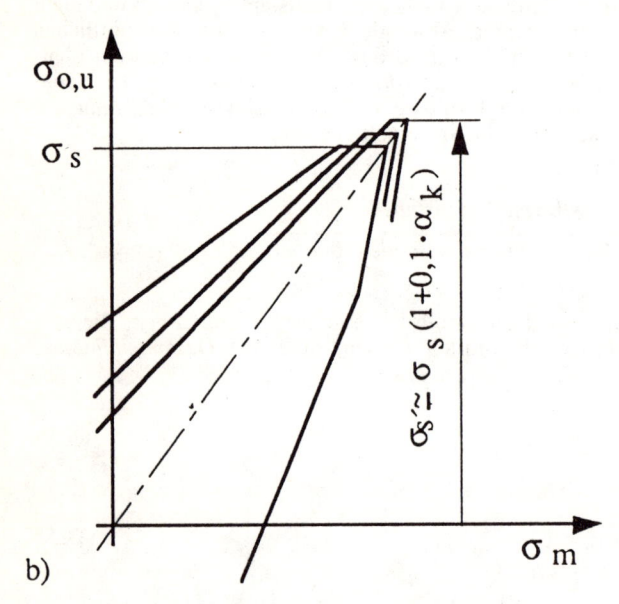

Bild 3.27. Reduktion des Smith - Diagrammes
  a) Einfluß von Kerben auf die Ausschlagfestigkeit
  b) Erhöhung der Streckgrenze im Kerbbereich

3.7. Zusammengesetzte oder kombinierte Beanspruchung stabförmiger Bauteile

Tafel 3.5. Festigkeitsnachweis nach dem Nennspannungskonzept für stabförmige Bauteile mit schwingender Beanspruchung

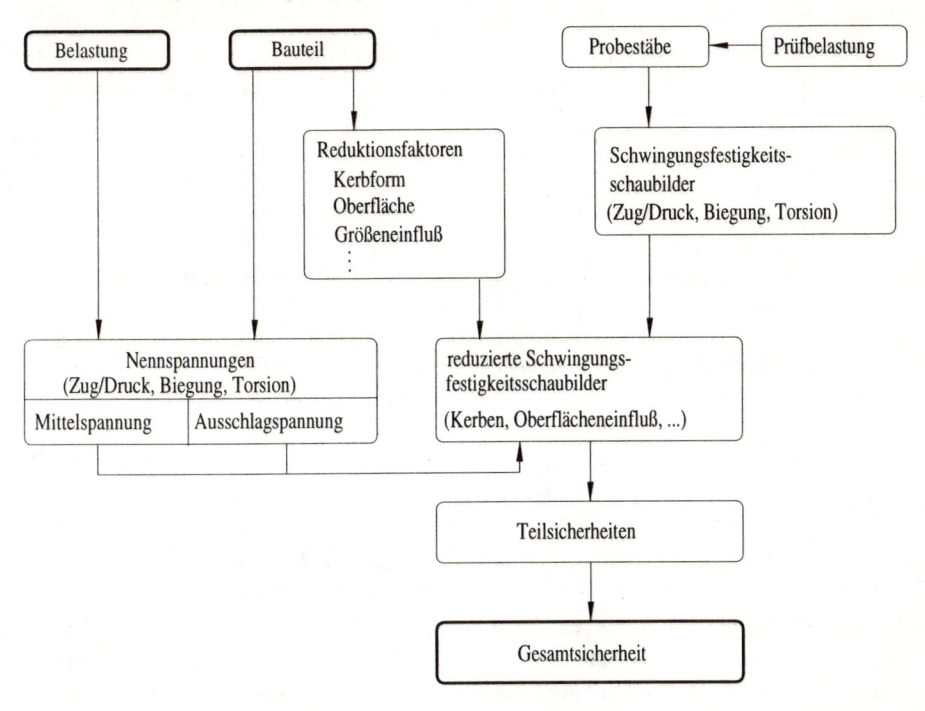

```
  ┌──────────┐   ┌────────┐              ┌───────────┐ ◄── ┌──────────────┐
  │ Belastung│   │ Bauteil│              │ Probestäbe│     │ Prüfbelastung│
  └────┬─────┘   └───┬────┘              └─────┬─────┘     └──────────────┘
       │             │                         │
       │             ▼                         ▼
       │      ┌──────────────────┐      ┌─────────────────────────┐
       │      │ Reduktionsfaktoren│     │ Schwingungsfestigkeits- │
       │      │   Kerbform       │     │   schaubilder            │
       │      │   Oberfläche     │     │ (Zug/Druck, Biegung,     │
       │      │   Größeneinfluß  │     │      Torsion)            │
       │      │      ⋮           │     └────────────┬────────────┘
       │      └───────┬──────────┘                  │
       ▼              ▼                             ▼
  ┌──────────────────────────────┐    ┌─────────────────────────┐
  │   Nennspannungen             │    │  reduzierte Schwingungs-│
  │ (Zug/Druck, Biegung, Torsion)│───►│  festigkeitsschaubilder │
  ├──────────────┬───────────────┤    │ (Kerben, Oberflächen-   │
  │Mittelspannung│Ausschlagspann.│    │  einfluß, ...)          │
  └──────┬───────┴───────┬───────┘    └────────────┬────────────┘
         │               │                         │
         └───────────────┴────────────┬────────────┘
                                      ▼
                          ┌───────────────────────┐
                          │    Teilsicherheiten   │
                          └──────────┬────────────┘
                                     ▼
                          ┌───────────────────────┐
                          │   Gesamtsicherheit    │
                          └───────────────────────┘
```

Konstruktion des Smith-Diagramms und Sicherheitsbestimmung folgen den in den Abschnitten 3.3. und 3.4. dargestellten Methoden. Es wird auf die Beispielrechnung im Anhang B verwiesen.

3.7. Zusammengesetzte oder kombinierte Beanspruchung stabförmiger Bauteile ; Vergleichsspannung und Gesamtsicherheit

Bei den bisherigen Betrachtungen wurde vereinfachend davon ausgegangen, daß das Bauteil durch Zug/Druck *oder* Biegung *oder* Torsion beansprucht wird. In der Praxis treten diese Beanspruchungen in der Regel "kombiniert" auf. Bei komplizierteren Gebilden, die nicht durch das stabförmige Modell idealisiert werden können, liegt ohnehin ein mehrachsiger Spannungszustand vor, der allerdings in jedem Falle durch den Hauptspannungstensor (s. Abschnitt 3.1.)

$$\sigma^T = \begin{pmatrix} \sigma_1 & 0 & 0 \\ 0 & \sigma_2 & 0 \\ 0 & 0 & s \end{pmatrix} \qquad (3.27)$$

beschrieben werden kann.

Das Problem besteht nun darin, das Schädigungsverhalten des allgemeinen Spannungszustandes zu vergleichen mit der an Probestäben in der Regel für Zug/Druck *oder* Biegung *oder* Torsion ermittelten Versagens-Spannung.

Für dieses Grundproblem der Festigkeitslehre wurden mehrfach Hypothesen entwickelt. Die älteste geht auf Galilei (um 1600) zurück, der die größere Hauptspannung σ_1 stets für das Versagen verantwortlich macht, d.h. es gilt

$$\sigma_V = \sigma_1 \qquad (3.28.)$$

Diese Normalspannungshypothese hat sich nur für spröde Werkstoffe bestätigt (sie wurde von Galilei auch speziell für Mamor entwickelt).

Für Werkstoffe mit Gleitbruch (z.B. Kupfer und Aluminium sowie deren Legierungen) trifft die von *Tresca* aufgestellte *Schubspannungshypothese* gut zu. Hier gilt

$$\sigma_V = \sigma_1 - \sigma_3 = 2 \cdot \tau_{max} \,. \qquad (3.29)$$

Für Stähle ist die *Gestaltungsänderungsenergiehypothese* am besten bestätigt.

Sie sagt aus, daß der Werkstoff versagt, wenn am Probestab ein Element die gleiche Gestaltänderungsenergie aufnimmt wie das Bauteil bei mehrachsiger Beanspruchung.

Für die Aufstellung dieser Hypothese gingen *v. Miser* und *Huber* von der Überlegung aus, daß eine hydrostatische Beanspruchung $\sigma_1 = \sigma_2 = \sigma_3 = p$ zumindest im Druckbereich nicht zum Versagen führt. Die Gestaltungsänderungsenergie ist also die um den hydrostatischen Anteil verminderte allgemeine Deformationsenergie. Für den dreiachsigen Spannungszustand gilt (auf die Ableitung muß hier verzichtet werden, vergl. z.B./3./

$$\sigma_v = \sqrt{\sigma_1^2 + \sigma_2^2 + \sigma_3^2 - \sigma_1\sigma_2 - \sigma_1\sigma_3 - \sigma_2\sigma_3} \qquad (3.30)$$

Für plastische Deformationen und statischen Bruch mit ausgeprägter Bruchdehnung ist diese Hypothese bestens bestätigt.

Insbesondere für *stabförmige Bauteile* lassen sich die Hypothesen nach einem Vorschlag von *Bach* /20/ an spezielle Versagensarten anpassen.

Bei stabförmigen Bauteile mit Zug/Druck-, Biege- und Torsionbeanspruchung reduziert sich der allgemeine Spannungstensor auf

$$\sigma_{Stab}^T = \begin{pmatrix} \sigma & \tau_{xy} & 0 \\ \tau_{xy} & 0 & 0 \\ 0 & 0 & 0 \end{pmatrix} \,. \qquad (3.31)$$

Mit der Gleichung (3.7). ergeben sich dann aus der *Schubspannungshypothese* und der *Gestaltungsenergiehypothese* die sehr ähnlichen Formen

$$\sigma_V = \sqrt{\sigma_x^2 + 4 \cdot \tau_{xy}} \quad \text{(Schubspannungs-Hypothese)} \qquad (3.32)$$

3.7. Zusammengesetzte oder kombinierte Beanspruchung stabförmiger Bauteile

$$\sigma_V = \sqrt{\sigma_x^2 + 3 \cdot \tau_{xy}} \quad \text{(Gestaltänderungsenergie-Hypothese),} \quad (3.33)$$

d.h. wir können auch allgemein schreiben /20/

$$\sigma_V = \sqrt{\sigma_x^2 + \alpha^2 \cdot \tau_{xy}} \quad \text{(Hypothese nach Bach).} \quad (3.34)$$

Durch Umformung der Gleichung (3.34.) auf

$$1 = \frac{\sigma_x^2}{\sigma_V^2} + \frac{\tau_{xy}^2}{\sigma_V^2 / \alpha^2} \quad (3.35)$$

wird eine Ellipse erkennbar, deren Halbachsen mit den zum Versagen führenden Spannungen σ_B oder σ_S bzw. τ_B oder τ_F identifiziert werden können (Bild 3.28.).

Diese Bruch- oder Versagensellipse ist gut bestätigt. Der Gedanke der Erweiterung ihres Gültigkeitsbereiches auf schwingende Beanspruchung wurde von *Gough/Pollard* /21/ zumindest für Wechselbeanspruchung nachgewiesen.

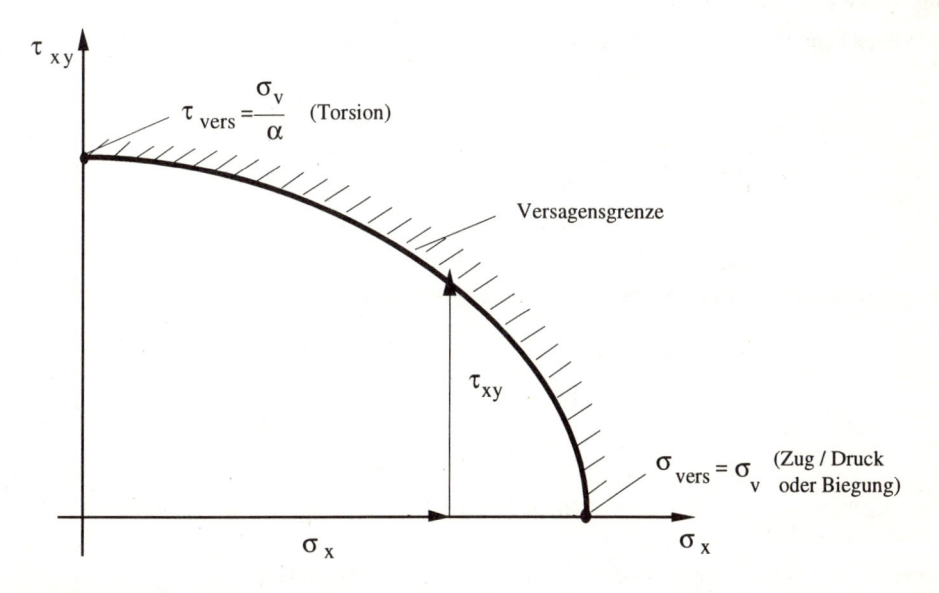

Bild 3.28. Versagensellipse

Sind Versuchswerte σ_{vers} bzw. τ_{vers} für die Halbachsen bekannt, so kann α aus Gleichung (3.35.) bestimmt werden. Es gilt

$$\sigma_x = \sigma_v = \sigma_{vers} \quad \text{für} \quad \tau_{xy} = 0 \tag{3.36}$$

$$\tau_{xy} = \frac{\sigma_v}{\alpha} = \tau_{vers} \quad \text{für} \quad \sigma_x = 0 \tag{3.37}$$

und damit nach eliminieren von σ_v

$$\alpha = \frac{\sigma_{vers}}{\tau_{vers}}, \tag{3.38}$$

d.h. die Hypothese läßt sich an die jeweils zutreffende Versagensart anpassen. So kann z. B. gesetzt werden

$$\alpha = \frac{\sigma_B}{\tau_B} \; ; \; \frac{\sigma_S}{\tau_F} \; ; \; \frac{\sigma_{bw}}{\tau_{tw}} \; ; \; \frac{\sigma_{AK}}{\tau_{AK}} \quad \text{usw.} \tag{3.39}$$

Im folgenden sei die Vorgehensweise ausgehend von ruhender Beanspruchung mit steigendem Schwierigkeitsgrad skizziert:

Ruhende Beanspruchung:

Zug/Druck und Torsion

Nach Gleichung (3.34.) gilt für die Bruchvergleichsspannung

$$\sigma_V = \sqrt{\sigma_z^2 + \left(\frac{\sigma_B}{\sigma_{\tau B}}\right)^2 \cdot \tau_t^2} \tag{3.40}$$

und die Sicherheit gegen Bruch bzw. Fließen Bei Streckgrenzenüberschreitung ergibt sich zu

$$S_B = \frac{\sigma_B}{\sigma_V} \quad \text{bzw.} \quad s_F = \frac{\sigma_S}{\sigma_V} \tag{3.41}$$

Sinngemäß ist bei Sicherheit gegen Streckgrenzenüberschreitung sowie für Biegung und Torsion vorzugehen.

Weitergehende Überlegungen sind für das gleichzeitige Auftreten von *Zug/Druck*, *Biegung* und *Torsion* notwendig.

3.7. Zusammengesetzte oder kombinierte Beanspruchung stabförmiger Bauteile

Wird von der Zulässigkeit der Addition von Zug- und Biegespannungen ausgegangen, so gilt

$$\sigma = \sqrt{(\sigma_z + \sigma_b)^2 + \alpha^2 \cdot \tau_t^2} \qquad (3.42)$$

$\alpha = \dfrac{\sigma_B}{\tau_B}$ bei Bruch bzw. $\alpha = \dfrac{\sigma_S}{\tau_F}$ bei Fließen bzw. Streckgrenzüberschreitung.

Soll das unterschiedliche Schädigungsverhalten von Zug und Biegung berücksichtigt werden, so ist die Biegespannung bei Deutung des α als "Anpassungsfaktor" über ein α' zu wichten

$$\sigma_V = \sqrt{\left(\sigma_z + \alpha' \cdot \sigma_b\right)^2 + \alpha^2 \tau_t^2} \qquad (3.43)$$

$\alpha' = \alpha_B = \dfrac{\sigma_B}{\tau_B}$ bzw. $\alpha = \alpha_F = \dfrac{\sigma_S}{\tau_F}$

α wie in Gleichung (3.42).

Schwingende Beanspruchung Zug/Druck, Biegung und Torsion

Hier tritt ein weiterer Schwierigkeitsgrad hinzu, da auch für die Mittelspannung eine Vergleichsspannung zu bilden ist. In Analogie zu Gleichung (3.43.) gilt für die Zug/Druck-Vergleichsmittelspannung mit den Nenn-Mittelspannungen

$$\sigma_{zdmV} = \sqrt{\left(\sigma_{zdm} + \alpha' \cdot \sigma_{bm}\right)^2 + \alpha^2 \tau_{tm}} \qquad (3.44)$$

α' und α wie in Gleichung (3.43.).

Weiter können sinngemäß σ_{bmV} und τ_{tmV} gebildet werden. Einfacher gilt aber auch

$$\sigma_{bmV} = \frac{1}{\alpha'} \sigma_{zdm} \qquad (3.45)$$

und

$$\tau_{tmV} = \frac{1}{\alpha} \sigma_{zdm} \qquad (3.46)$$

Für die drei Vergleichsmittelspannungen werden in den entsprechenden Smith-Diagrammen nach Reduktion mit γ_k (wir folgen damit weiter dem Nennspannungskonzept) die Ausschlag-Spannungen abgelesen, um "schwingende" Anpassungsfaktoren zu bilden. Es gilt

$$\alpha' = \frac{\sigma_{zdAK}}{\sigma_{bAK}} \quad \text{und} \quad \alpha = \frac{\sigma_{zdAK}}{\tau_{tAK}}$$

jetzt wird die Ausschlagsvergleichspannung

$$\sigma_{aV} = \sqrt{\left(\sigma_{zda} + \alpha' \cdot \sigma_{ba}\right)^2 + \alpha^2 \tau_{ta}} \qquad (3.47)$$

(σ_{zda}; σ_{ba} und τ_{ta} sind Nennspannungen!)

berechnet, mit der im Smith-Diagramm für Zug/Druck der Sicherheitsnachweis nach den im Abschnitt 3.4. dargestellten Überlastfällen zu führen ist. Es gilt die Gesamtsicherheit

$$S = \frac{\sigma_{zdAK}}{\sigma_{aV}} \qquad (3.48)$$

Die relativ komplizierte Vorgehensweise kann am Beispiel 2 des Anhanges nachvollzogen werden.

Ingenieurmäßig übersichtlicher ist ein Weg, der über *Teilsicherheiten* zur gleichen *Gesamtsicherheit* führt.

Dividieren wir die Gleichung (3.47.) durch σ_{zdAK} (d.h. genau den Wert, mit dem der Sicherheitsnachweis zu führen ist!), so erhalten wir nach Quadrieren

$$\left(\frac{\sigma_{av}}{\sigma_{zdAK}}\right)^2 = \left(\frac{\sigma_{zdA}}{\sigma_{zdAK}} + \frac{\sigma_{ba}}{\sigma_{bAK}}\right)^2 + \left(\frac{\tau_{ta}}{\tau_{tAK}}\right)^2 \qquad (3.49)$$

Die einzelnen Quotienten dieser Gleichung sind jeweils die Kehrwerte von Sicherheiten, so daß auch geschrieben werden kann

$$\left(\frac{1}{S_{ages}}\right)^2 = \left(\frac{1}{S_{zda}} + \frac{1}{S_{ba}}\right)^2 + \left(\frac{S}{S_{ta}}\right)^2 \qquad (3.50)$$

Die Gleichung (3.50) ist in der Form

$$\frac{1}{S^2} = \frac{1}{S_\sigma^2} + \frac{1}{S_\tau^2} \qquad (3.51)$$

bekannt.

Die Gleichung eröffnet einen Weg zur übersichtlichen Berechnung der *Gesamtsicherheit*, indem die *Teilsicherheiten für jede Beanspruchungsart* zunächst *getrennt* nach den in Abschnitt 3.6. angegeben Methoden *aus den für den den Kerbfall reduzierten Smith-Diagram-*

3.7. Zusammengesetzte oder kombinierte Beanspruchung stabförmiger Bauteile

a)

b)

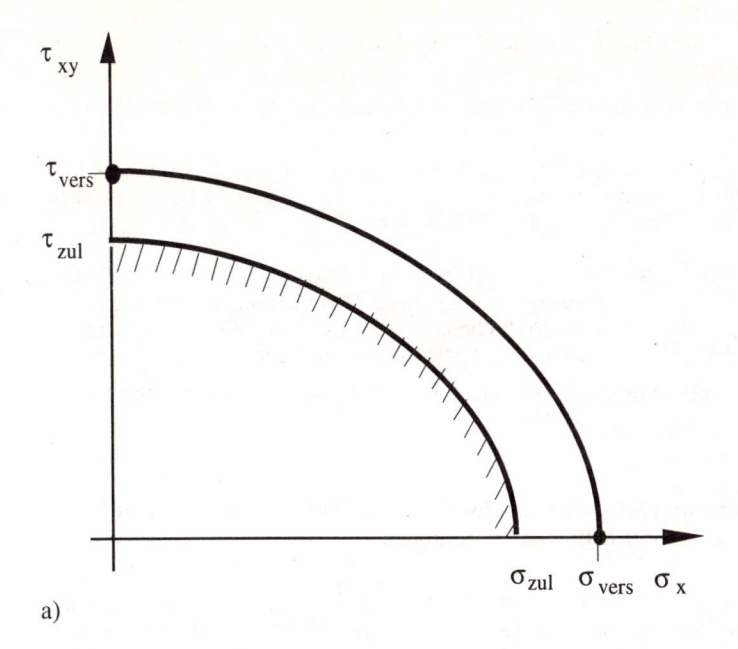

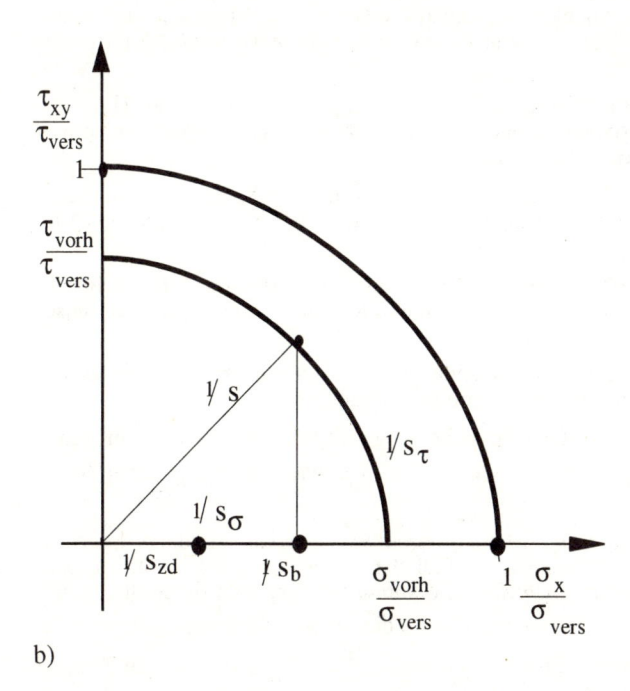

Bild 3.29. Weiterentwicklungen der Versagensellipse
  a) Versagensellipse mit zul. Bereich
  b) Sicherheitskreis

men berechnet werden. Dabei können für die Teilsicherheiten auch unterschiedliche Überlastfälle zugelassen werden.

Die Gleichung (3.50) läßt sich in anschaulicher Weise auch aus der *Versagensellipse* (s. Bild 3.28.) herleiten.

Gehen wir davon aus, daß die vorhandenen bzw. zulässigen Spannungen (s. Bild 3.29) kleiner als die Versagens-Spannungen sein müssen, so läßt sich ein "zulässiger Bereich" im Innern der Versagensellispe abgrenzen.

Wird die "Versagensellipse" auf den Achsen durch σ_{vers} bzw. τ_{vers} relativiert, so geht die Versagensellipse in einem Versagenskreis (r = 1) über und wir erkennen "die Kreise der zulässigen Spannungen" als Kehrwert der Sicherheit Mit Hilfe des *Pythagoras* ergeben sich die Gleichungen (3.51) bzw. (3.50) auch auf anschaulichem Wege.

Am Beispiel 2 des Anhanges wird auch der Rechnungsweg über die Teilsicherheiten demonstriert.

3.8. Vergleichsspannung und Sicherheitsnachweis für nichtstabförmige Bauteile ; Grenzen des Konzepts der örtlichen Spannungen

Während im Abschnitt 3. bisher zur Auslegung von Konstruktionselementen durch der Berechnung der Sicherheit dem für stabförmige Bauteile entwickelten "Nennspannungskonzept" gefolgt wurde, soll im Folgenden auf den Sicherheitsnachweis für nichtstabförmige Bauteile eingegangen werden.

Spannungszustände in nichtstabförmigen Bauteilen lassen sich nur für spezielle Fälle wie das dickwandige Rohr und daraus abgeleitete Sonderfälle (vergl. Tafel I im Anhang) sowie dank der Arbeiten von *Hertz* /17/ für spezielle Kontaktaufgaben analytisch berechnen. (s. z.B. /17/).

Spannungszustände in komplizierten Bauteilen lassen sich experimentell z.B. mit Hilfe von Dehnungsmeßstreifen oder auf spannungsoptimistischem Wege und natürlich numerisch mittels der Finite-Elemente Methode (FEM) ermitteln.

Die *vorhandenen Spannungen* stellen sich dabei als allgemeiner Spannungstensor oder nach entsprechender Transformation als Hauptspannungstensor (vergl. Gleichung (3.6) im Abschnitt 3.1.) dar.

Wie bei stabförmigen Bauteilen lokalisieren sich die Spannungsmaxima auch für nichtstabförmigen Bauteilen oft an lastfreien Oberflächen, so daß mit vereinfachten Spannungstensoren gerechnet werden kann.

Da für nichtstabförmige Bauteile eine "Nennspannung" nicht relevant ist, muß der Sicherheitsnachweis mit den "örtlichen Spannungen" geführt werden.

Grundsätzlich wird dabei auch von der Gleichung 3.4 ausgegangen, d.h. es sind "zum Versagen führenden Spannungen" σ_{vers} in Relationen zu den "vorhandenen Spannungen "σ_{vorh} zu setzen.

Für *Sicherheiten gegen Gewaltbruch und Streckgrenzenüberschreitung* ist die Vorgehensweise problemlos, denn es liegt der elementare Fall der Anwendung der Vergleichspannungshypothese vor. Aus den *vorhanden örtlichen Spannungen*, gegeben durch die Hauptspannung σ_1 ; σ_2 ; σ_3, wird nach Gleichung (3.30.) die örtliche Vergleichspannung berechnet. Die zum Versagen führenden Spannungen sind σ_B bzw. σ_S , d.h. die am Zugstab ermittelten Werkstoffwerte.

Im Prinzip kann diese Methodik auch für schwingende Beanspruchung angewendet werden. Für die örtlich vorhandenen Spannungen

$$\sigma_1 = \sigma_{1m} \pm \sigma_{1a}$$
$$\sigma_2 = \sigma_{2m} \pm \sigma_{2a}$$
$$\sigma_3 = \sigma_{3m} \pm \sigma_{3a}$$

werden mit Hilfe der Gleichung (3.30) die Vergleichsspannungen für Mittelwert und Ausschlagspannung

$$\sigma_{vm} \quad \text{und} \quad \sigma_v$$

berechnet. Im für den Werkstoff zutreffenden Dauerfestigkeitsschaubild kann die Sicherheit entsprechend dem vorliegenden Überlastfall bestimmt werden.

Im Vergleich zum Nennspannungskonzept für stabförmige Bauteile sind kleinere Sicherheiten zu erwarten bzw. das Bauteil wird bei gleicher Sicherheit überdimensioniert. Die Ursachen sind unschwer in der Nichtberücksichtigung des intermolekularen Spannungsausgleiches infolge des Spannungsgefälles zu erkennen. Hier werden die gegenwärtigen Grenzen des Konzepts der örtlichen Spannungen und die Notwendigkeit entsprechender Forschungsarbeiten offenbar.

3.9. Erforderliche Sicherheit ; Sicherheit unter wahrscheinlichkeitstheoretischem Aspekt

Im Abschnitt 3.1. haben wir die Sicherheitszahl S als Quotienten aus zum Versagen führender Belastung oder Beanspruchung und den tatsächlich vorhandenen Größen definiert.

Nach den bisherigen Überlegungen)* unterscheiden wir

- Sicherheit gegen Gewaltbruch (σ_B)

- Sicherheit gegen Steckgrenzenüberschreitung (σ_S)

  oder Fließen (σ_{bF})

- Sicherheit gegen Dauerschwingbruch oder Ermüdung $(\sigma_A, \sigma_{AK}, \tau_A, \tau_{AK})$

Grundsätzlich wird die Sicherheit als Zahl > 1 definiert. Aus der praktischer Erfahrung und nach einschlägigen Vorschriften werden "erforderliche Sicherheiten" in der Größenordnung

$$1,2 < S_{erf} < 3 \quad \text{(bis 8 in Extremfällen)}$$

verwendet (s.Tafel V des Anhanges),wobei im Sicherheitsnachweis

$$S_{vorh} < S_{erf}$$

zu dokumentieren ist.

Es gebietet die ökonomische Vernunft des Ingenieurs, die *vorhandene Sicherheit* in Übereinstimmung *der erforderlichen Sicherheit* zu bringen. Oft obliegt es allerdings dem Konstrukteur, die erforderliche Sicherheit selbst festzulegen.

Mit den nachfolgenden Überlegungen sollen die Einflüsse auf die "erforderliche Sicherheit" verdeutlicht werden. Dabei wird der klassische Sicherheitsnachweis eine kritische Wertung erfahren.

)* Versagen durch unzulässige Verformung, Instabilität usw. sind nicht der Gegenstand dieses Buches

3. Auslegung von Konstruktionselementen durch Berechnung der "Sicherheit"

Die Sicherheitszahl entsprechend der o.g. Definition verbindet stets zwei unabhängige Gruppen von Einflußgrößen, die statistischen bzw. wahrscheinlichkeitstheoretischen Verteilungen unterliegen.

Analysieren wir zunächst die in *Belastungen* berechnete Sicherheit:

Wird eine statistisch repräsentative Anzahl gleicher Bauteile experimentell bezüglich ihrer *zum Versagen führenden Belastung* geprüft, so ergäbe sich eine um den Mittelwert $\bar{B}_{vers}$ verteilte Häufigkeit des Ausfalls, die durch mehrere statistische Komponenten zu erklären ist:

$$H(B_{vorh}) = f \begin{pmatrix} \cdot \text{Maßhaltigkeit} \\ \cdot \text{Oberflächengüte} \\ \cdot \text{Werkstoffqualität} \\ \cdot \text{u.a.} \end{pmatrix} ;$$

Dem stehen *tatsächlich vorhandene Belastungen* gegenüber, die meistens ebenfalls statistisch verteilt sind

$$H(B_{vorh}) = f \begin{pmatrix} \cdot \text{Windlasten} \\ \cdot \text{Seegangsbelastung} \\ \cdot \text{u.a. Umwelteinflüsse} \end{pmatrix} .$$

Das Bild 3.30. verdeutlicht, daß ein Schaden immer dann auftritt, wenn ein Bauteil statistisch geringerer Festigkeit statistisch große vorhandene Belastungen aufnehmen muß.

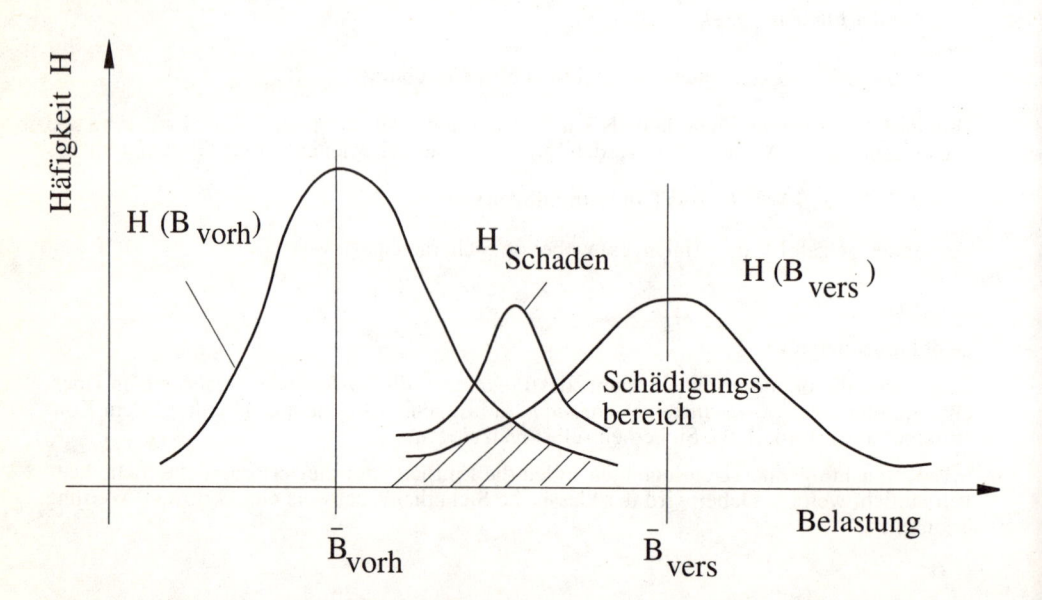

Bild 3.30. Schädigungsbereich infolge Schneidung der Belastungsverteilungen für B_{vorh} und B_{vers}

3.9. Erforderliche Sicherheit; Sicherheit unter wahrscheinlichkeitstheoretischem Aspekt

Es ist qualitativ einsehrbar, daß im Überschneidungbereich beider Glockenkurven wieder eine statistische Verteilung für die Schadenshäufigkeit $H_{Schaden}$ auftritt (vergl. /23/ und /28/.

Andererseits kann daraus abgeleitet werden, daß sich die Schadenswahrscheinlichkeit verringert bzw. sogar gegen Null geht, wenn Überschneidungen beider Glockenkurven vermieden werden. Folgende Maßnahmen können daraus zur Erhöhung der Sicherheit abgeleitet werden (vergl. Bild 3.31.):

1. Zur Verschiebung der Glockenkurve durch Vergrößerung der mittleren Bauteilbelastbarkeit B_{vers}. Dieser Maßnahme sind ökonomische Grenzen
gesetzt, da sie bei gleichem Werkstoff masseintensiv, bei höherfestem Werkstoff kostenintensiv ist (Bild 3.31. a).

2. Verringerung der Streubreite für B_{vers} bei konstantem B_{vorh}. Das kann durch verbesserte technologische Bedingungen erreicht werden, die natürlich ebenfalls kostenintensiv sind (Bild 3.31.b).

3. Gütekontrolle bzgl. erkennbarer Mängel (Maßhaltigkeit, Oberflächengüte, Rißprüfung u.a.). Diese Maßnahme bewirkt eine Asymmetrie der rechten Verteilungsfunktion (vergl. Bild 3.31.c).

4. Aufbringen einer statischen Prüflast oder besser Durchführung eines Prüflaufes mit Schwingbelastung mit $n > n_{grenz}$ (Bild 3.31. d.).

Statische Prüflasten sind dabei nur sinnvoll bei statisch belasteten Bauteilen, da ein späterer Ermüdungsbruch dadurch nicht verhindert werden kann. Für die Simulation von Ermüdungsbrüchen.

Prüfläufe sind nur vertretbar, wenn n_{grenz} nach relativ kurzen Prüfzeiten erreicht wird.

5. Maßnahmen zur Belastungsbegrenzung (Bild 3.31. e) wie Überlastschutz, Rutschkupplungen u.a., die bei Kombination mit den Maßnahmen 2. bis 4. die Schadenswahrscheinlichkeit wesentlich verringern.

Die Maßnahme 5. ist insbesondere dann sinnvoll, wenn eine extreme "Lastannahme" getroffen werden müßte.

Lastannahmen oder lastabschätzende Berechnungen werden in der Praxis sehr häufig notwendig, da das zu entwickelnde technische Gebilde zum Zeitpunkt der Berechnung als Meßobjekt in der Regel nicht zur Verfügung steht.

Wird die Sicherheit in Beanspruchungen nachgewiesen - und das ist die in der Praxis übliche Vorgehensweise - so kommen die *Unsicherheiten der Berechnungsmethode* hinzu. *Unsicherheiten sind immer Anlaß, die erforderliche Sicherheitszahl zu vergrößern.*

Es muß also kritisch bemerkt werden, daß der Sicherheitsnachweis in seiner Aussagekraft begrenzt ist. Die Sicherheitsberechnung erfordert hohes Verantwortungsbewußtsein und die Bereitschaft zum vertretbaren Risiko zugleich!

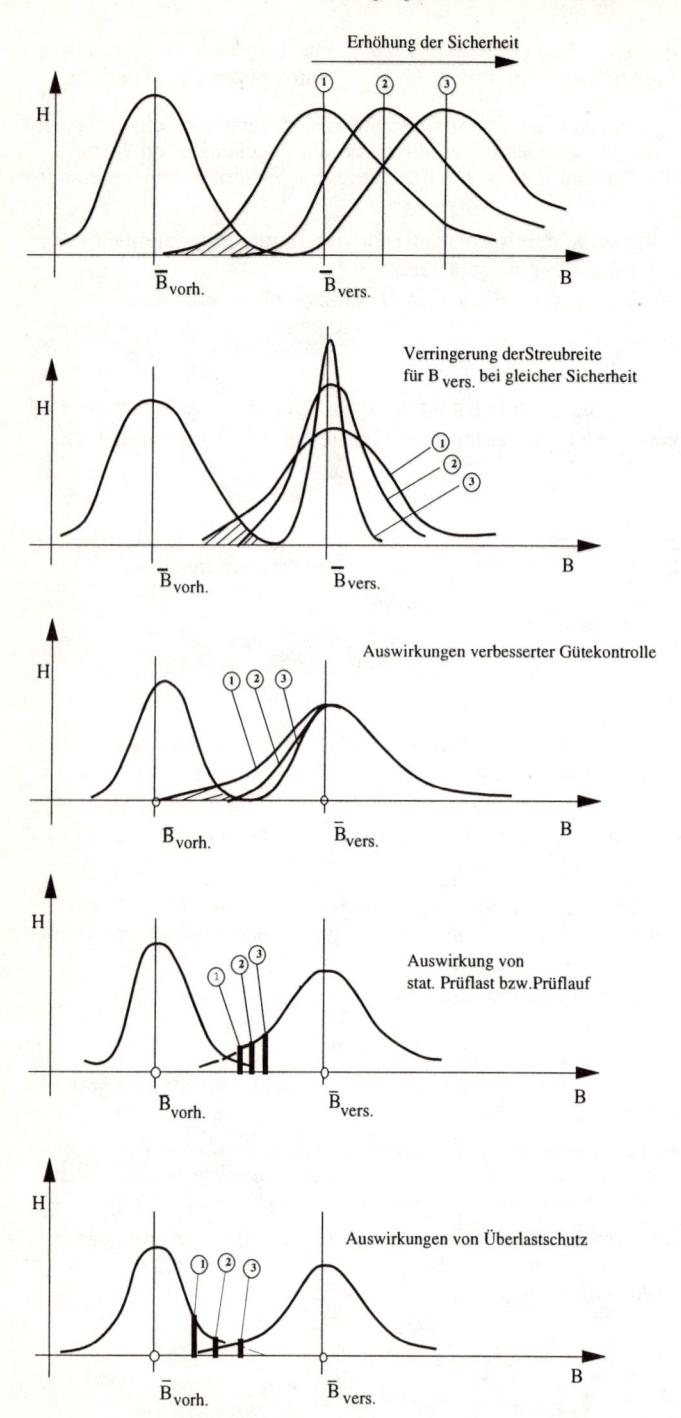

44 3. Auslegung von Konstruktionselementen durch Berechnung der "Sicherheit"

Bild 3.31. Maßnahmen zur Verringerung der Schadenswahrscheinlichkeit

4. Schaden und Schädigung als stochastischer Vorgang ; Grundlagen der Zuverlässigkeitstheorie

4.1. Mathematische Aufbereitung des statistischen Ausfallverhaltens

Die mathematische Zuverlässigkeitstheorie bildet die Grundlage vieler Teildisziplinen der Technik und der Naturwissenschaften (vergl. z.B. /24/, /25/).

Im Abschnitt 3.8. wurden im Zusammenhang mit dem wahrscheinlichkeitstheoretischen Aspekten der Sicherheit auftretende Belastungen bzw. Beanspruchungen bereits als statistische Verteilungen dargestellt. Der Leser mag den Mangel empfunden haben, daß die Betrachtung rein qualitativ durchgeführt wurde.

Für die in den folgenden Abschnitten zu behandelnde "Lebensdauer" und "Zuverlässigkeit" ist die mathematische Beschreibung statistischer und stochastischer Vorgänge unerläßlich, wobei die Darstellung aus der praktischen Sicht des Ingenieurs erfolgt.

Neben der bereits erwähnten statistischen Verteilung von Belastungsgrößen sowie der Ausfallhäufigkeit in Abhängigkeit von der Belastung kann z.B. die statistische Verteilung des Ausfalls von Ventilsitzen als Funktion der Nutzungsdauer oder auch die statistische Verteilung der Verschleißhöhe h_V gleicher Maschinenteile bei gleicher Nutzungsdauer zu beschreiben sein (vergl. Bild 4.1.). In jedem Falle ist eine *Häufigkeit H* als Funktion einer Belastung, als Funktion der Zeit, als Funktion der Verschleißhöhe oder allgemein als Funktion eines *Merkmalswertes* x_i darzustellen.

Wesentlich für die Aufbereitung ist die Abschätzung der *Streu- oder Variationsbreite T*

$$T = x_{max} - x_{min} \tag{4.1}$$

und die Festlegung der *Klassenaufteilung*, gekennzeichnet durch Klassenbreite Δx und Klassenzahl k.

Zwischen der Klassenbreite und der Variationsbreite besteht der Zusammenhang

$$T = k \cdot \Delta x \; . \tag{4.2}$$

Die Klassenzahl k richtet sich dabei nach dem Umfang der Ereignisse n. Für die Auswertung hat sich

$$k \leq 5 \cdot \lg n \quad ; \quad 6 < k < 20 \tag{4.3}$$

als günstig erwiesen. So wird in Form eines sog. *Histogramms* die Auftragung der absolu-

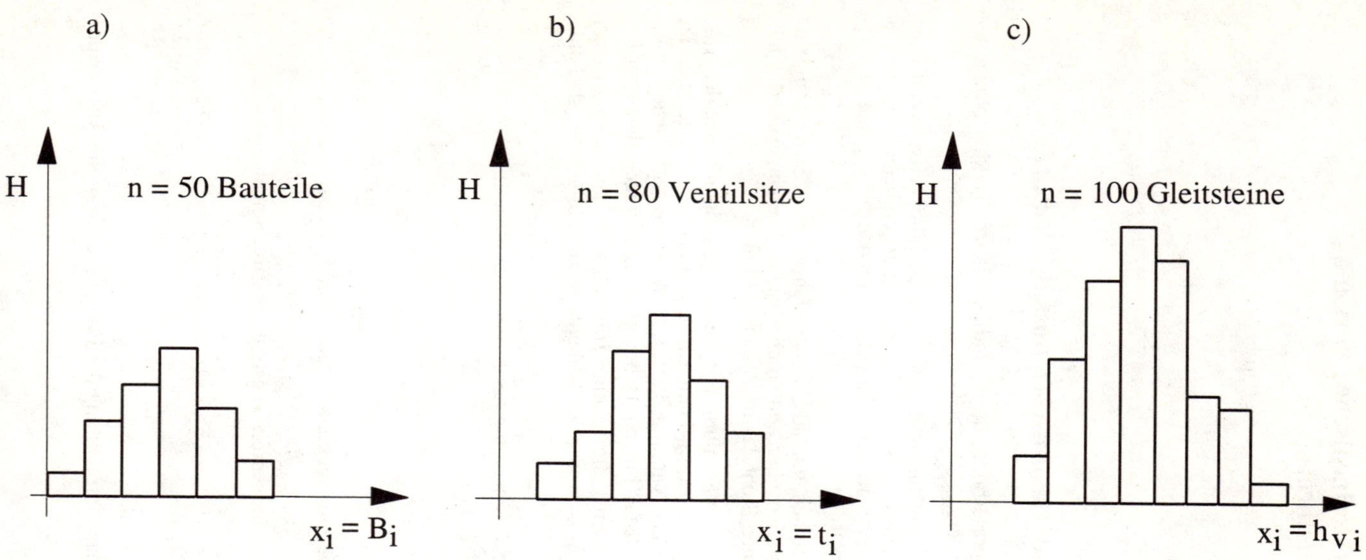

Bild 4.1. Statistische Verteilungen (Histogramme)
a) Bauteilversagen als Funktion der Belastung
b) ausgefallene Ventilsitze als Funktion der Nutzungsdauer
c) Häufigkeitsverteilung für Verschleißhöhen

4.1. Mathematische Aufbereitung des statistischen Ausfallverhaltens

ten Klassenhäufigkeit H_j oder besser durch Bezug auf n die relative Häufigkeit

$$h_j = \frac{H_j}{n} \cdot 100 \quad \text{in Prozent} \tag{4.4}$$

als Funktion von x_j möglich (vergl. Bild 4.2.), wobei x_j die jeweilige Klassenmitte kennzeichnet.

Die Verteilungsfunktion wird gekennzeichnet durch den

Mittelwert $\bar{x}$

und die mittlere quadratische Abweichung (Standardabweichung) s bzw. die

Varianz s^2.

Der Mittelwert errechnet sich aus den Einzelmerkmalen nach

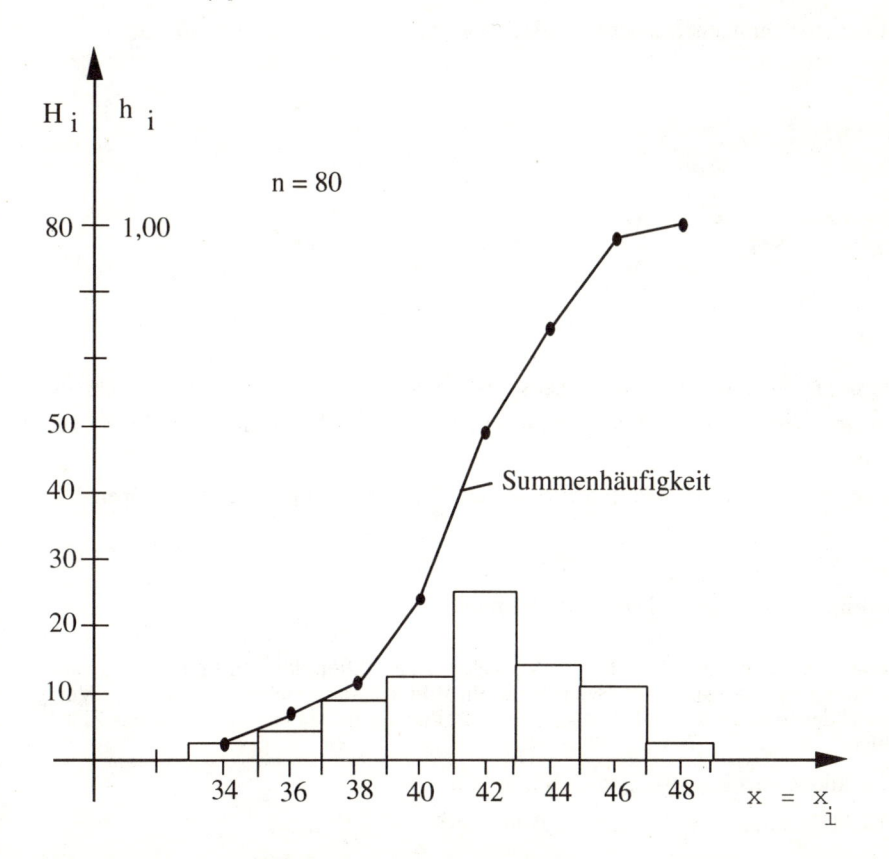

$$\bar{x} = \frac{1}{n} \sum_{i=1}^{n} x_i \tag{4.5}$$

Bild 4.2. Diskrete Verteilungsfunktion mit Summenhäufigkeit

oder bei Klassenauftragungen nach

$$s^2 = \frac{1}{n-1} \sum_{j=1}^{k} x_j \cdot H_j = \sum_{j=1}^{k} x_j \cdot h_j \quad .\qquad(4.6)$$

Für die Varianz gilt

$$s^2 = \frac{1}{n-1} \sum_{i=1}^{n} (x_i - \bar{x})^2 \qquad(4.7)$$

bzw.

$$s^2 = \frac{1}{n-1} \sum_{j=1}^{k} (x_j \cdot H_j - \bar{x})^2 \qquad(4.8)$$

oder

$$s^2 = \frac{n}{n-1} \sum_{j=1}^{k} (x_j \cdot h_j - \frac{1}{n} \bar{x})^2 \qquad(4.9)$$

Für den Übergang zur mathematischen Darstellung ist die Summenhäufigkeitsfunktion

$$H(xj) = \sum_{1}^{j} H_j \qquad(4.10)$$

bzw.

$$h(xj) = \sum_{1}^{j} h_j \qquad(4.11)$$

von Bedeutung (vergl. Bild 4.2.)

Verteilungsfunktion und Summenhäufigkeitsfunktion gehen für $n \to \infty$ und Klassenbreite $\Delta_x \to 0$ in stetige Funktionen über, die dann der Differential- und Integralrechnung zugänglich sind.

Im folgenden werden die Grundlagen der Zuverlässigkeitstheorie für stetige Funktionen dargestellt.

4.2. Grundlagen der Zuverlässigkeitstheorie

Die Zuverlässigkeitstheorie betrachtet das Versagen als Funktion der Zeit t oder daraus abgeleiteter Funktionen. So sind zum Beispiel die im Bild 4.1. dargestellten statistischen Verteilungen für den Ausfall auch als statistische Verteilungen in Abhängigkeit von der Zeit t beschreibbar.

Übliche Funktionen der Zuverlässigkeitstheorie sind

- die Dichtefunktion bzw. Ausfallhäufigkeit   g(x)
- der Ausfallanteil   a(x)

4.2. Grundlagen der Zuverlässigkeitstheorie

- der Bestandanteil $\qquad$ N(x)
- die Zuverlässigkeitsfunktion $\qquad$ R(x)
- die Ausfallwahrscheinlichkeit und $\qquad$ F(x)
- die Ausfallrate $\qquad$ $\lambda(x)$,

die in definiertem mathematischen Zusammenhang stehen (vergl. z.B. /24/).
Die Dichtefunktion *g (x)* beschreibt die Ausfallwahrscheinlichkeit analog den in Abschnitt 4.1. benutzten Histogrammen als Grenzfall der Klassenbreite $\Delta(x) = \Delta(t) \rightarrow 0$ (vergl. Bild 4.3.). Das Integral der Dichtefunktion *g(x)* über der Zeit ergibt den Ausfallanteil *a(x)*.

$$a(x) = \int_{x=0}^{x} g(x)\, d(x)$$

(4.12)

d.h. es gilt $\qquad g(x) = \dfrac{da(x)}{dx}$

Der *Anfangsbestand* N_0, vermindert um den *Ausfallanteil a(x)*, wird als *Bestandanteil* $N(x)$

$$N(x) = N_0 - a(x) \qquad (4.13)$$

bezeichnet, der bezogen auf den Anfangsbestand die sehr wichtige *Zuverlässigkeitsfunktion R(t)* dargestellt

$$R(x) = \frac{N(x)}{No} = 1 - \frac{1}{No}\int_{x=0}^{x} g(x)d(x) \qquad (4.14)$$

Die Zuverlässigkeitsfunktion ist im Intervall $0 \leq R(x) \leq 1$ definiert und kennzeichnet die Überlebenswahrscheinlichkeit. Für die *Ausfallwahrscheinlichkeit F(x)* gilt damit

$$F(x) = 1 - R(x) \qquad . \qquad (4.15)$$

Für "normierte" Verteilungsfunktionen ist der Anfangsbestand $N_0 = 1$ zu setzen. Eine häufig benutzte Kenngröße ist die *Ausfallrate $\lambda(x)$*, die die Dichtefunktion *g(x)* auf den Bestandanteil *N(x)* bezieht. Es gilt

$$\lambda(x) = \frac{G(x)}{N(x)} = -\frac{1}{R(x)} \cdot \frac{g(x)dx}{dx} \qquad (4.16)$$

Eine Analyse von Bauteilen bzgl. ihrer Ausfallrate über die gesamte Nutzungsdauer ergibt in der Regel einen typischen und für alle technischen Gebilde zumindest qualitativ wiederkeh-

50   4. Schaden und Schädigung als stochastischer Vorgange

Dichtefunktion g(x)

g(x)

x^*

Ausfallanteil a(x)

$N(x) = N_0 \, a(x)$

$a(x) = \int_{x=0}^{x^*} g(x)\, dx$

x^*

Zuverlässigkeit R(x)

$R(x) = \dfrac{N(x)}{N_0}$

x^*

Ausfallrate $\lambda(x)$

$\lambda(x) = \dfrac{-1}{R(x)} \cdot \dfrac{dR(x)}{dx}$

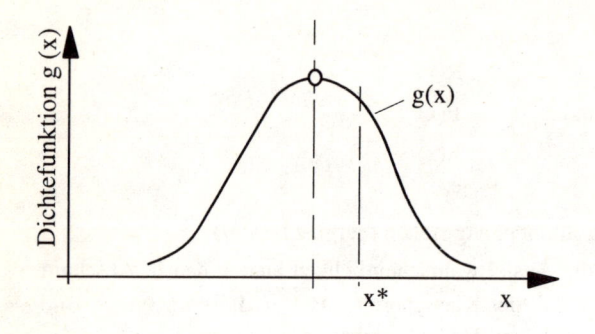

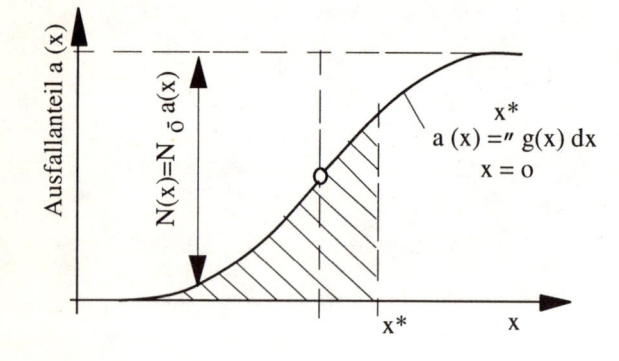

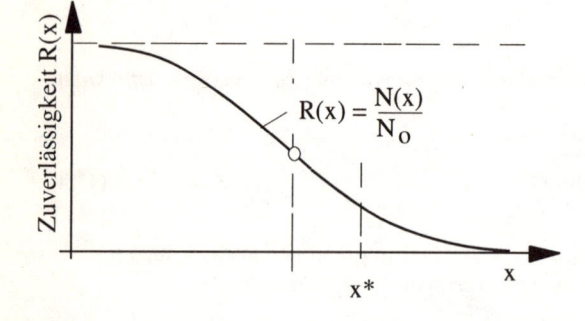

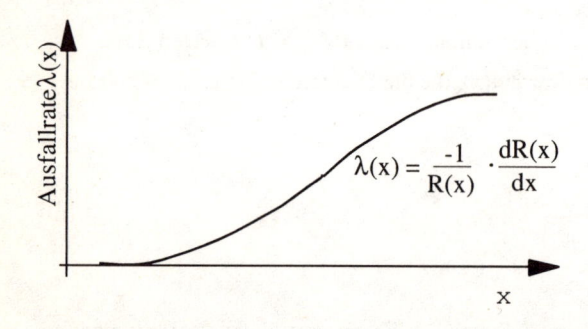

Bild 4.3. Zusammenhang zwischen Grundgrößen der Zuverlässigkeitstheorie

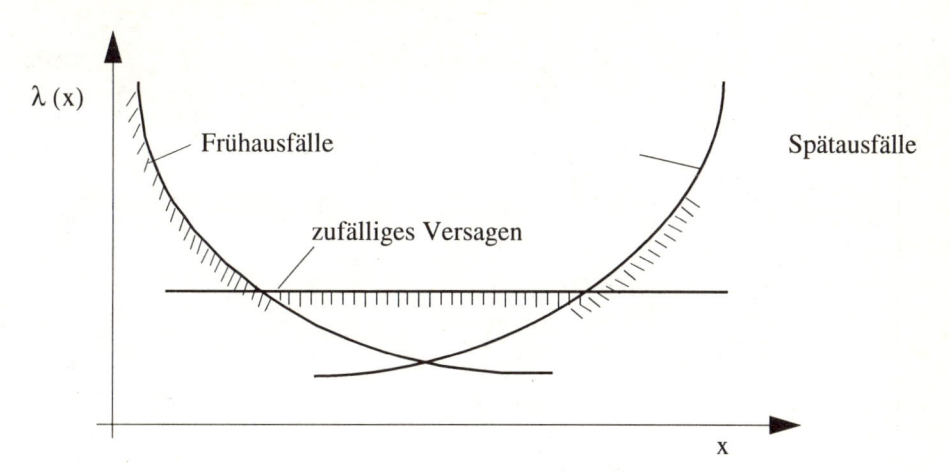

Bild 4.4. "Badewannenkurve" für das Ausfallverhalten technischer Gebilde

renden Verlauf (vergl. Bild 4.4.), der wegen gewisser Ähnlichkeiten als *"Badewannenkurve"* bezeichnet wird.

Nach zunächst häufigen *Frühausfällen*, die in der Regel auf Fertigungsfehlern beruhen, klingt das Ausfallverhalten ab und geht über in den Bereich des *zufälligen Versagens*, das meistens auf äußere Einwirkungen infolge "zufälliger" Ereignisse zurückzuführen ist.

Für das Anliegen des Buches, Lebensdauer und Zuverlässigkeit infolge Ermüdung, Verschleiß und Korrosion zu beschreiben und zu berechnen, gebührt den *Spätausfällen* besondere Beachtung. Sie sind Grundlage der Auslegung und Dimensionierung in der Konstruktionsphase.

Für die Bearbeitung von praktischen Aufgaben erweisen sich einige Verteilungsfunktionen als zweckmäßig und gut handhabbar. Sie sollen im nächsten Abschnitt dargestellt werden.

4.3. Verteilungsfunktionen ; Anwendung spezieller Verteilungsfunktionen

Die wohl gebräuchlichste Verteilungsfunktion geht auf *Gauß* zurück, der aus Fehleruntersuchungen die Funktion - wir schreiben sie als Dichtefunktion $g(x)$ - den Zusammenhang

$$g(x) = \frac{1}{s\sqrt{2\Pi}} \cdot e^{\frac{-(x-\bar{x})^2}{2s^2}} \qquad (4.17)$$

fand. Die Größen x und s^2 sind dabei der Abschnitt im 4.1. bereits erläuterte Mittelwert und die die Streubreite charakterisierende Varianz, die für die Gaußfunktion besonders einprägsam sind. Wegen der Symmetrie der Funktion befindet sich $\bar{x}$ an der Stelle des Maximums, während s durch die Lage des Wendepunktes bestimmt ist, (vergl. Bild 4.5.).

Die Gaußverteilung nach Gleichung (4.17.) heißt "normiert", wenn gilt

$$\int_{-\infty}^{+\infty} g(x)dx = 1$$

Die Gaußverteilung hat aber auch Nachteile: Sie ist von $-\infty$ bis $+\infty$ definiert und außerdem für unsymmetrische Verteilungen nicht geeignet. Der erste Mangel wird dadurch be-

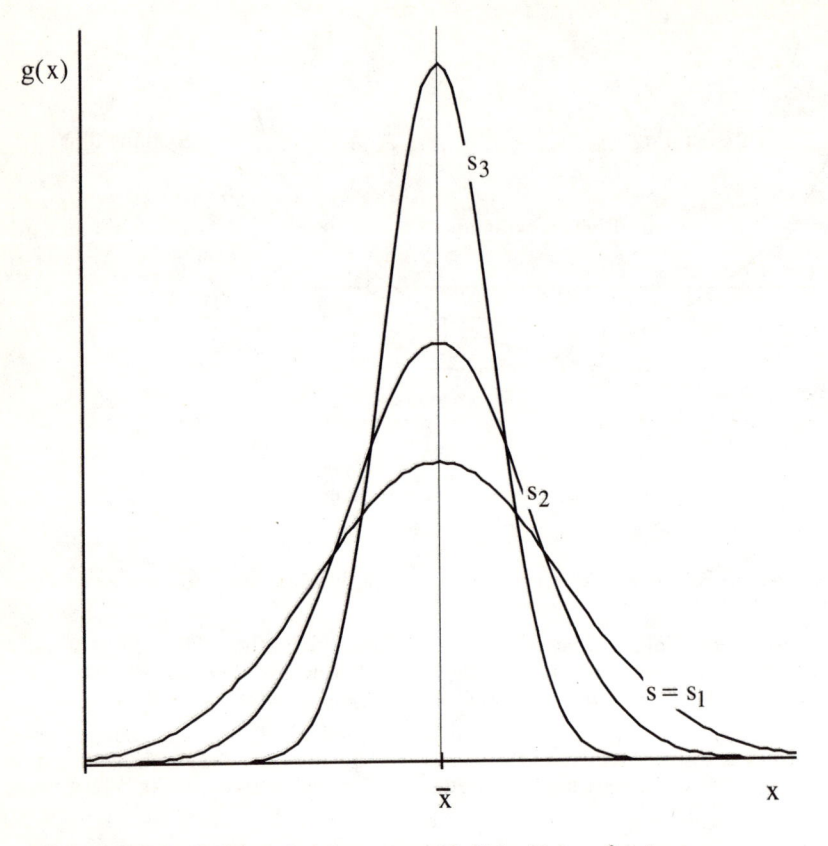

Bild 4.5. Gaußsche Verteilungsfunktionen unterschiedlicher Varianz s^2 und gleichem Mittelwert $\bar{x}$

hoben, daß die Gaußverteilung für $1 \cdot s\,;\,2 \cdot s\,;\,3 \cdot s$ - Bereiche oder in der technischen Anwendung meistens durch den 10%-Flächenbereich begrenzt wird.

Die weiteren Funktionen wie Zuverlässigkeitsfunktion $R(x)$ und Ausfallrate $\lambda(x)$ lassen sich nach den Gleichungen (4.12.) bis (4.16.) berechnen (vergl. Bild 4.6.).

Wir wollen auf zwei weitere für die technische Anwendung besonders relevante Verteilungen eingehen.

Für *zufällige Ausfälle* hatten wir bereits im Zusammenhang mit der "Badewannenkurve" (vergl. Bild 4.4.) den Sonderfall

$$\lambda(x) = \lambda = const \tag{4.18}$$

erwähnt. Mit Gleichung (4.16.) folgt

$$\frac{1}{R(x)} \cdot \frac{dR(x)}{dx} = -\lambda \tag{4.19}$$

4.3. Verteilungsfunktionen ; Anwendung spezieller Verteilungsfunktionen

Gaußverteilung

$$g(x) = \frac{1}{2\sqrt{2\pi}} e^{\frac{(x-\overline{x})^2}{2s^2}}$$

Weibullverteilung

$$R(x) = e^{-(\alpha x)^\beta}$$

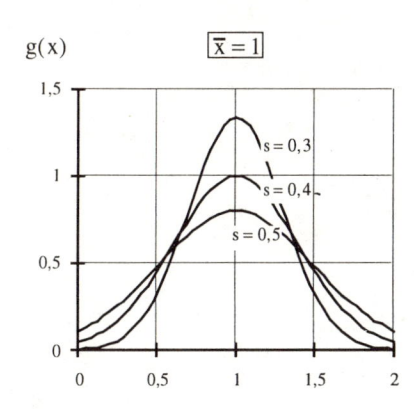

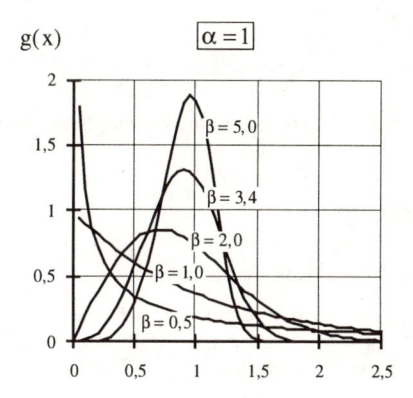

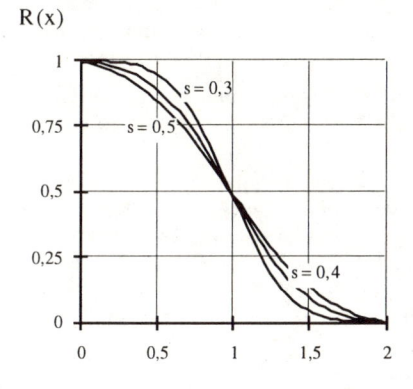

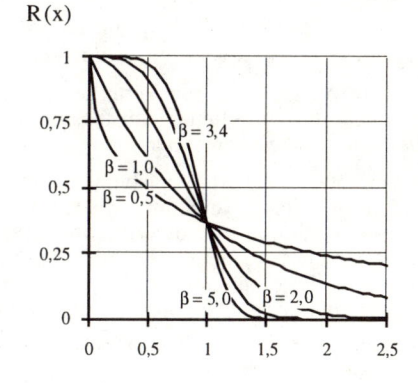

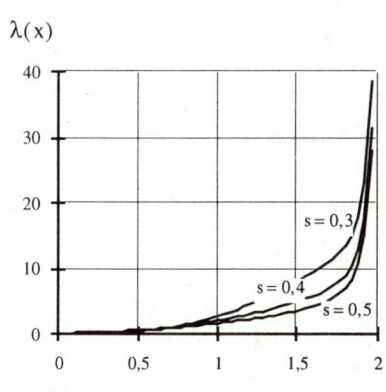

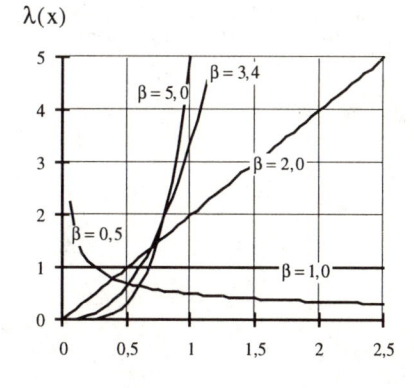

Bild 4.6. Verteilungsfunktionen
 -Gaußverteilung, Weibullverteilung

bzw $\quad \dfrac{dR(x)}{dx} + \lambda \cdot R(x) = 0$. (4.20)

Als Lösung dieser Differentialgleichung ergibt sich die *Exponentialverteilung*

$$R(x) = e^{-\lambda x}$$ (4.21)

Diese wurde von *Weibull* durch Einführung eines weiteren Parameters anpassungsfähiger gemacht.
Es entsteht die nach ihm bekannte *Weibull-Verteilung*

$$R(x) = e^{-(ax)^\beta}$$ (4.22)

wenn außerdem λ durch α ersetzt wird.

Auch diese Funktionen sind im Bild 4.6. dargestellt. Wir erkennen die besondere Eignung der Weibullfunktion für unsymmetrische Verteilungen sowie für abfallende und aufsteigende Verläufe der Früh- und Spätausfälle. Ein charakteristischer Punkt liegt für

$\alpha \cdot x = 1$ mit dem Wert $R(x) = 0,368$ bzw. $F(x) = 0,632$ vor. Bemerkenswert ist außerdem, daß für $\beta = 3,4$ eine Weibullverteilung mit großer Ähnlichkeit zur Gaußverteilung vorhanden ist. Bezüglich weiterer Ausführungen zur Weibullverteilung wird auf /36/ verwiesen.

In der praktischen Arbeit fallen die Verteilungen meist als Histogramme (vergl. Abschnitt 4.1.) an und es sind die Verteilungen anzupassen. Ist der Verteilungstyp bekannt, so lassen sich Mittelwert und Varianz berechnen.

Die Entscheidung über den Verteilungstyp kann im sog. "Wahrscheinlichkeitspapier" vorgenommen werden. Im Bild 4.7. erkennen wir darin die Auftragung der Summenhäufigkeit in einem Koordinatensystem mit derart verzerrter Auftragung, daß die Summenhäufigkeit eine Gerade ergibt. Ähnliches Auftragungspapier gibt es auch für die Weibull-Verteilung. Dabei ist es eine subjektive Entscheidung, ob die Abweichungen der eingetragenen Punkte als zulässig bewertet werden. Zugleich können Mittelwert und Varianz bzw. bei der Weibull-Verteilung die Parameter α und β sofort abgelesen werden. (s. Tafel X und Beispiel 8 und 9 des Anhanges B).

Natürlich existieren auch Rechenprogramme, die diese Aufgabe als Ausgleichsrechnung nach dem "Minimum der Abstandsquadrate" ausführen. Jeder bessere Taschenrechner erledigt heute derartige Routinen.

Bezüglich weiterer Verteilungsfunktionen wird auf entsprechende Nachschlagewerke verwiesen (vergl. z.B. /25/).

4.4. Systemzuverlässigkeit

Von der Festigkeitslehre her ist bekannt, daß Bauteile mehrere *gefährdete Querschnitt* aufweisen können. Auch die Anordnung einer größeren Zahl gleicher oder ähnlicher Elemente wie mehrere Wälzlager in einem Getriebe, für die die Einzelzuverlässigkeiten bekannt sind, muß bzgl. Lebensdauer und Zuverlässigkeit berechnet werden können. Es ist die Frage nach der *Gesamt- oder Systemzuverlässigkeit* des technischen Gebildes zu beantworten.

In der Theorie der Zuverlässigkeit von Systemen wird unterschieden zwischen Serien- und Parallelsystemen (vergl. Bild 4.8.).

4.4. Systemzuverlässigkeit

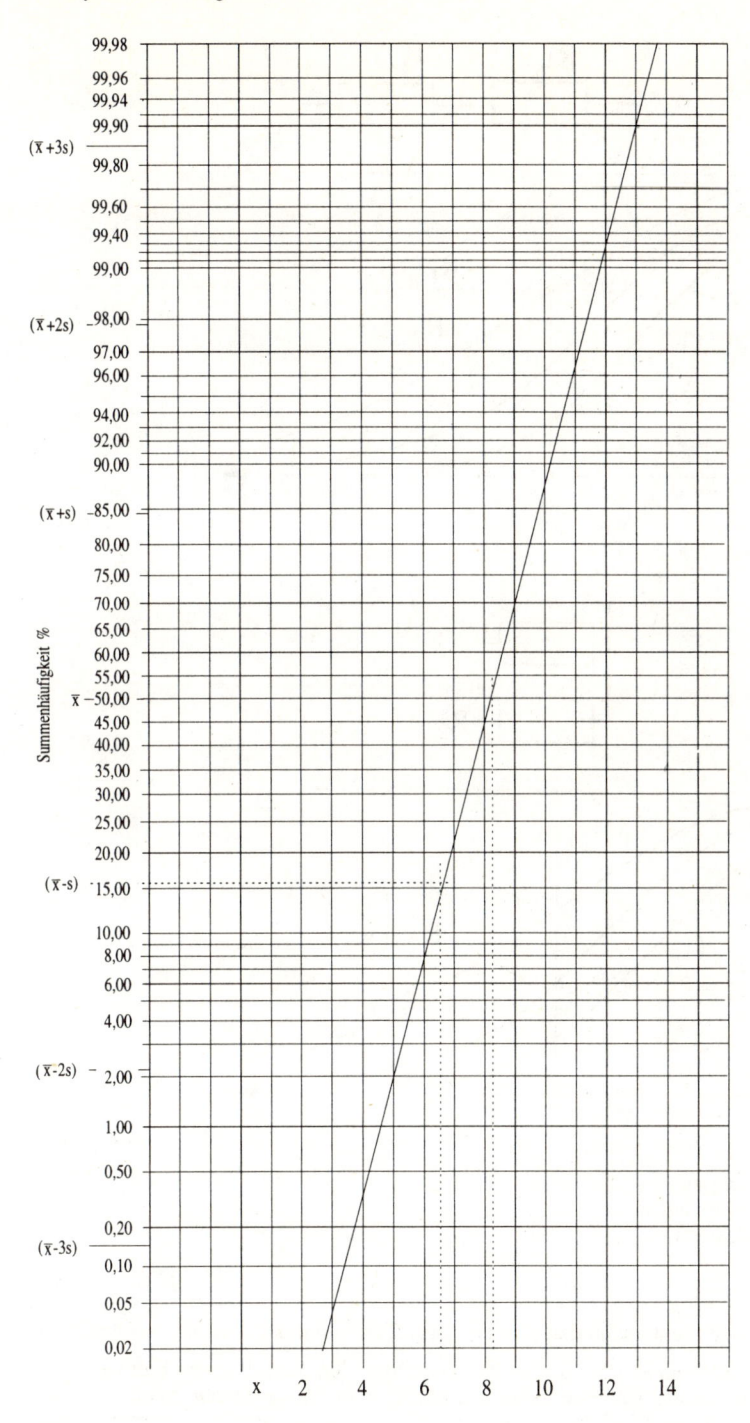

Bild 4.7. Wahrscheinlichkeitspapier für die Gaußverteilung
(siehe auch Tafel X.1.3. im Anhang A)

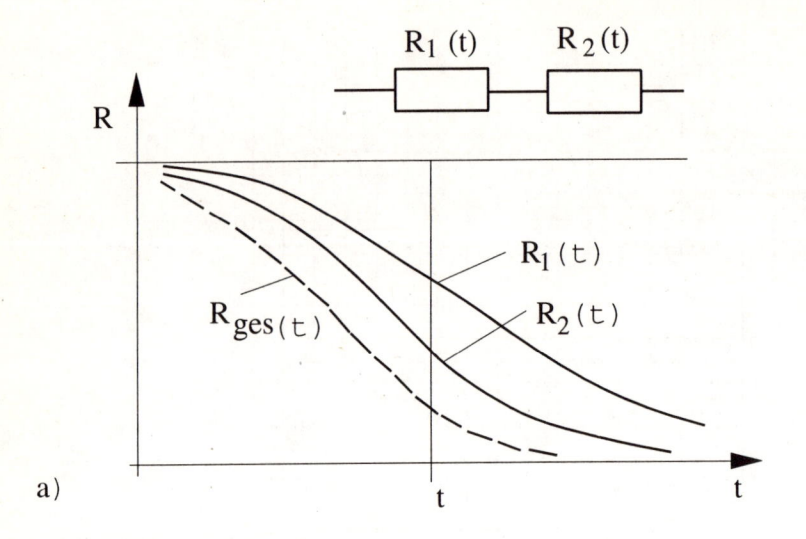

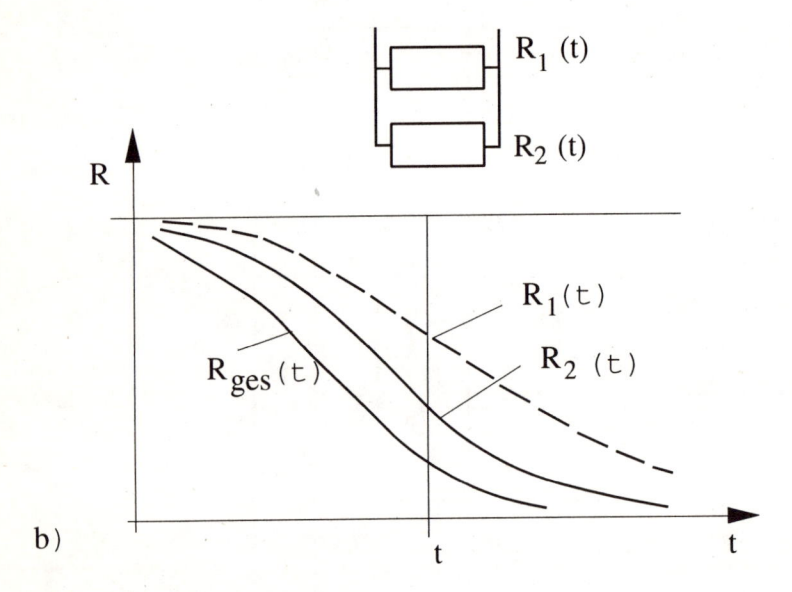

Bild 4.8. Systemzuverlässigkeit
   a) nichtredundantes System
   b) redundantes System

Serien und Parallelsystem unterschieden sich grundsätzlich durch das Ausfallverhalten:

Beim *Seriensystem* (oder *nichtredundanten System*) führt der Ausfall eines Elements zum Ausfall des Gesamtsystems, während beim *Parallelsystem (redundanten System)* die Funktion eines ausgefallenen Elements von den Nachbarelementen mit übernommen wird.

Wie ist in beiden Fällen die *Gesamtzuverlässigkeit* R_{ges} aus den als bekannt vorauszusetzenden Einzelzuverlässigkeit $R_i(x)$ zu berechnen?

4.4. Systemzuverlässigkeit

Für die *Serienanordnung* von zwei Elementen mit den Zuverlässigkeiten $R_1(x)$ und $R_2(x)$ überlebt bei einer statistisch ausreichend großen Menge von Systemen zur Zeit t der Anteil $R_1(x)$ des Elements 1 (man beachte, daß R als Zahl $0 \leq R \leq 1$ oder $0 \leq R \leq 100\%$ angegeben wird). In Funktion ist jedoch nur noch die Teilmenge der Systeme, die mit den überlebenden Elementen $R_2(x)$ gekoppelt sind. Es ist also das Produkt der Teilzuverlässigkeiten für R_{ges} zu bilden, d.h. es gilt

$$R_{ges}(x) = R_1(x) \cdot R_2(x) \tag{4.23}$$

oder für n Elemente

$$R_{ges}(x) = \prod_{i=1}^{i=n} R_i(x) \tag{4.24}$$

Diese Gesetzmäßigkeit ist das bekannte *Produktgesetz* bei Seriensystemen, welches die Gesamtzuverlässigkeit komplizierter Systeme sehr klein werden läßt (vergl. Bild 4.8.a), es sei denn, für die Elemente gilt $R_i(x) \to 1$.

Für das *Parallelsystem*, d.h. für den Fall der Funktionsübernahme durch Nachbarelemente, wird zweckmäßig in der Überlegung vom Ausfallanteil ausgegangen. In Analogie zum Seriensystem sind die Systeme ausgefallen, für die der Anteil $a_1(x)$ mit $a_2(x)$ gekoppelt war, d.h. es gilt

$$a_{ges}(x) = a_1(x) \cdot a_2(x) \tag{4.25}$$

Mit den Gleichungen (4.13.) bis (4.15.) ergibt sich nach Umrechnung auf die Zuverlässigkeitsfunktion und Erweiterung auf n Elemente

$$R_{ges}(x) = \prod_{i=1}^{i=n} (1 - R_i(x)) \tag{4.26}$$

Für redundante Systeme erhöht sich also die Gesamtzuverlässigkeit, wie am Bild 4.8b. erkennbar ist.

Dieses Systemgesetz wird durch gezielten Einsatz redundanter Systeme angestrebt. Ohne derartige Redundanzen wäre z.B. die Flug- und Raumfahrt-Sicherheit nicht zu gewährleisten. Komplizierte technische Gebilde lassen sich immer auf Serien- und Parallelsysteme zurückführen, (vergl. Bild 4.9.).

Sind die Zuverlässigkeiten der Elemente bzw. Teilsysteme bekannt, so ist die formale Berechnung der Gesamtzuverlässigkeit relativ einfach. Das Problem liegt in der Festlegung der Modellstruktur, die nicht identisch ist mit den stofflichen oder energetischen Kopplungen.

Modellstrukturen für die Zuverlässigkeitsberechnung sind logische Strukturen, die von der Überlegung *Redundanz* oder *Nichtredundanz* ausgehen. Es wird auf die Beispiele 6. und 7. des Anhanges verwiesen.

Ansätze zu weiteren Methoden der Systemzuverlässigkeit werden z.B. in /36/ abgehandelt.

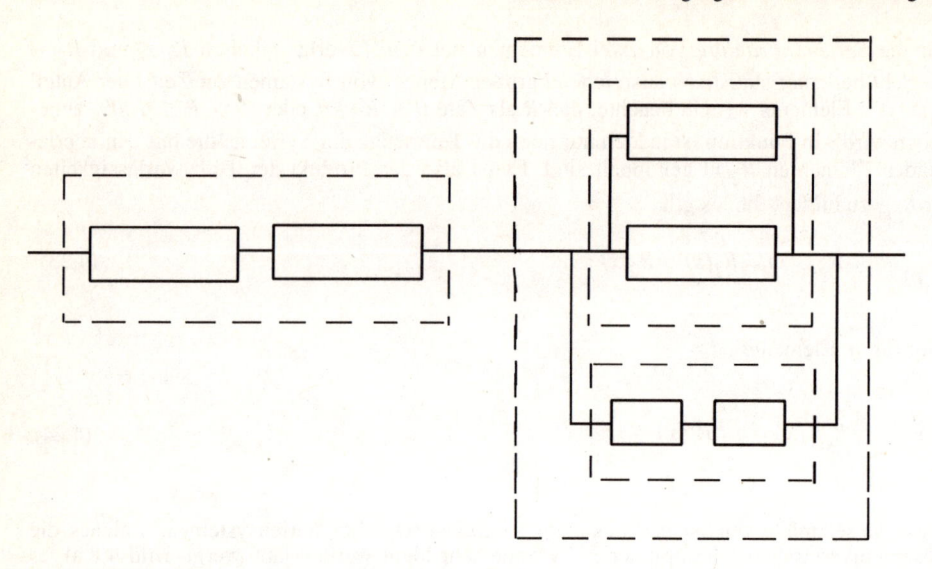

Bild 4. 9. Reduktion komplizierter Systeme

5. Schädigung und Versagen technischer Gebilde

5.1. Überblick

Technische Gebilde sind während ihrer Nutzung - und dazu kann auch der Stillstand gehören - ständig einer Schädigung unterworfen.

Erreicht die Schädigung Grenzen, die eine Funktionserfüllung nicht mehr gewährleisten, so wird die Schädigung als *Versagen* bezeichnet.
Die Häufigkeit des Versagens infolge Schädigung nimmt mit der Nutzungsdauer in der Regel progressiv zu.
Das Versagen infolge Schädigung ist den im Abschnitt 4.2. im Zusammenhang mit den Grundlagen der Zuverlässigkeitstheorie dargestellten, *Spätausfällen (s. Badewannenkurve* im Bild 4.4.) zuzuordnen.
Im Unterschied zu den dort ebenfalls erwähnten *Frühausfällen,* die vorwiegend durch den Fertigungsprozeß verursacht werden, und den meist bedienungsabhängigen *zufälligen Ausfällen* sind es die *Spätausfälle,* die für die Auslegung von Maschinen und Maschinenelementen heranzuziehen sind.
Eine Analyse der Spätausfälle von Maschinen zeigt, daß diese in drei Gruppen eingeteilt werden können (vergl. Tafel 5.1.)
Auch Kombinationen dieser drei nach ihren Ursachen benannten Schädigungsarten treten auf, wie noch an konkreten Beispielen gezeigt wird.
Von den naturwissenschaftlichen Grundlagen her gehorchen diese unterschiedlichen Gesetzmäßigkeiten - sie sind sogar verschiedenartigen Wissenschaftsgebieten zuzuordnen
Aus der Sicht des Konstrukteurs ist ihnen jedoch gemeinsam, daß sie zum Versagen des technischen Gebildes führen und so zur Grundlage der Auslegung von Bauteilen werden.
Bisher iegt eine *einheitliche Methodik* für ihre Berechnung nicht vor und es *ist das wesentliche Anliegen dieses Buches, eine solche Berechnungsgrundlage zu schaffen.*
 Am weitesten entwickelt sind die Berechnungsverfahren für "Ermüdung", die für den Sonderfall der Dauerschwingfestigkeit im Abschnitt 3. ausführlich dargestellt wurden.

Tafel 5.1. Systematik der Spätausfälle

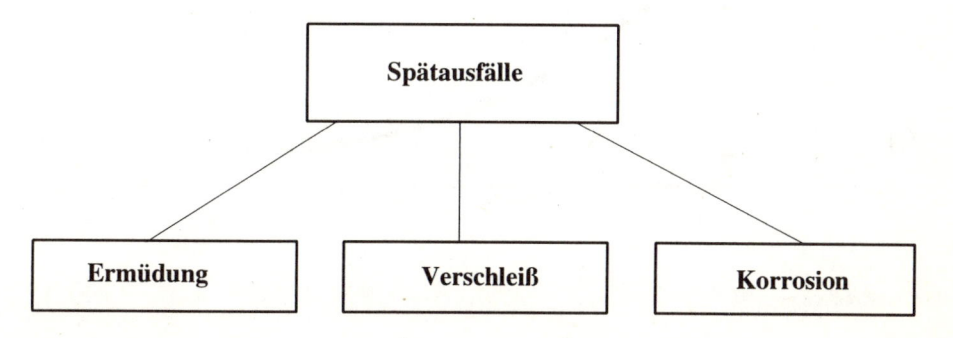

```
            ┌─────────────┐
            │ Spätausfälle│
            └──────┬──────┘
        ┌──────────┼──────────┐
   ┌────┴───┐ ┌────┴────┐ ┌───┴────┐
   │Ermüdung│ │Verschleiß│ │Korrosion│
   └────────┘ └─────────┘ └────────┘
```

Auch für Beanspruchungen oberhalb der Dauerfestigkeitsgrenze und für kompliziertere Dauerfestigkeitsgrenze und für kompliziertere Beanspruchung-Zeit-Funktionen wurden durch die *Betriebsfestigkeitslehre* die wissenschaftlichen Grundlagen für eine im wesentlichen abgeschlossenen Berechnungsmethodik geschaffen. Natürlich wird darauf im vorliegenden Buch zurückgegriffen, wobei allerdings eine Beschränkung auf das Grundsätzliche geboten ist.

Folgen wir der von *Wöhler* /4/ eingeführten Methodik, jeder Schädigungsbeanspruchung B_{Sch} die zugehörige Lebensdauer L zuzuordnen, so ergibt sich eine Grenzkurve

$$B_{Sch} = f(L) \quad , \tag{5.1}$$

die für alle Schädigungsarten hyperbelartig abfallende Verläufe annimmt Bild (5.19).

Erfolgreich verwendete Approximationsfunktionen sind die Hyperbelfunktion

$$B = C \cdot \frac{1}{L} \tag{5.2}$$

oder mit einem weiteren Freiwert a

$$B = C \cdot \left(\frac{1}{L}\right)^a \quad . \tag{5.3}$$

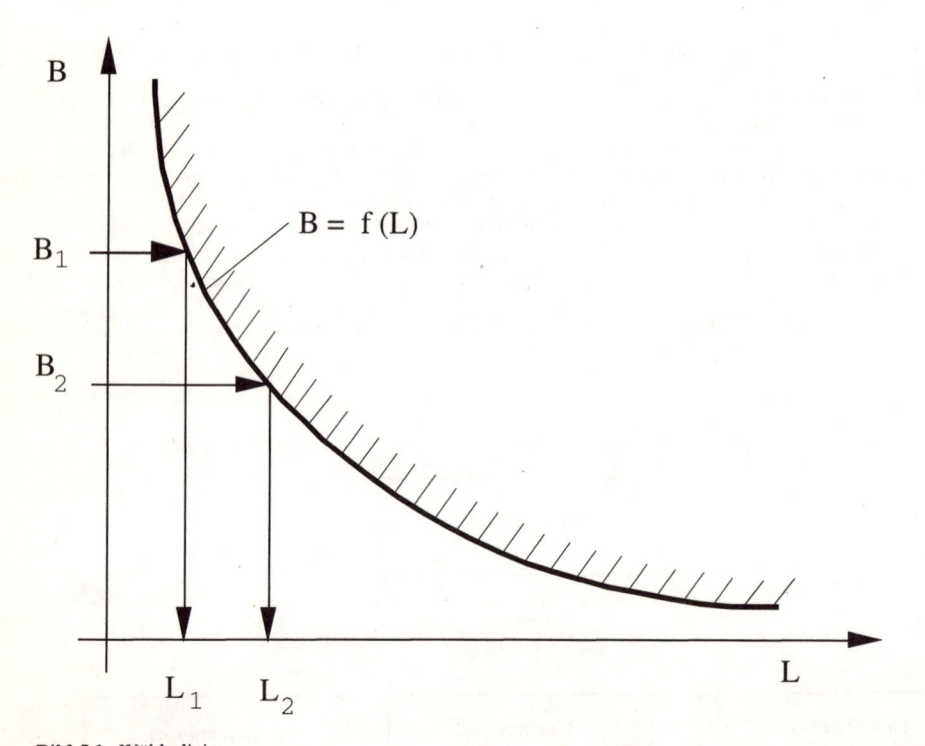

Bild 5.1. Wöhlerlinie

5.1. Überblick

Auch e-Funktionen der Form

$$B = C \cdot e^{a \cdot L} \tag{5.4}$$

sind für die Approximation des Zusammenhanges zwischen Schädigungsbeanspruchung und Lebensdauer geeignet.
Durch Logarithmieren läßt sich zeigen, daß die Gleichung (5.3) für die doppelt-logarithmische Auftragung und (5.4.) für die einfach-logarithmischer Auftragung von Vorteil sein kann.
Wir wollen die Gleichung (5.3.) in der Form des Ansatzes

$$B^a \cdot L = C \tag{5.5}$$

mit B ...   Beanspruchung oder (Belastung)

L ...   Beanspruchungsdauer

a ...   "Wöhlerlinien"-Exponent

C ...   Konstante

bevorzugen.

Mit Rücksicht auf das Versagen durch Verschleiß und Korrosion und neuere Forschungen, die eine exakte "Dauerfestigkeit" in Frage stellen, sollen im weiteren die Begriffe

- Kurzlebigkeit
- Langlebigkeit und
- Sofortausfälle

verwenden werden, wobei letzterem insbesondere Bruch und Fließen infolge Überlastung zuzuordnen sind (vergleiche Bild 5.2.) Kurzlebigkeit und Langlebigkeit lassen sich einheitlich nach Gleichung (5.5.) beschreiben

$$B^{a\,b.} \cdot L = C_{a,b} \quad, \tag{5.6.}$$

wenn die Konstanten für beide Bereiche unterschieden werden. Die Dauerfestigkeit ist als Sonderfall $b \rightarrow \infty$ enthalten, während das Fehlen der Langlebigkeit (und auch der Dauerfestigkeit) durch $a = b$ gekennzeichnet wird (vergleiche ebenfalls Bild 5.2.).
Für unsere Zwecke ist das Wöhlerdiagramm stets durch die Angabe des Streufeldes für 10% vorzeitigen Ausfall *(R = 0,9)* und 10% Überleben *(R = 0,1)* zu ergänzen (vergl. ebenfalls Bild 5.2.).
Während für Ermüdungsprozesse in der Regel an der Ordinate die Beanspruchung *B* in Spannungen aufgetragen wir, muß für Verschleiß- und Korrosion von einer allgemeinen Deutung des Begriffs *Beanspruchung* ausgegangen werden.
Es ist jedoch naheliegend, daß auch für Verschleiß und Korrosion eine Beanspruchung definiert werden kann, für die der empirische Ansatz nach Gleichung (5.5) oder (5.6.) gilt. Wenn auch eine natur- bzw. technikwissenschaftliche Ableitung dieses Ansatzes schon aus Dimensionsgründen nicht gegeben werden kann, so ist er für viele Schädigungsprozesse in guter Näherung zutreffend.
Gehen wir davon aus, daß eine Schädigung selbst als energetischer Prozeß aufgefaßt werden kann, so ist den Schädigungen durch Ermüdung, Verschleiß und Korrosion sicher gemeinsam, daß eine Energieumsetzung am Bauteil an bevorzugten Bereichen zu einer Akkumulation von Schädigungsenergie führt, die beim Überschreiten einer kritischen Grenze das Versagen des Bauteils bewirkt.

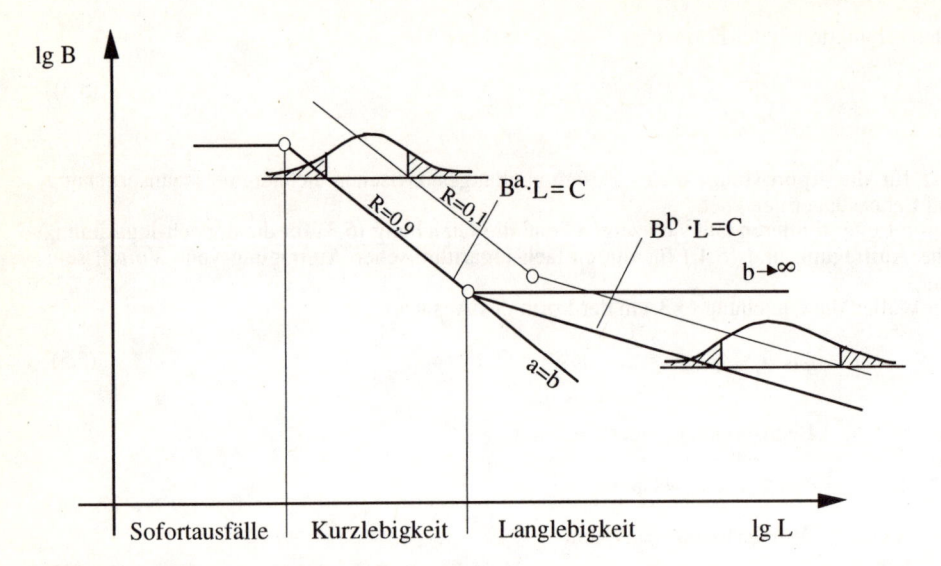

Bild 5.2. Wöhlerdiagramm mit Streufeld

Schädigungen sind als irreversibel Prozesse einzuordnen, auch wenn "Erholungen" z.B. bei Ermüdungsprozessen eine dieser Thesen entgegenstehende Erscheinung darstellen. Dementsprechend führt die Akkumulation von Schädigungenergie stets zu einer Entropiezunahme des einem Schädigungsvorgang unterworfenen Volumenelements. So liegt neben speziellen Untersuchungen der Versagungsarten Ermüdung, Verschleiß und Korrosion auch der Gedanke nahe, den Versuch einer allgemeinen Betrachtung über die Schädigungsenergie zu unternehmen.
Zum gegenwärtigen Zeitpunkt ist der diesbezügliche Erkenntnisstand nicht ausreichend, um in dem vorliegenden Buch durchgängig eine einheitliche Betrachtungsweise anzuwenden. Im Abschnitt 10. wird auf die Probleme in Form eines Ausblickes eingegangen.

5.2. Schädigung durch Ermüdung

Im Gegensatz zum statischen Überlastungsbruch, der sich bei den meisten Werkstoffen durch eine plastische Deformation ankündigt, tritt das Versagen durch Ermüdung weit unterhalb statischer Festigkeitskennwerte auf (vergl. Abschnitt 3.).
Ursache für die Ermüdungsvorgänge sind zeitlich veränderliche Beanspruchungen, die durch schwingende äußere mechanische Belastungen oder auch zeitabhängige thermische Einwirkungen auf das Bauteil hervorgerufen werden.

Die Ermüdung äußert sich in einer Minderung der inneren Bindungskräfte an den Gitterebenen kristalliner Werkstoffe bzw. an den Korngrenzen amorpher Stoffe, die schließlich durch einen Ermüdungsriß zum Versagen des Bauteils führen (Bild 5.3.).
Die zeitliche Änderung der zur Ermüdung führenden Beanspruchung kann periodisch schwingend oder mit unterschiedlicher Regellosigkeit stochastisch sein (Bild 5.4.).
Nahezu alle in der Praxis auftretenden Ermüdungsschäden lassen sich bzgl. der Zeitabhängigkeit ihrer Beanspruchung in das im Bild 5.4. dargestellte Schema einordnen.

Während bis vor zwei Jahrzehnten die Werkstoffprüfung nur periodisch schwingende Beanspruchungen simulieren konnte und sich dabei vorzugsweise auf die Sonderfälle

wechselnde Beanspruchung ($\sigma_m = 0$)

5.2. Schädigung durch Ermüdung

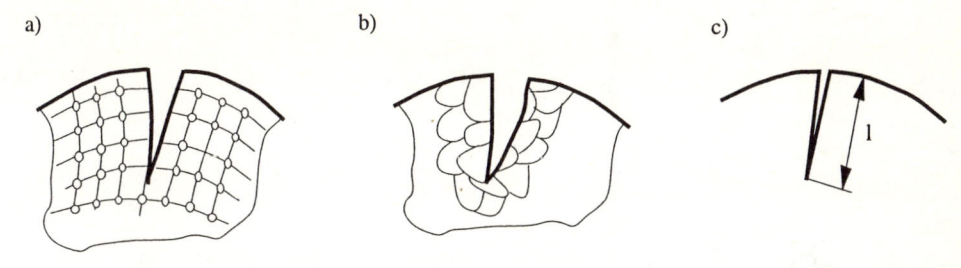

Bild 5.3. Rißbildung und Ausbreitung
    a) kristalliner Körper
    b) amorpher Körper
    c) homogenes Kontinumen (Modell)

und

schwellende Beanspruchung($\sigma_m = \sigma_a$)

beschränkte, ermöglichen moderne servohydraulische Prüfmaschinen mit Prozeßrechner praktisch die Simulation beliebiger Belastungs-Zeit-Funktionen.
Die periodisch schwingende Beanspruchung wird zweckmäßig durch das Anstrengungsverhältnis

$$r = \frac{\sigma_u}{\sigma_o} = \frac{\sigma_m - \sigma_a}{\sigma_m + \sigma_a} \tag{5.7}$$

gekennzeichnet. Für die Beschreibung der stochastischen Beanspruchung sind weitere solcher Kenngrößen notwendig (vergl. Abschnitt 6.).

Bei der Schädigung durch Ermüdung sind

- der Anriß
- die Rißausbreitung u.
- der Restbruch

zu unterscheiden. Wegen der Kompliziertheit dieser Vorgänge überwiegen in der Bruchmechanik gegenwärtig Modelle, die den realen kristallinen bzw. amorphen Stoffaufbau vernachlässigen und vom homogenen Kontinuum (vergl. Bild 5.3.) ausgehen.
Ohne auf einzelne Bruchtheorien (verg. z.B. /26/) einzugehen, wird einerseits behauptet, daß Risse ausgehend von einer Rißlänge l_o progressiv fortschreiten, andererseits aber auch durch bestimmte Bedingungen zum Stillstand kommen können.(vergl. Bild 5.5.).
Mit der Auftragung der aktuellen Rißlänge l über der Lastwechselzahl n, die aus

$$n = \frac{t}{T}$$

bestimmt werden kann, läßt sich das Reißwachstum durch den Differentialquotienten

$$\frac{dl}{dn} = f$$

kennzeichnen, der von der Rißbildungsenergie abhängig ist.

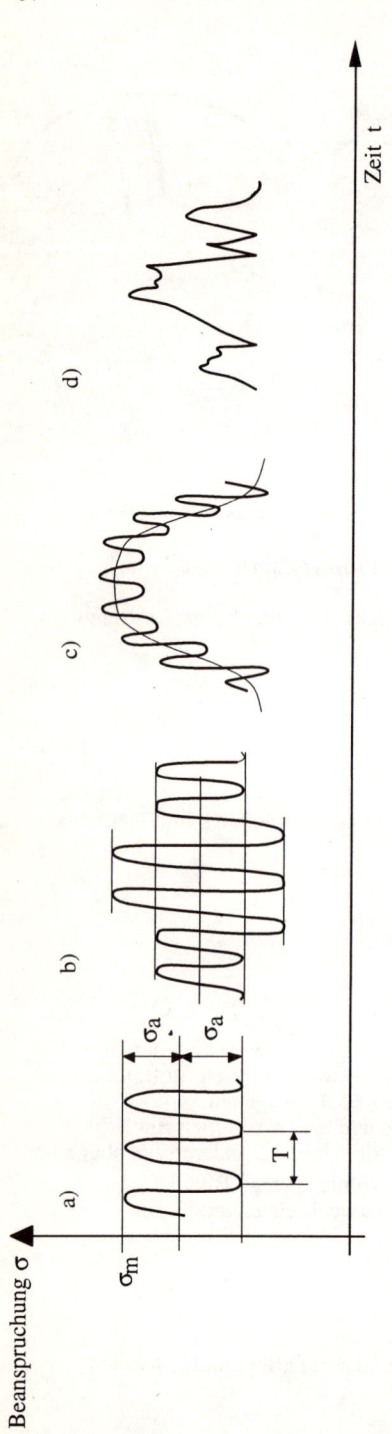

Bild 5.4. Beanspruchungsarten
a) periodisch schwingend
b) periodisch schwingend, unterschiedliche Laststufen
c) moduliert schwingend
d) stochastisch

5.2. Schädigung durch Ermüdung

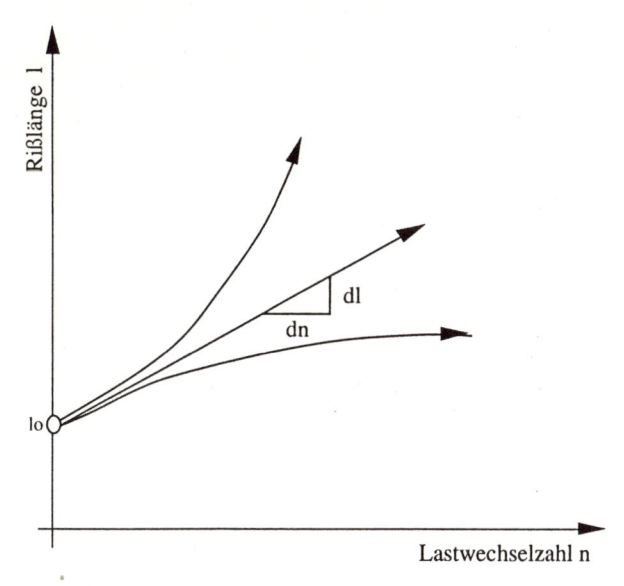

Bild 5.5. Rißfortschritt in Abhängigkeit von der Lastwechselzahl n

Die Rißbildungsenergie steht dabei zweifellos mit der sog. Hysteris beim Beanspruchungszyklus im Spannungs-Dehnungsdiagramm (Bild 5.6.) im Zusammenhang.
Der größte Teil dieser Hysteris-Arbeit wird dabei allerdings in Wärme umgewandelt, die sich in einer Temperaturerhöhung der Probe äußert, so daß eine Bestimmung der Rißbildungsenergie auf diesem Wege zumindest schwierig sein dürfte.
Andererseits deuten Erholeffekte darauf hin, daß Rißbildungsvorgänge nicht grundsätzlich irreversibel sind.
Bei zyklischen Spannungs-Dehnungsverläufen wird weiter ein Sättigungseffekt beobachtet, der auf Gefügeumwandlungen zurückgeführt wird /27/.
Die Gesamtheit dieser Erscheinungen stützt die Hypothese, daß Ermüdungs- und Rißbildungsprozesse als Überlagerung von Entfestigung und Verfestigung mit in der Regel überwiegendem Entfestigungsanteil angesehen werden müssen (vergl. ebenfalls /27/).
So scheint es beim gegenwärtigen Stand der Rißbildungs- und Ermüdungsforschung geboten, an der bisherigen Praxis der Betriebsfestigkeitslehre festzuhalten, und die Schädigung als Funktion von Beanspruchung und Lastspielzahl (vergl. Wöhlerdiagramm im Bild 3.6.) mit Berücksichtigung des Streufeldes (vergl. Bild 5.2.) darzustellen.
Die wohl umfassendste Darstellung von Wöhlerdiagrammen und allen damit zusammenhängenden Problemen der Betriebsfestigkeit wurde von *Haibach* /27/ gegeben. Dem in der Praxis tätigen Konstruktionsingenieur dürfte es jedoch schwer fallen, aus der Vielfalt der dort dargestellten Probleme einen rezeptiven Berechnungsweg abzuleiten.

Für die weitere Vorgehensweise werden folgende Festlegungen getroffen:

1. Wir verwenden grundsätzlich Wöhler-Diagramme, deren Werte aus Schwingbeanspruchungen auf einem Horizont gewonnen wurden (vergleiche Bild 5.7.).
Blockprogramm-Versuche, Zufallslasten sowie Einzelfolgenversuche (vergl. ebenfalls Bild 5.7.) sollen die Spezialität der Betriebsfestigkeitslehre bleiben.

2. Die Anpassung an Kollektivformen erfolgt rechnerisch über noch zu behandelnde Akkumulationshypothesen (vergl. Abschnitt 9).

3. Die Auftragung der Versuche erfolgt im doppeltlogarithmischen Netz unter Angabe der Grenzkurven für $R = 0,9$ und $R = 0,1$ (u. evtl. $R = 0,5$).

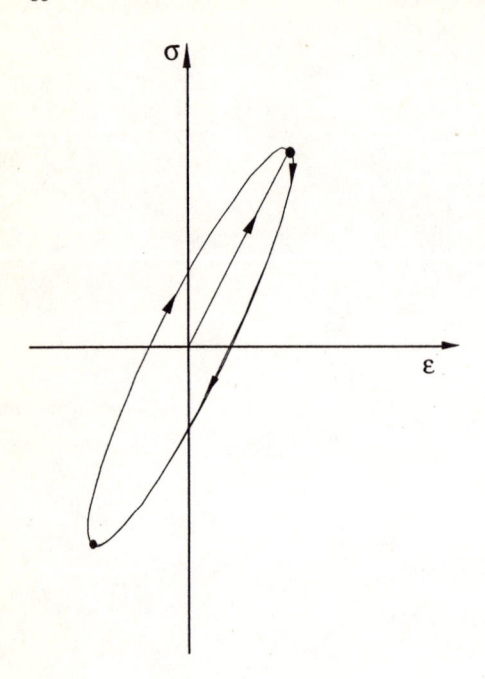

Bild 5.6. Hysteresisschleife im Spannungs - Dehnungsdiagramm

Das doppelt logarithmische Netz setzt damit die Gültigkeit der Gleichungen (5.6.) bzw. (5.8.) zur Beschreibung der Wöhlerlinien voraus. Wesentlich ist die Grenzkurve *R = 0,9*, die auch für die Bestimmung der zur Sicherheitsberechnung notwendigen Festigkeitswerte enthält, d.h. auch σ_D und N_G (vergl. Bild 5.8.).

4. Eine Normierung wird mit dem Punkt *(σ_D und N_G)* vorgenommen (im Unterschied zum Normierungsvorschlag nach /28/, für den *R = 0,5* verwendet wird).

5. Auf der Grundlage der Gleichung (5.5) gilt mit dem üblichen Wöhlerkurvenexponenten $a = k$, der für die Neigung der Geraden in doppeltlogarithmischer Auftragung kennzeichnend ist,

$$\sigma^k \cdot N = C \tag{5.8}$$

und mit dem Wertpaar (σ_i ; N_i)

$$N = N_i \left(\frac{\sigma_i}{\sigma}\right)^k \tag{5.9}$$

bzw. mit dem speziellen Wertepaar (σ_D ; N_G)

$$N = N_G \left(\frac{\sigma_D}{\sigma}\right)^k \tag{5.10}$$

5.2. Schädigung durch Ermüdung

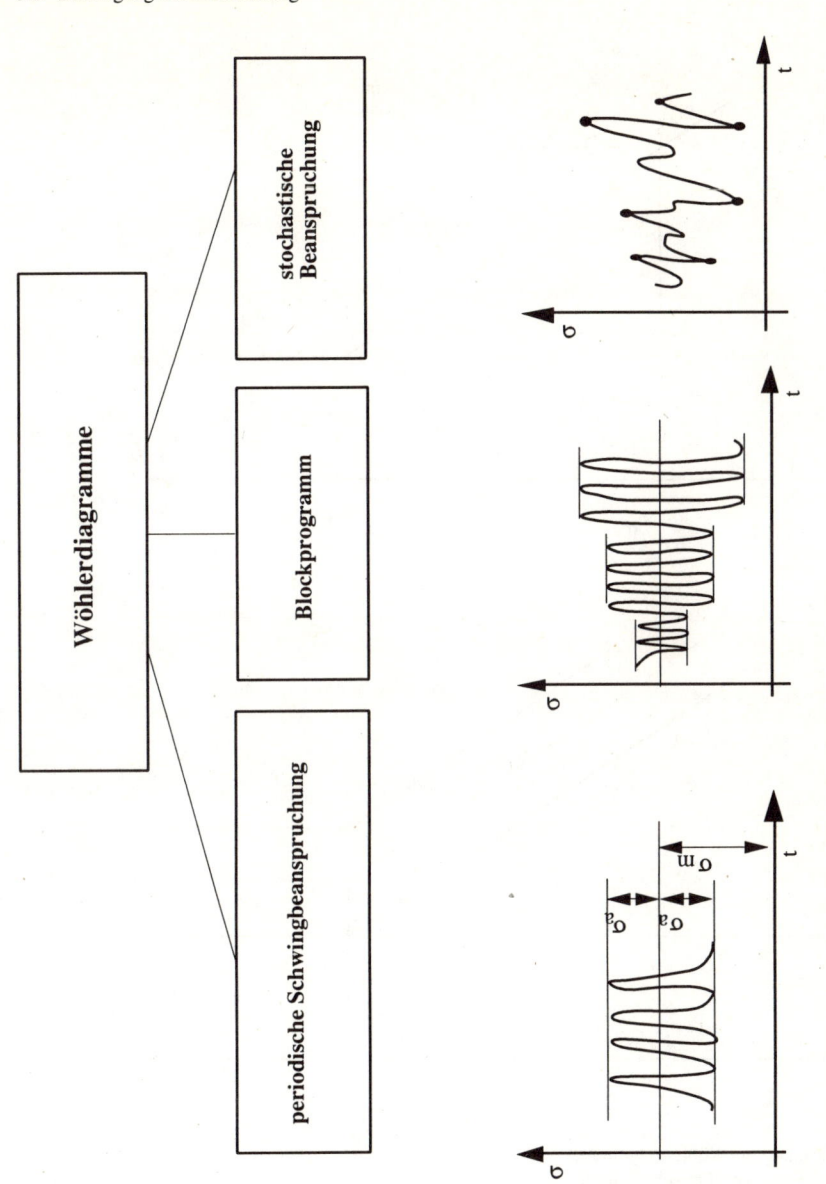

Bild 5.7. Versuchstechniken zur Aufnahme von Wöhlerdiagrammen

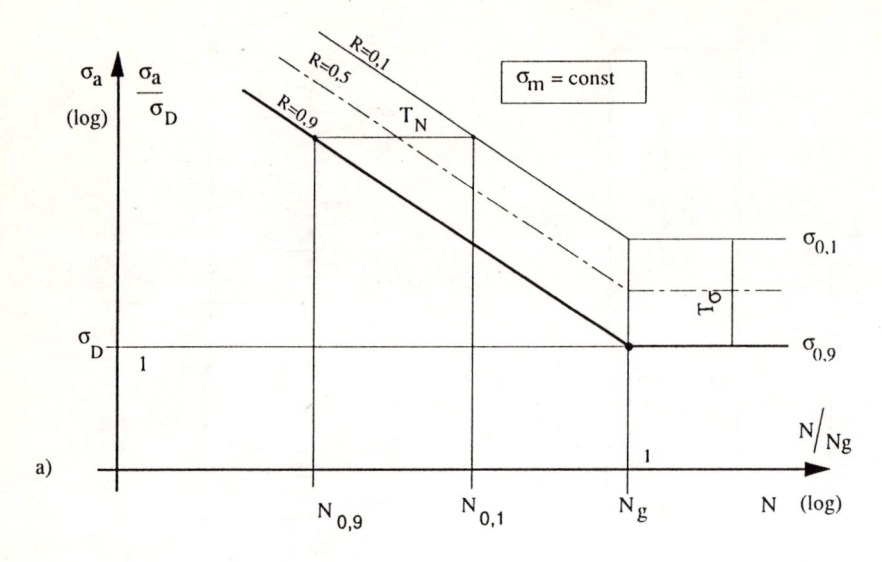

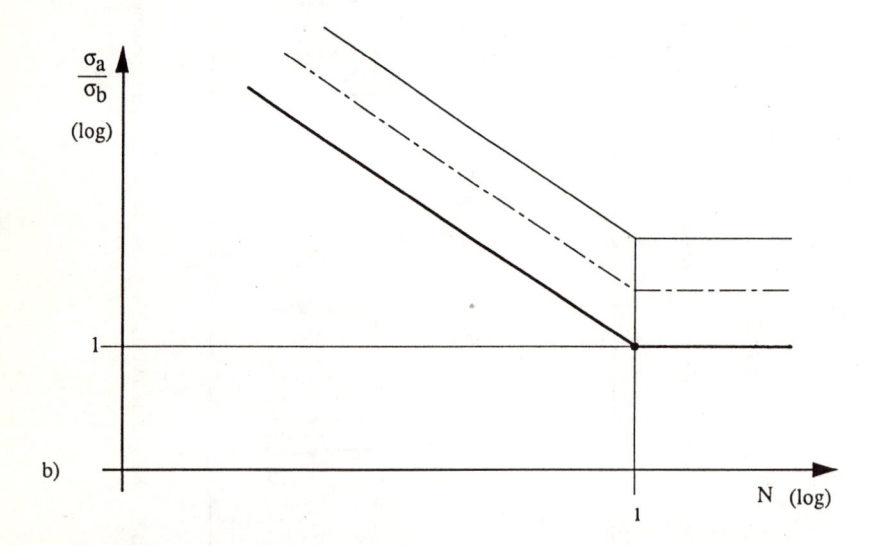

Bild 5.8. Auftragung für Wöhlerdiagramme
a) doppelt-logarithmische Auftragung
b) normiertes Wöhlerdiagramm (log)

6. Für den Wöhlerkurvenexponenten k gilt bei üblicher Bestimmung aus zwei Punkten mit den Wertepaaren (σ_{a1}, N_1) und (σ_{a2}, N_2)

$$k = \frac{\lg N_2 - \lg N_1}{\lg \sigma_1 - \lg \sigma_2} = \lg N_1/N_2 \cdot \lg \sigma_2/\sigma_1 \tag{5.11}$$

5.2. Schädigung durch Ermüdung

Der Exponent *k* ist eine wesentliche Beschreibungsgröße für die Wöhlerkurve. Er wird insbesondere von der Kerbform beeinflußt. Der Bereich erstreckt sich von *k = 15* für den ungekerbten Stab bis *k = 3* für die Spitzkerbe (vergl. Tafel VI.3. des Anhanges A).

In der Regel kann von

$$k_{0,9} = k_{0,1} \qquad (5.12)$$

ausgegangen werden.
Auf Grund vielfältiger Angaben in Wöhlerdiagrammen (vergl. z.B. /28/) kann kein signifikanter Einfluß der Mittelspannung bzw. des Spannungsverhältnisses auf den Exponenten festgestellt werden.

7. Die Streuspanne wird mit T_N in Kurzlebigkeitsbereich und T_σ im Langlebigkeitsbereich (hier meist Dauerfestigkeitsbereich) angegeben (vergl. Bild 5.8.).

Es gilt

$$T_N = N_{0,9}/N_{0,1} \qquad (5.13)$$

und $\qquad T_\sigma = \sigma_{0,9}/\sigma_{0,1} \qquad (5.14)$

und mit Gleichung (5.9.)

$$T_N = T_\sigma^k \qquad (5.15)$$

Meistens sind die Streuspannen T_N und T_σ konstant, was mit der Gültigkeit der Gleichung (5.12.) übereinstimmt.

Etwa 30 Jahre Betriebsfestigkeitsforschung haben eine kaum noch überschaubare Menge von Schwingbruchergebnissen hervorgebracht.
Um so notwendiger sind Bemühungen, diese Ergebnisse zu systematisieren (vergl. /27/ und /28/).
Ein erster Schritt besteht in der Normierung der Wöhlerdiagramme. Das Bild 5.9. zeigt ein normiertes Wöhlerdiagramm, in dem 372 Einzelversuche für 3 Kerbformen, zwei unterschiedliche Ruhegerade *r* und unterschiedliche Stähle aufgetragen wurden.
In der Tafel VI sind weitere Wöhlerdiagramme mit der oben vorgeschlagenen Normierung zusammengefaßt worden. Die Arbeit mit in dieser Weise normierten Wöhlerdiagrammen ist dem Beispiel 4 zu entnehmen.
Mit dem Bild 5.10. wurde der Versuch unternommen, mit einer weiteren Zusammenfassung normierter Wöhlerdiagramme die Tendenz der Wöhlerlinienexponenten dazustellen. (vergl. dazu auch die detaillierte Tafel VI. 3, die außerdem Angaben zur Streuspanne enthält).
Diese Angaben reichen aus, mit hinreichender Genauigkeit konkrete Wöhlerdiagramme zu "konstruieren", um mit Hilfe bekannter Beanspruchungskollektive (Abschnitt 6.) und geeigneter Schadensakkumulationshypothesen (Abschnitt 7.) praktische Lebensdauerberechnungen durchführen zu können.
Nicht befriedigend gelöst ist bisher das Problem der Vergleichsspannungshypothesen zur Zusammenfassung nicht in Phase liegender mehrachsiger Spannungszustände. Hierzu sei auf den Abschnitt 10., in dem auf einige aktuelle Forschungsprobleme eingegangen wird, verwiesen.

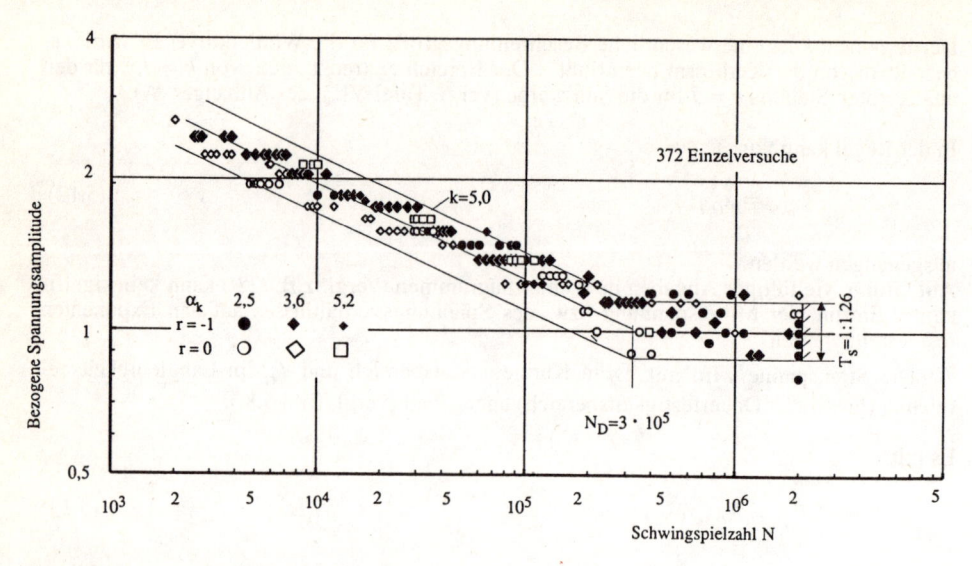

Bild 5.9. Nomierte Wöhlerlinie für Kerbstäbe aus vergütetem Stahl /55/

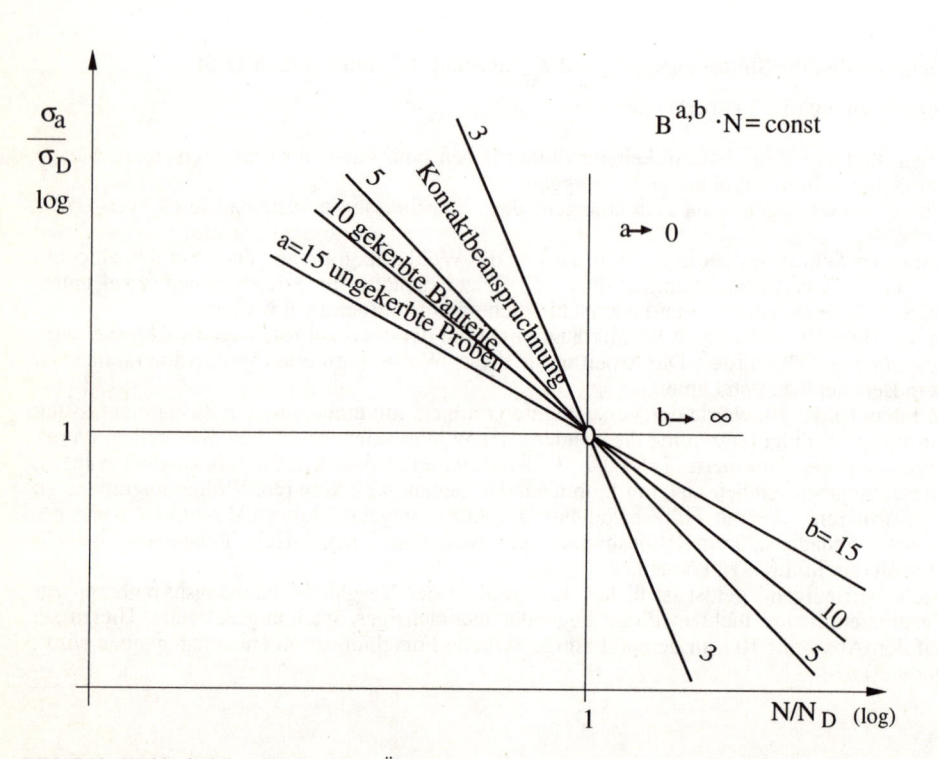

Bild 5.10. Wöhlerfunktion, Exponenten - Übersicht

5.3. Schädigung durch Verschleiß

5.3.1. Problemstellung

Unter *Verschleiß* sollen alle bleibenden Form- und Stoffveränderungen im Oberflächenbereich von Bauteilen verstanden werden, die auf *Reibung* zurückzuführen sind.
Reibung tritt immer dann auf, wenn *kraftübertragende Kontaktflächen* relativ gegeneinander verschoben werden.
Das Bild 5.11. zeigt das Grundmodell der Reibung.
Das Vorhandensein eines dritten Stoffes, wie Flüssigkeiten, Gase oder auch molekulare Festkörper - üblich als *Schmiermittel* bezeichnet - entscheidet über die Art der Reibung und die Gesetzmäßigkeiten des Verschleißes (Tafel 5.2.).
Wegen der Kompliziertheit der Reibungs- und Verschleißvorgänge an den Grenzflächen reibungsbeanspruchter Festkörper hat sich ein neues und inzwischen selbständiges Wissenschaftsgebiet - die *Tribotechnik* - herausgebildet.
Hier soll nur auf einige Grundlagen eingegangen werden, soweit das für die Ableitung der angestrebten ingenieurmäßigen Methoden der Berechnung von *Lebensdauer und Zuverlässigkeit* durch *Verschleiß geschädigter* Bauteile erforderliche ist.
Der schon auf *Coulomb* (1736-1806) zuückgehende Reibungsansatz für Festkörperberührung

$$F_R = \mu \cdot F_N , \qquad (5.16.)$$

oder wegen der Identität der Bezugsflächen bei F_R und F_N auch in Spannungen zu definierende Reibungskoeffizient

$$\tau_R = \mu \cdot \sigma_N \qquad (5.17.)$$

läßt eine gewisse Systematisierung der Reibungsarten zu (Bild 5.12).
Während bei *Festkörperreibung ohne Schmierung* in der Regel ein großer Reibungskoeffizient im Interesse der Kraftübertragung oder der Energiewandlung angestrebt wird, so soll das Schmiermittel die Energieumsetzung in *Reibungswärme* auf ein Minimum reduzieren.
Für den *Verschleiß* wird bei allen technischen Gebilden ein Minimum oder Optimum angestrebt.
Während der Reibungskoeffizient bei *Festkörperreibung mit und ohne Schmierung* nach dem Übergang von der *Haftreibung* in die *Bewegungsreibung* praktisch geschwindigkeitsunabhängig ist, nimmt diese r bei einer Trennung der Grenzflächen *durch flüssige oder gasförmige Schmiermedien* in der Grundtendenz mit der Geschwindigkeit linear zu.
Diese Gesetzmäßigkeit läßt sich mit dem bereits von *Newton* (1643-1727) aufgestellten Ansatz für die Flüssigkeitsreibung.

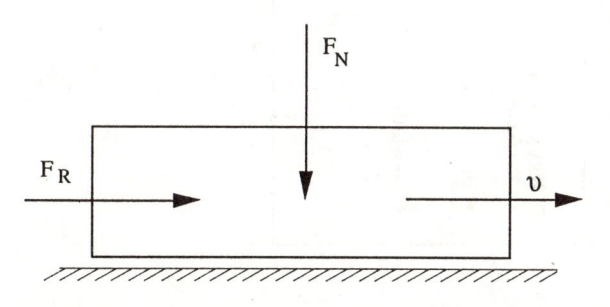

Bild 5.11. Grundmodell der Reibung

Tafel 5.2. Reibungsarten, technische Beispiele

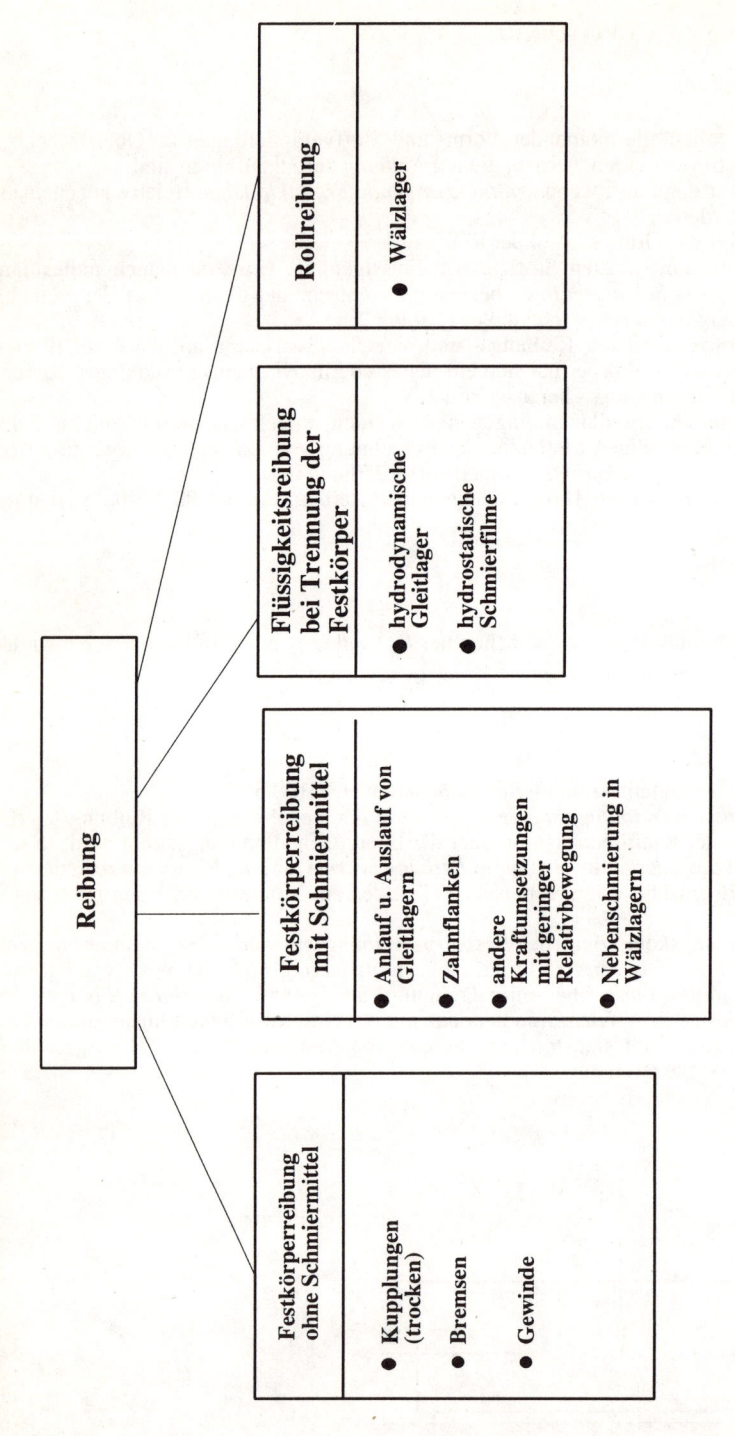

Reibung

Festkörperreibung ohne Schmiermittel
- Kupplungen (trocken)
- Bremsen
- Gewinde

Festkörperreibung mit Schmiermittel
- Anlauf u. Auslauf von Gleitlagern
- Zahnflanken
- andere Kraftumsetzungen mit geringer Relativbewegung
- Nebenschmierung in Wälzlagern

Flüssigkeitsreibung bei Trennung der Festkörper
- hydrodynamische Gleitlager
- hydrostatische Schmierfilme

Rollreibung
- Wälzlager

5.3. Schädigung durch Verschleiß

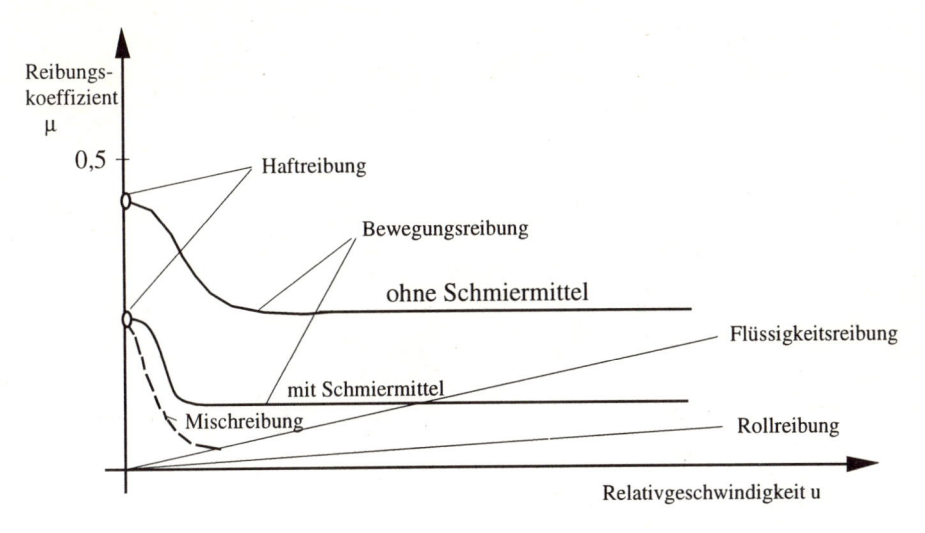

Bild 5.12. Reibungsarten, Geschwindigkeitsabhänigkeit

$$F_R = \eta \cdot \frac{U}{h} \cdot A$$

mit η – Stoffkonstante, Viskosität
U – Relativgeschwindigkeit der Grenzflächen
h – Schmierfilmdicke
A – Reibungsfläche

beschreiben.

Die *reine Flüssigkeitsreibung* (ebenso die Gasreibung) ist die einzige *verschleißfreie* Reibungsart.
Sie sollte neben der *Rollreibung* das technisch anzustrebende Optimum darstellen.
Die *Schädigung* des Bauteils wird am Verschleiß sichtbar und meßbar.

Auch der Verschleiß soll systematisiert werden, wobei davon ausgegangen wird, daß die relativ bewegten Oberflächen eine technologisch bedingte Anfangsrauhigkeit aufweisen.

Die Oberflächenveränderungen lassen sich in drei wesentliche Kategorien einteilen (vergl. Bild 5.13.)
Die Verschleißform a), gekennzeichnet durch *plastische Deformation* meistens einer der beiden Festkörpergrenzflächen vermindert die technologisch vorhandenen Oberflächenrauhigkeiten. Der Glättungsvorgang wird durch einen sog. "Härtesprung" durch Paarungen Stahl/gehärteter Stahl bzw. Stahl/Lagermetall angestrebt, wenn eine Trennung der Grenzflächen durch Flüssigkeitsreibung nicht oder nur unvollständig erreicht werden kann.
Der *abrasive Verschleiß* nach Bild 5.13. b. tritt ebenfalls dort auf, wo weder Flüssigkeitsreibung noch gezielte Stoffpaarungen mit dem Ziel der Plastizierung den abrasiven Verschleiß Minimieren können.
Beispiele sind Radkranz/Schiene : Kolben / Zylinder ; Gleitführungen u.a.. Der Verschleiß schreitet mit der Nutzungsdauer fort und führt zur *Schädigung* und schließlich zum *Versagen*.

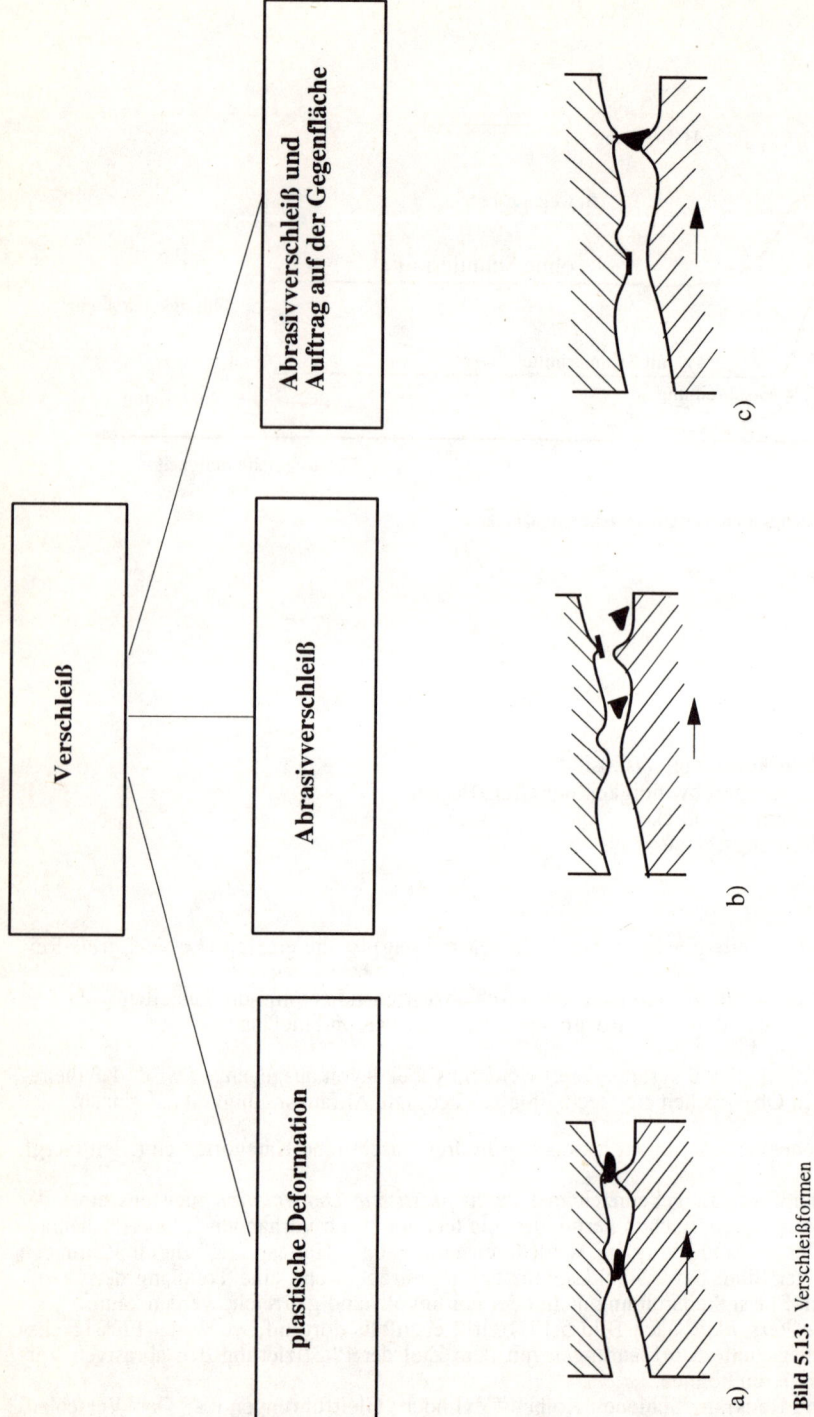

74 5. Schädigung und Versagen technischer Gebilde

```
                    ┌─────────────────────────────────────┐
                    │             Verschleiß              │
                    └─────────────────────────────────────┘
                       /              |              \
        ┌──────────────────┐  ┌──────────────────┐  ┌──────────────────────────┐
        │   plastische     │  │ Abrasivverschleiß│  │ Abrasivverschleiß und    │
        │   Deformation    │  │                  │  │ Auftrag auf der Gegenfläche │
        └──────────────────┘  └──────────────────┘  └──────────────────────────┘
```

Bild 5.13. Verschleißformen

a) b) c)

5.3. Schädigung durch Verschleiß

Besonders kritisch bzgl. des Ausfallverhaltens ist die Verschleißform nach Bild 5.13.c., bei der es vor dem Abschervorgang durch Verschweißung mit der Gegenfläche zum Stoffübergang kommt. Meistens endet dieser Vorgang, in der Praxis als das gefürchtete "Fressen" bei Paarungen Stahl/Stahl bekannt, sehr rasch nach progressiven Schädigungsvorlauf mit dem Totalausfall der Baugruppe.

Die hier bevorzugte Darstellung von Reibung und Verschleiß weist stark mechanische Züge auf. Es sei bemerkt, daß die wirklichen Prozesse an den Grenzflächen der Reibungskörper insbesondere unter Beteiligung der Schmierstoffe wesentlich komplizierter ablaufen und eine Wechselwirkung zwischen *mechanischen, thermischen* und *chemischen* Prozeßabläufen beinhalten.
Hierzu sei auf die Spezialliteratur verweisen (vergl. z.B. /29/ u. /30/).
Dem Anliegen dieses Buches entsprechend soll im folgenden eine auf die *konstruktive Auslegung zugeschnittene Berechnungsmethoden* für den Verschleiß und die damit verbundene Schädigung entwickelt werden.

5.3.2. Berechnungsansatz für das Versagen durch Verschleiß

Für die Entwicklung eines Berechnungansatzes verschleißbedingter Schädigung ist der zeitliche Verlauf des Verschleißes wesentlich.
Das Bild 5.4. verdeutlicht unterschiedliche Verschleißvorgänge.
Grundsätzlich benötigt jede Verschleiß-Stoffpaarung ein *Einlaufzeit*. In dieser Phase verändern sich die fertigungstechnisch bedingten Oberflächenstrukturen, bis sich eine stabile verschleißbedingte Oberflächenrauhigkeit einstellt.
Erst danach kann sich ein stationärer, in der Regel sogar linearer Verschleißverlauf ausbilden, bis eine *Grenznutzungsdauer* t_g erreicht wird, bei der die Funktionserfüllung der Baugruppe in Fragen gestellt wird.

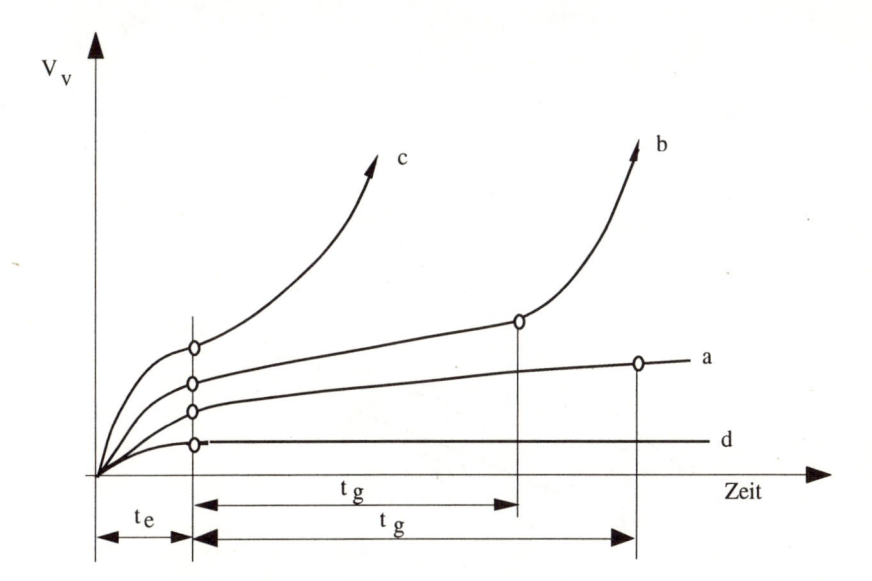

Bild 5.14. Zeitlicher Verlauf des Verschleißes
    a) nach Einlaufzeit t_e stationärer Verschleiß
    b) wie a), aber Übergang in den progressiven Verschleiß
    c) progressiver Verschleiß mit raschem Übergang in die
       Verschleißhochlage ("Fressen")
    d) Nach Einlaufzeit t_e kein Verschleiß

Dieser stationäre Fall stellt den einer Verschleißberechnung zugänglichen Vorgang dar. Bei den Verläufen b) und c) kommt es sofort oder nach anfänglichen stationärem Verschleiß zum Übergang in die Verschleißhochlage, die in der Regel durch Stoffauftrag auf die Gegenfläche (vergl. Bild 5.14.c) verursacht wird.

Der technisch/ökonomisch günstigste, allerdings nur bei ganz speziellen Bedingungen erreichbare Verlauf wird durch d) dargestellt. Es praktisch nur durch Realisierung der Flüssigkeitsreibung erreicht werden und ist weitgehend verschleißfrei.

Im weiteren soll der stationäre Verschleißvorgang als Grundlage für eine Lebensdauerberechnung betrachtet werden.

Das Verschleißvolumen V_v bzw. die Verschleißhöhe h_v ist dabei wie der Ermüdungsvorgang von einer Beanspruchung abhängig und wird ebenfalls eine statistische Streuung aufweisen. Das Bild 5.15. verdeutlicht diese Gesetzmäßigkeiten, wobei zunächst in der Literatur üblichen Auftragung gefolgt wird.

Nun liegt es bei den schon angedeuteten Analogien zum Ermüdungsvorgang nahe, ebenfalls eine Wöhlerlinienähnliche Auftragung anzustreben (diese wurde übrigens bereits in /10/ vorgeschlagen).

Die Auswertung von Versuchsergebnissen spricht dafür, daß auch für den Verschleiß der empirische Zusamenhang nach Gleichung (5.1)

$$B_V^a \cdot t_V = const \tag{5.19}$$

gültig ist wobei ebenfalls die im Bild 5.2. definierte Kurz- und Langlebigkeit (vergl. Verschleiß nach Bild 5.14. d) zutreffend sein kann.

Die Gültigkeit der Gleichung (5.19) läßt sich auch aus bekannten Verschleißansätzen ableiten.

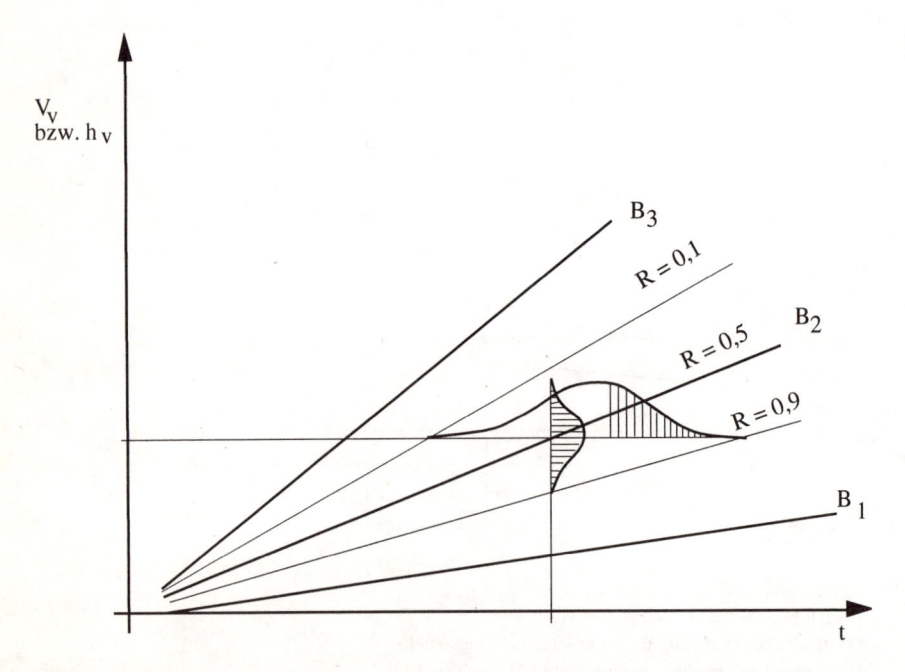

Bild 5.15. Einfluß der Belastung auf den Verschleißvorgang ($B_1 < B_2 < B_3$) statistische Verteilung für V_V bzw. h_V = const

5.3. Schädigung durch Verschleiß

Es ist üblich (vergl. z.B. /29/), eine Verschleißintensität I_h

$$I_n = \frac{h_V}{s_R} \tag{5.20}$$

mit s_R ... Verschleißweg bzw. Reibungsweg
h_V ... Verschleiß oder Abtragshöhe (linear)

zu definieren. Von Kragelski /30/ wird der Zusammenhang

$$I_n = C \cdot \bar{\tau}_R^m \tag{5.21}$$

mit $\bar{\tau}_R$ ... mittlere Reibungsschubspannung
nachgewiesen. Durch Gleichsetzen von (5.20.) und (5.21.) ergibt sich

$$\frac{h_V}{s_R} = C \cdot \bar{\tau}_R^m \tag{5.22}$$

oder

$$\bar{\tau}_R^m \cdot s_R = h_V(s_R) \cdot C \tag{5.23}$$

bzw. mit der Reibgeschwindigkeit U_R

$$U_R = \frac{s_R}{t_R}$$

auch $\quad \bar{\tau}_R^m \cdot t_R = \frac{h_V(t_R)}{U_R} \cdot C \quad,$ (5.24)

wobei ein Weg- oder Zeitabhängigkeit des Verschleißes zugelassen werden kann. Durch den Vergleich mit Gleichung (5.19.) wird die Verschleißbeanspruchung mit

$$B_V = \bar{\tau}_R \tag{5.25}$$

definiert. Deuten wir h_v als eine zum Schaden führende Verschleißhöhe, so ergibt sich eine wöhlerlinienähnliche Auftragung mit Streufeld, die wir als zweckmäßiges Arbeitsdiagramm den weiteren Betrachtungen zugrundelegen wollen (vergl. Bild 5.16.).
Die aus der Literatur verfügbaren Aufgaben zur Quantifizierung der Verschleißdiagramme sind im Vergleich zur Ermüdung sehr spärlich. In Analogie zur Ermüdung würden ebenfalls zwei Wertepaare $(\tau_{R1} ; S_{R1})$ und $(\tau_{R2} ; S_{R2})$ genügen, um den Exponenten für Linien $hv = const.$ und $R = const.$ zu bestimmen, wobei auch für den Verschleiß

$$m_{0,9} \cong m_{0,1} \tag{5.26}$$

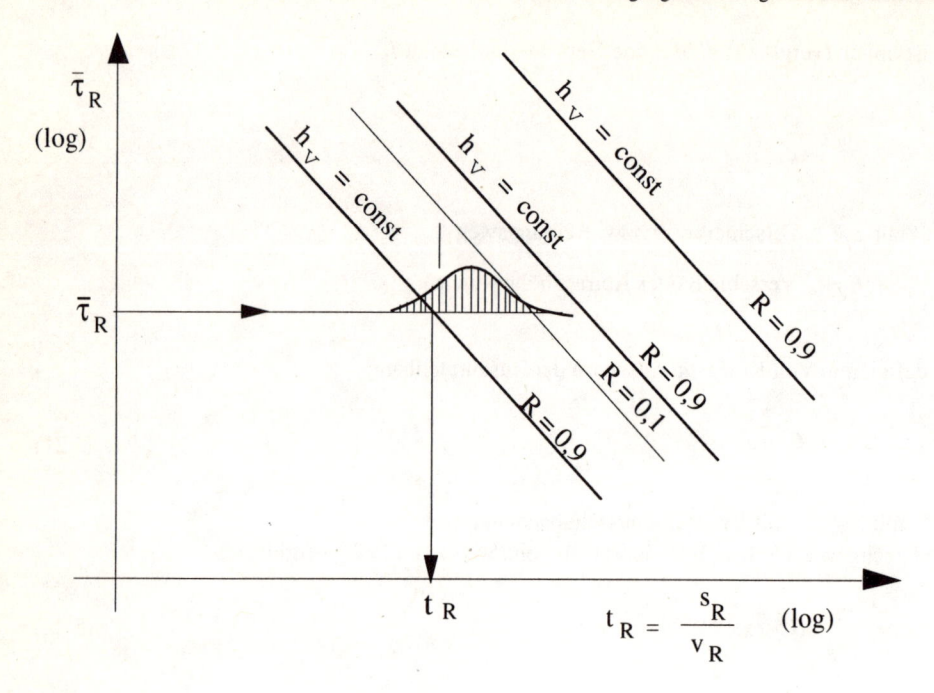

Bild 5.16. Wöhlerkurvenähnliche Auftragung für den Verschleiß

gelten wird. Die Streuspanne kann dann mit

$$T_s = s_{R0,9}/s_{R0,1} \tag{5.27}$$

bzw.
$$T_t^m = T_s$$

in Analogie zur Gleichung (5.12) angegeben werden.

Für $m = 1$ geht die Gleichung (5.23) mit (5.20) in die einfache, aber dimensionsrichtige Form

$$\bar{\tau} = I_n \cdot C \tag{5.29}$$

über, die völlig analog mit der von *Fleischer* /29/ eingeführten "Verschleißgrundgleichung"

$$\bar{\tau} = I_h \cdot e_R^* \tag{5.30}$$

ist. Damit gilt für die Konstante C

$$C = e_R^* \quad , \tag{5.31}$$

5.3. Schädigung durch Verschleiß

die *Fleischer* als "scheinbare Reibungsenergiedichte" bezeichnet und für die in der Literatur eine Reihe von Werten vorliegen.

Zweckmäßig dürfte auch die Form

$$\bar{\tau} = s_R = e_R^* \cdot h_V \tag{5.32}$$

oder

$$\bar{\tau} = s_R = E_V \quad , \tag{5.33}$$

wobei E_v als auf 1mm Verschleiß bezogene "Verschleißfestigkeit" gedeutet werden kann. Das Bild 5.17. gibt den Zusammenhang der Gleichung (5.33) wider.

In der Tafel VII des Anhanges sind eine Reihe von Verschleißkennwerten aus Literaturangaben zusammengestellt worden.

Weiter sei auf das Rechenbeispiel 5 des Anhanges B verwiesen.

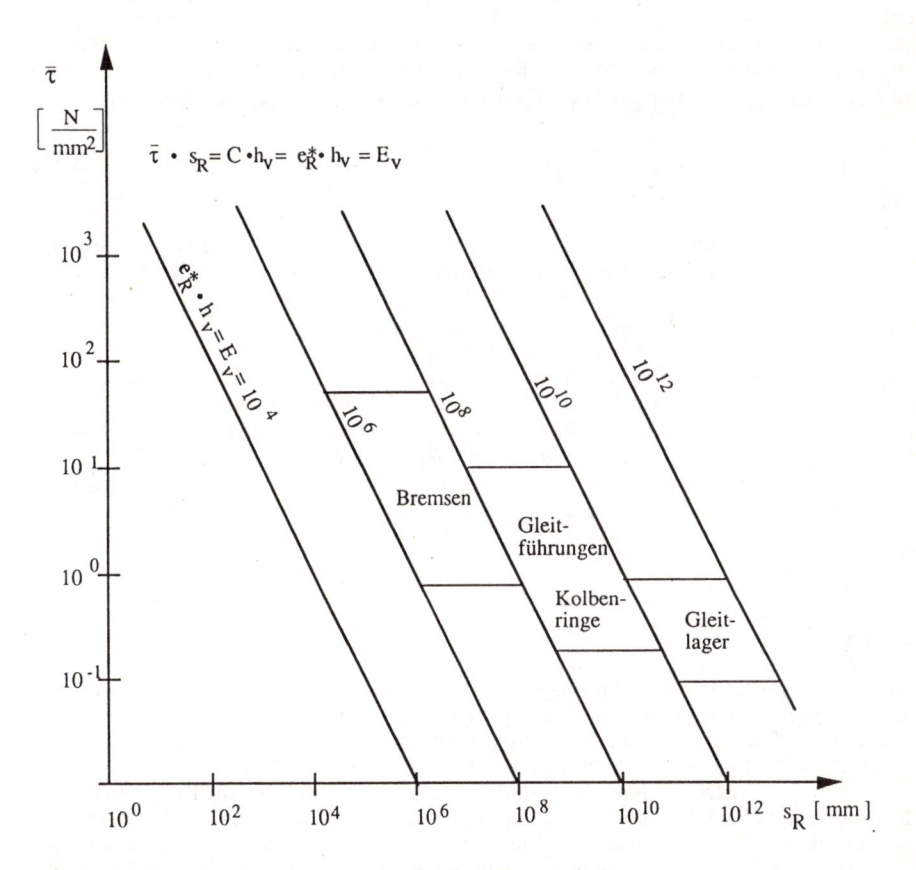

Bild 5.17. Nomographische Darstellung der Verschleißgleichung mit Zuordnung spezieller Verschleißprobleme

5.4. Schädigung durch Erosion, Korrosion und andere flächenabtragende Prozesse

Neben dem im Abschnitt 5.3. ausführlich behandelten *Verschleiß* sind insbesondere die *Erosion* und die *Korrosion* als *flächentabtragende Prozesse* bekannt.

Es liegt nahe, auch diese in der Praxis häufig auftretenden Schädigungsarten in die angestrebte Berechnungsmethodik einzuordnen. Dabei bietet es sich an, das Ausfallverhalten in Analogie zu Gleichung (5.19.) durch

$$B^a \cdot t = C \cdot h(t) \tag{5.34}$$

zu beschreiben. Das Problem besteht darin, die *Schädigungsbeanspruchung B* zu definieren, um wiederum in einer wöhlerkurvenähnlichen Auftragung die Freiwerte C und a durch eine Versuchsserie auf zwei Horizonten bestimmen zu können.
Erosion wird insbesondere an Schaufeln von Gas- und Wasserturbinen und Rohrleitungskrümmern beobachtet.
Ursache der Erosion sind offensichtlich Festkörperteilchen in Gasen oder Wasser, die bei Beschleunigungsvorgang während der Strahlumlenkung mit der Oberfläche des Strömungskanals in Kontakt kommen. Die Erosion selbst dürfte als Kombination von Ermüdung und Verschleiß anzusehen sein.
Ausgehend von der Überlegung, daß die Erosionsbeanspruchung wegen der Umlenkbeschleunigung proportional dem Quadrat der mittleren Geschwindigkeit v, der mittleren Krümmung $k = 1/r$ und der Differenz der Stoffdichte des Mediumes ρ_P sein wird, gilt

$$B_r = C_{er} \cdot \bar{v}^2 \cdot \frac{1}{r} \cdot (\rho_P - \rho_M). \tag{5.35}$$

Natürlich werden auch die Festigkeitswerte der erodierenden Oberfläche und die Härte der Partikel von Einfluß sein. Diese und andere Größen werden in der Konstanten C_{er} zusammengefaßt.
Weitere Ausführungen zur Erosion sind in /29/ und /30/ zu finden.
Einige Zahlenangaben sind der Tafel VII im Anhang A zu entnehmen.
Auch die *flächentragende Korrosion* dürfte grundsätzlich der Gleichung (5.34) genügen.
Das Bild 5.18. gibt einen Überblick über die vielfältigen Erscheinungsformen der Korrosion. Obwohl in der Literatur (vergl. z.B. /32/) eine Reihe von Meßwerten mitgeteilt werden, ist es schwierig, eine konkrete *Korrosionsbeanspruchung* B_{korr} zu definieren.
Es läßt sich zwar eindeutig eine Abhängigkeit der Korrosionsgeschwindigkeit von den Umgebungsbedingungen nachweisen, jedoch sind Angaben wie

    Landatmosphäre
    Meeresatmosphäre
    Industrieatmosphäre
    Meerwasser

(die Reihenfolge entspricht zunehmender Korrosionsbeanspruchung) nicht geeignet, eine quantifizierte Korrosionsbeanspruchung anzugeben.
Einige konkrete Meßwerte für einen der Gleichung (5.34) ähnlichen empirischen Ansatz werden in /33/ mitgeteilt (vergl. ebenfalls Tafel VII des Anhanges A).
Auch der Korrosionsabtrag durch Elementbildung (z.B. Eisen/Kupfer im Rohrleitungsbau oder Bronze/Eisen beim Schiffskörper) ist trotz Kenntnis der "spannungsreihe der Elemente" wegen schwankender Elektrolytparameter für praktische Zwecke bisher nicht zu quantifizieren. Erschwerend wirkt sich außerdem aus, daß die Korrosionsschichtdicke sich hemmend oder fördernd auf den Korrosionsvorgang auswirken kann.

5.5. Mehrfache Schädigung

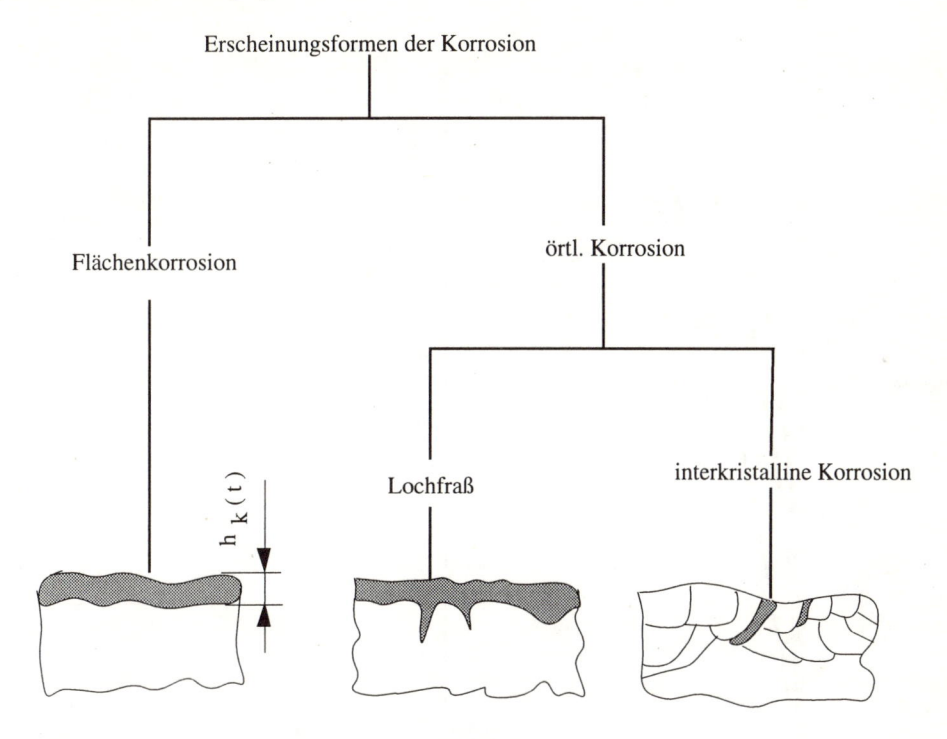

Bild 5.18. Erscheinungsformen der Korrosion (nach [38])

Bemerkenswert sind die *Auswirkungen örtlicher Korrosion auf das Ermüdungsverhalten* von Bauteilen.
So kommt es unter dem Einfluß von Seewasser durch Lochfraß an Schiffswellen zu erheblichen Kerbwirkungen und in der Folge zu gefährlichen Ermüdungsbrüchen.
Andererseits wird die *interkristalline Korrosion* durch mechanische Spannungen angeregt bzw. beschleunigt. Dieser Effekt ist als *Spannungsrißkorrosion* in der Literatur bekannt. So läßt sich für Schiffbaustähle ein Abfall der Schwingfestigkeit in Seewasserumgebung feststellen /33/.
Insbesondere die knapp gehaltenen Ausführungen zur Korrosion als einer wesentlichen Schädigungsart mögen dem Leser einerseits die Grenzen einer Berechnung von Schädigungsvorgängen und andererseits die Komplexität dieser Prozesse verdeutlicht haben.
Trotzdem wird die Überzeugung geäußert, daß die entwickelte Berechnungsmethode für unterschiedlichste Schädigungsprozesse anwendbar ist.

5.5. Mehrfache Schädigung

Unter "Mehrfacher Schädigung" soll das gleichzeitige Fortschreiten mehrerer Schädigungen am Element oder an einer Baugruppe verstanden werden, wobei eine gegenseitige Beeinflussung der einzelnen Schädigungsvorgänge ausgeschlossen werden soll.
Die Vorgehensweise wird zweckmäßig an konkreten Sachverhalten dargestellt:
Der Zahn eines Zahnrades kann bekanntlich sowohl an der Zahnflanke durch Pittungsbildung als auch am Zahnfuß durch Bruch ausfallen (Bild 5.19.).
Beide Schädigungen sind der Schädigungsart "Ermüdung" zuzurechnen und sie entstehen ohne gegenseitige Beeinflussung.

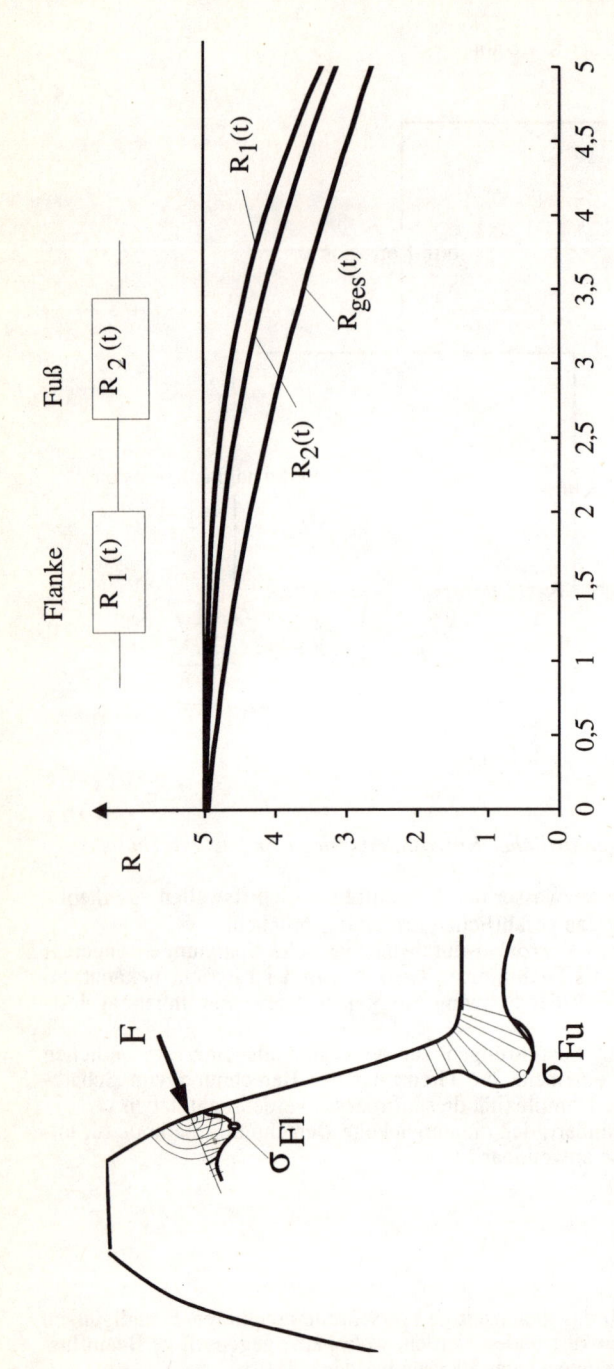

Bild 5.19. Mehrfachschädigung am Beispiel der Verzahnung

5.6. Komplexe Schädigungen

Bei der Auslegung durch Berechnung einer "Sicherheit" wird für jede der beiden Schädigungen eine völlig getrennte Auslegung vorgenommen.
Die Auslegung auf der Basis von "Lebensdauer und Zuverlässigkeit" ermöglicht einer Verknüpfung beider Schädigungen.
Wird davon ausgegangen, daß sowohl der Zahnfußbruch als auch die Pittingsbildung an der Zahnflanke zum Ausfall des Getriebes führen)*, so liegt der Fall des "nichtredundaten Systems" vor und die berechneten Einzelzuverlässigkeiten $R_1(x)$ und $R_2(x)$ sind durch das Produktgesetz nach Gleichung (4.24.) zu verknüpfen (vergl. Bild 5.19.).

$$R_{ges}(t) = R_1(t) \cdot R_2(t) \qquad (5.36)$$

Die Betrachtungsweise ermöglicht die Aussage, mit welcher Wahrscheinlichkeit das Versagen durch die eine oder andere Schädigung eintritt sowie mit welcher Gesamtwahrscheinlichkeit das Bauteil ausfällt.

Auch unterschiedliche Schädigungsarten lassen sich auf diesem Wege verknüpfen. So läßt sich z.B. sie Ausfallwahrscheinlichkeit einer Verstellpropellernabe infolge Ermüdung, Verschleiß und/oder Korrosion abschätzen. Mit Gleichung (4.24.) und (4.15.) gilt

$$F(t) = 1 - R_{Erm.}(t) \cdot R_{Verschl.}(t) \cdot R_{Korr.}(t) \qquad (5.37)$$

Diese Ausfallwahrscheinlichkeit erwies sich als wesentliche Komponente der sog. "Verfügbarkeit" von Fischereifahrzeugen (vergl. /41/ und Abschnitt 9.)

5.6. Komplexe Schädigungen

5.6.1. Schädigung an Wälzlagern

Wälzlager haben sich im Maschinenbau seit mehr als 50 Jahren als Elemente eingeführt, denen hohe Lebensdauer und Zuverlässigkeit zugeschrieben werden /5/.

Dabei verläuft die Schädigung des Wälzlagers äußerst kompliziert. Es sind drei Phasen zu unterscheiden:

1.Phase:

> Die Wälzkörper unterliegen einem ständigen Verschleiß durch die Führungskräfte des Käfigs.
> Bei Kugeln und Tonnen kommt der Verschleiß durch "partielles Gleiten" an Wälzkörpern und Bahnen hinzu.
> Jedes Wälzlager erleidet damit eine Spielvergrößerung.

2. Phase:

> Mit zunehmendem Verschleiß geht eine Verschlechterung der Kraftübertragungsbedingungen einher. Das Bild 5. 20. verdeutlicht, wie durch Spielvergrößerung immer weniger Wälzkörper an der Kraftübertragung teilnehmen.
> Die Maximalkraft F_o nimmt zu.

)* Hier sei vernachlässigt, daß Pittingsbildung in der Praxis teilweise toleriert wird.

F_2 F_2

ohne Spiel

F_1 F_1

$F_0 = F_{max}$

Zunehmendes Lagerspiel

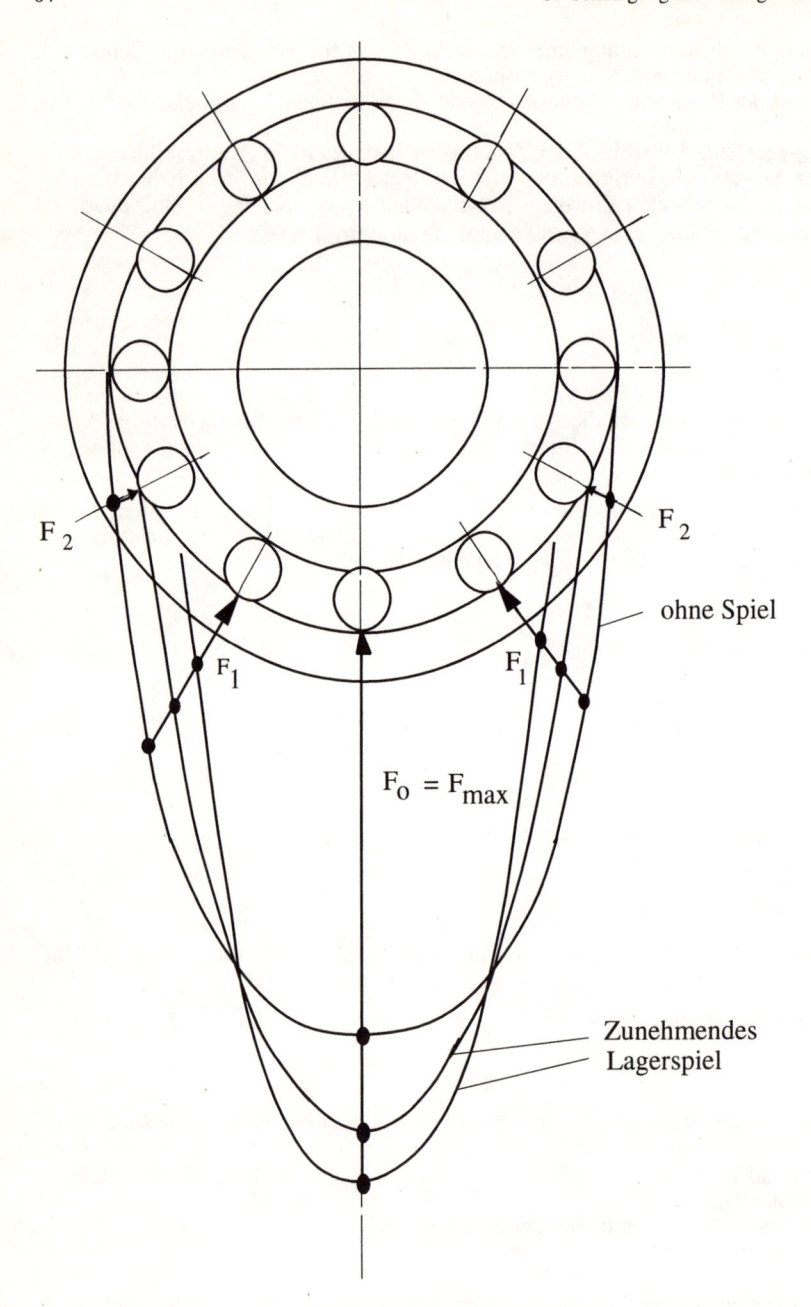

Bild 5.20. Vergrößerung der maximalen Wälzkörperbelastung durch Verschleiß

5.6. Komplexe Schädigungen

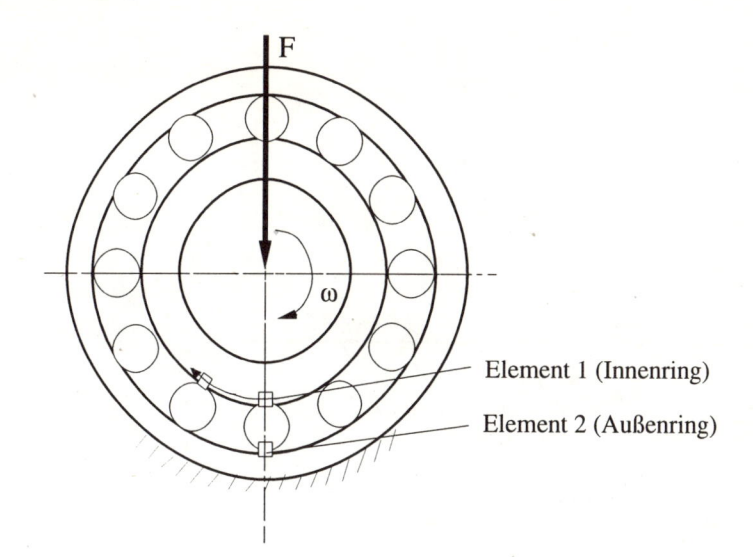

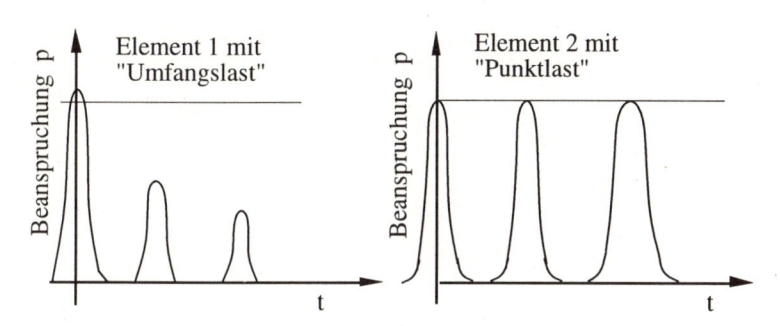

Bild 5.21. Zeitabhänige Beanspruchungen am Innen- und Außenring eines Wälzlagers (Außenring "fest")

3. Phase:

Die schwellende Ermüdungsbeanspruchung insbesondere bei "Punktlast" (vergl. Bild 5.21.) überschreitet zunächst die Dauerfestigkeit nicht. Die in Phase 2 zunehmende Belastung der Wälzkörper bewirkt schließlich eine Überschreitung der Dauerschwingfestigkeitsgrenze und zwar in einem gewissen Maß unterhalb der Kontaktfläche zwischen Wälzkörper und Laufbahn, wodurch die bekannte Schädigung durch "Abblättern" der Laufbahnen zum schnellen Ausfall des Wälzlagers führt (vergl. Bild 5.22.)

Dieser komplexe Vorgang der Schädigung beginnend mit Verschleiß und dem eigentlichen Ausfall durch Ermüdung ist im Bild 5.23. dargestellt, wobei natürlich der Ermüdungsschaden durch Überlastung (im Vergleich mit der Auslegungsbelastung) oder durch Einbaufehler (Verspannung durch zu enge Passungen bzw. Taumelbewegungen) ebenfalls auftreten kann.

Dieser komplexe Schädigungsmechanismus führt dazu, daß trotz des Ermüdungsschadens ein Dauerfestigkeitsbereich nicht festgestellt werden kann. Das Wälzlager ist das historisch gesehen erste Maschinenelement, für welches die Lebensdauerberechnung mit dem Komponenten

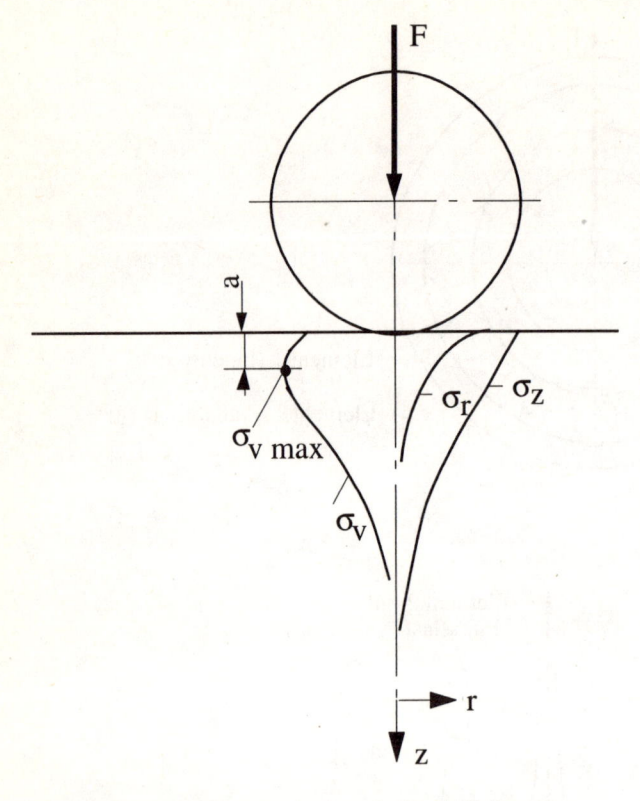

Bild 5.22. Spannungsverlauf beim Kontakt Kugel / Halbraum, Maximum der Vergleichspannung tritt im Abstand a unterhalb der Oberfläche

- Beanspruchungs/Zeit-Zusammenhang
- statistisches Ausfallverhalten und
- Schadensakkumulation

entwickelt wurde.

Der Ansatz nach Gleichung (5.1.) wird in der Wälzlagerberechnung in der Form

$$L = \left(\frac{C}{F}\right)^p \tag{5.38}$$

p = 3,0 für Kugeln
p = 3,3 für Rollen

verwendet, wodurch die Konstante $C = C_{dyn}$

die Dimension einer Kraft annimmt und so definiert ist, daß die Lebensdauer L in $10^6 h$ erreicht wird.

5.6. Komplexe Schädigungen

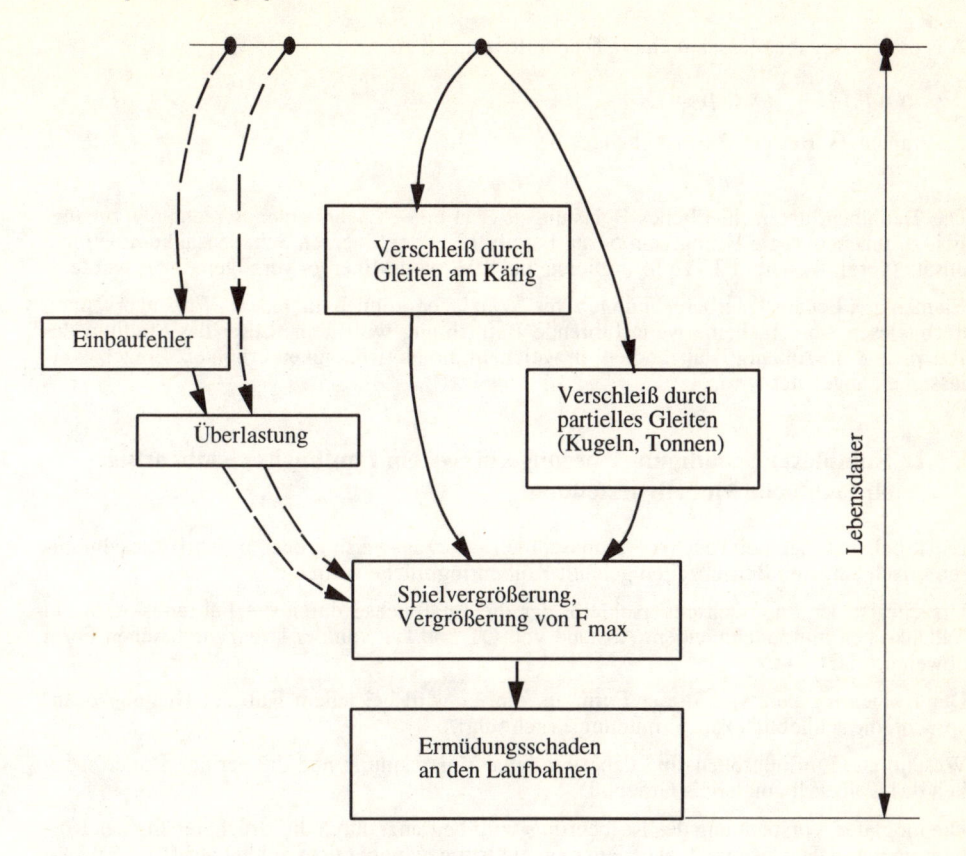

Bild 5.23. Komplexe Schädigung des Wälzlagers

Das Ausfallverhalten wird in guter Näherung durch die Weibullverteilung nach Gleichung (4.22.) beschrieben, d.h. es gilt

$$R(x) = e^{-(\alpha \cdot x)^\beta} \qquad (5.39)$$

in diesem Falle zweckmäßig mit der dimensionslosen Variabel

$$x = \frac{t}{t_n} \quad \text{bzw.} \quad \frac{L}{L_n}$$

mit $t_n = L_n$ als "nomineller" Lebensdauer für $R = 0,9$.

Für alle Wälzlager gilt bekanntlich hinreichend genau für die mittlere Lebensdauer mit $R = 0,5$

$$L_m \cong 5 \cdot L_n \qquad (5.40)$$

Aus diesen Angaben lassen dich die Freiwerte α und β zu

$$\alpha = 0{,}145 \quad \text{und} \quad \beta = 1{,}18$$

bestimmen (s. Beispiel 8 des Anhanges B).

Das Bemühen, unterschiedliches Belastungsniveau eines Lagers einer Berechnung zugänglich zu machen, regte Palmgreen /5/ an, bereits 1929 den linearen Schadensakkumulationsansatz (vergl. Abschnitt 3,) zu formulieren, der 1942 von Miner /6/ verallgemeinert wurde.

Elementare Lebensdauerberechnungen für Wälzlager können in jedem Wälzlagerkatalog nachgelesen werden. Feine weiterführende Betrachtung wird dem Leser das Studium des Beispiels 8 im Anhang B angeboten, in welchem die Notwendigkeit erhöhter Einzelzuverlässigkeit abgeleitet wird.

5.6.2. Komplexer Schädigungsvorgang am System Laufbuchse Kolbenring - eine einfache Modellvorstellung

Es ist bekannt, daß bei Tauchkolbenmaschinen - vorzugsweise größeren Schiffsdieselmotoren - nach längeren Betriebzeiten gehäuft Kolbenringbrüche auftreten.

Ursache ist der Laufbuchsenverschleiß, der die Luafbuchse durch die Führungskräfte am Tauchkolben mit zunehmendem Abstand von OT und UT von der kreiszylindrischen Form abweichen läßt /34/.

Der Kolbenring paßt sich dieser Form an, d.h. er wird bei jedem Hub auf Biegung beansprucht, die schließlich zum Ermüdungsbruch führt.

Wesentliche Einflußgrößen sind dabei die hohe Vorspannung und die geringe Dauerfestigkeit des Kolbenringmaterials Grauguß.

Die mögliche Vorspannung des Kolbenrings wird begrenzt durch die Bruchbiegung des Kolbenringmaterials. Das maximale Biegemoment tritt gegenüber dem Schlitz auf (Bild 5.24.).

Durch elementare Rechnung ergibt sich

$$M_{bmax} = \frac{1}{2} p \cdot h \cdot d^2 \tag{5.41}$$

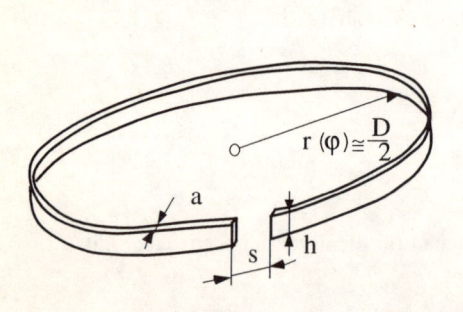

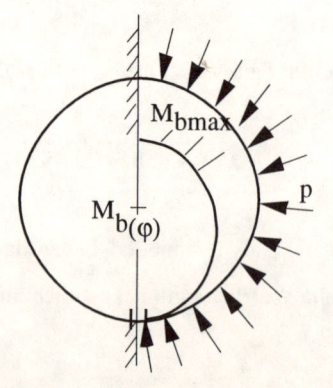

Bild 5.24. Geometrie und statische Beanspruchung des Kolbenringes

5.6. Komplexe Schädigungen

und damit

$$\sigma_b = 3 \cdot p \cdot \left(\frac{D}{a}\right)^2 \qquad (5.42)$$

bzw.

$$p = \frac{1}{3} \cdot \left(\frac{a}{D}\right)^2 \cdot \sigma_b \qquad (5.43)$$

Mit dem üblichen Verhältnis $a/D = 1/25$ und $\sigma_b = \sigma_{bB} = 230\frac{N}{mm^2}$ für GG22 ergibt sich ein Anpreßdruck von $p = 12\frac{N}{mm^2}$, der den in der Literatur angegebenen Werten entspricht.

Dieser hohen statischen Biegebeanspruchung überlagert sich die Ermüdungsbeanspruchung infolge des von der Kreisform abweichenden Laufbuchsenverschleißes (vergl. Bild 5.25.).

Nähern wir die Verschleißform durch die Annahme einer Ellipse, so gilt für die Krümmung im Bereich der kleinen Halbachse

$$\rho_b = \frac{a^2}{b} \qquad (5.44)$$

und mit

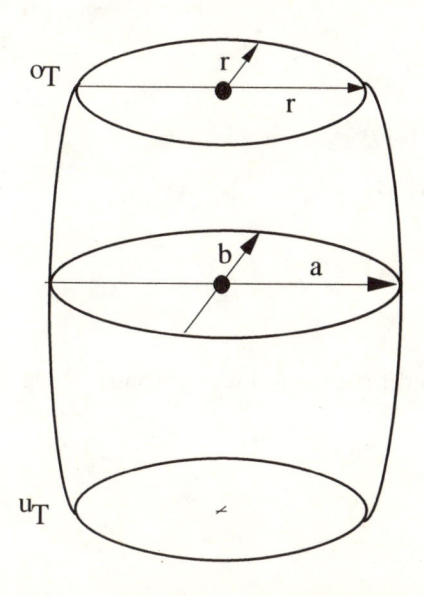

$$a = \frac{1}{2}(D + \Delta D)$$

Bild 5.25. Laufbuchsenverschleiß bei Tauchkolbenmaschinen
(Annahme einer Ellipse für die Verschleißform)

sowie

$$b = \frac{1}{2}D$$

$$\rho_b = \frac{1}{2}\frac{(D+\Delta D)}{D} \cong \frac{D}{2} + \Delta D \quad . \tag{5.45}$$

Die für die Ermüdung wesentliche Krümmungsänderung $\frac{1}{\Delta\rho}$ läßt sich aus den Kehrwerten der Radien

$$\frac{1}{\Delta\rho} = \frac{2}{D+2\Delta D} - \frac{D}{2} \cong \cdot \frac{\Delta D}{D^2} \tag{5.46}$$

berechnen. Aus der Differentialgleichung der Biegelinie

$$y'' = \frac{M_b}{E \cdot I_Z} \cong \frac{1}{\Delta\rho} \tag{5.47}$$

folgt das wechselnde Biegemoment

$$M_w = 4 \cdot \frac{\Delta D}{D^2} \cdot E \cdot I_Z \tag{5.48}$$

bzw.

$$\text{mit} \quad I_Z = W_z \cdot \frac{d}{2} \quad \text{und} \quad \sigma_b = \frac{M_b}{W_z} \quad .$$

$$\sigma_{bw} = 2 \cdot \frac{\Delta D}{D} \cdot \frac{a}{D} \cdot E \tag{5.49}$$

Für einen gemessenen Verschleiß von $\Delta D = 0{,}4$ mm bei $D = 400 mm$ folgt mit

$\Delta D = 0{,}001$ und $a/D = 1/25$ sowie $E = 1 \cdot 10^5$ N/mm²

$$\sigma_{bw} = 2 \cdot 0{,}001 \cdot 0{,}04 \cdot 10^5$$

$$\underline{\sigma_{bw} = 4{,}0 \text{ N/mm}^2}$$

Diese Biege-Wechselspannung σ_{bw} überlagert sich der statischen Biegespannung σ_b, d.h. es gilt

$$\sigma_m = \sigma_b - \frac{1}{2} \cdot \sigma_{bm} \cong \underline{200\frac{N}{mm^2}}$$

$$\sigma_a = \frac{1}{2}\sigma_{bm} = \underline{2{,}0\frac{N}{mm^2}}$$

und

5.6. Komplexe Schädigungen

Unter Berücksichtigung der typischen Form des Smith-Diagramms für Grauguß, nach der im Zugbereich für σ_B praktisch keine schwingende Spannung σ_{bw} ertragen wird (vergl. Bild 5.2.6.) erkennen wir die Verschleißform der Laufbuchse als Ursache für den Ermüdungsbruch des Kolbenringes.

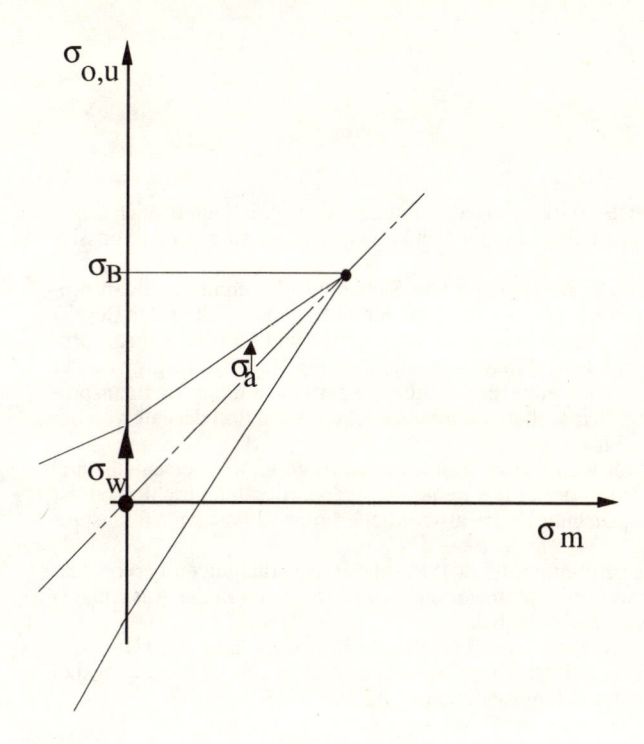

Bild 5.26. Smith - Diagramm für Grauguß nach Tafel IIi. 2.6.

6. Beanspruchungsfunktionen ; Beanspruchungskollektive

6.1. Übersicht

Unter *Beanspruchungen* werden Einwirkungen auf ein Element, ein Bauteil oder allgemein ein technisches Gebilde verstanden, die zur Schädigung und damit zur Funktonsstörung führen können.
Nachdem im Zusammenhang mit der Berechnung von Sicherheit (Abschnitt 3.) Beanspruchungen ausschließlich in Form mechanischer Spannungen auftraten, soll hier der Begriff der Beanspruchung weiter gefaßt werden, um auch Verschleiß- und Korrosionsbeanspruchen erfassen zu können. Beanspruchungsfunktionen sind dabei in Regel abhängig von der Zeit, aber auch Lastspielzahlen, Verschleißwege u.a. können zur Darstellung der Beanspruchungsfunktion zweckmäßig sein. Wir wollen die Beanspruchungsfunktion deshalb von der allgemeinen Variablen x abhängig machen.
Statische Beanspruchungen (durch Kräfte oder Momente hervorgerufen), Verschleiß- und Korrosionsbeanspruchungen treten in der Praxis monoton veränderlich (eingeschlossen der Sonderfall der konstanten Beanspruchung) oder als zeitliche Folgen konstanter Beanspruchungshöhen auf (Bild 6.1.).
Ermüdungsschäden werden dagegen immer durch zyklische Beanspruchungen hervorgerufen, die sich bei Unterdrückung weiterer Parameter durch die Grenzkurven der Ausschlagsspannungen darstellen lassen vergl. ebenfalls Bild 6.1..
Ihre einheitliche Aufbereitung führt zum *einparametrischen Beanspruchungskollektiv*.
Schwieriger in der Aufbereitung zum Kollektiv sind stochastisch-zyklische Ermüdungsbeanspruchungen, auf die im Abschnitt 6.3. gesondert eingegangen wird.

6.2. Beanspruchungskollektive

Beanspruchungsfunktionen nach Bild 6.1. lassen sich relativ einfach zum *Beanpruchungskollektiv* aufbereiten.
Monotone Beanspruchungen werden dazu bezüglich der Beanspruchung klassiert, in der Regel nach Klassen mit konstanten ΔB (vergl. Klassierung in Abschnitt 4.1.). Dadurch werden monotone Beanspruchungen in Folgen konstanter Beanspruchung überführt, wobei eine Ordnung nach fallender Beanspruchung üblich ist (vergl. Bild 6.2.a).
Zweckmäßig ist eine Normierung durch B_{max} und x_{max} (vergl. Bild 6.2.b), wobei für Schädigung durch Ermüdung auch eine Normierung durch $B = \sigma_{D0,9}$ und $x = n_g$ (vergl. normiertes Wöhlerdiagramm nach Bild 5.11.) günstig sein kann.

In Anlehnung an die Wöhlerdiagramme wird außerdem gern eine doppelt-logarithmische Auftragung bevorzugt.
Durch die Normierung werden die *Beanspruchungsfunktion*

$$y_B = \frac{B}{B_{max}} \tag{6.1}$$

6.2. Beanspruchungskollektive

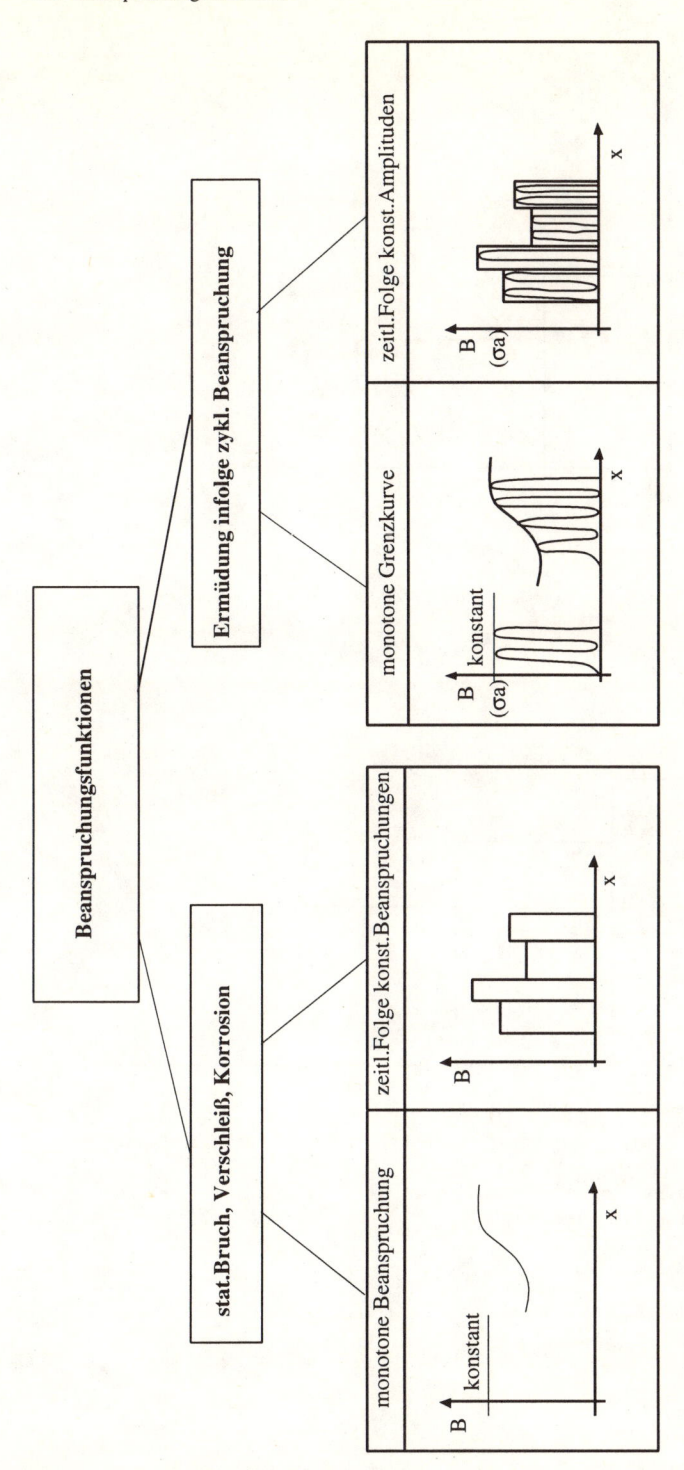

Bild 6.1. Beanspruchungsfunktionen

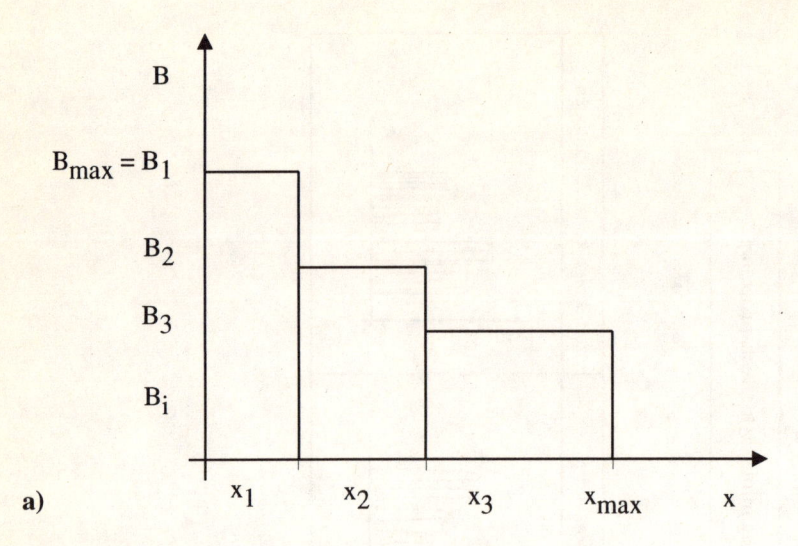

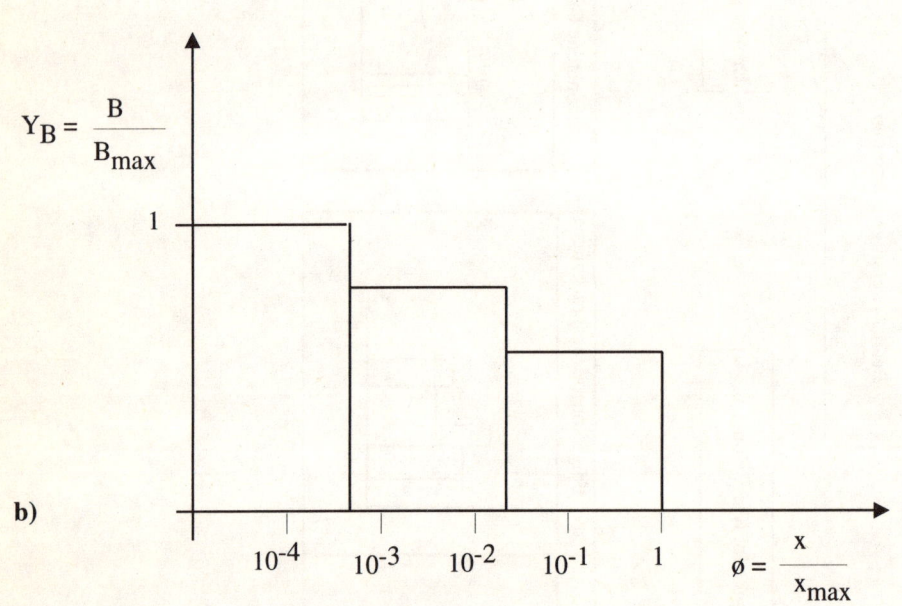

Bild 6.2. Aufbereitung der Beanspruchungsfolgen zum Kollektiv
a) Ordnung nach fallender Beanspruchung
b) Normierung

und die *Häufigkeitsfunktion*

$$\phi = \frac{x}{x_{max}} \qquad (6.2)$$

definiert. Insbesondere für die Häufigkeitsfunktion ist es damit unerheblich, ob sie aus Zeit-, Weg- oder Lastspielvariablen gebildet wurde.

6.2. Beanspruchungskollektive

Die Größe x_{max} ist dabei in der Regel identisch mit den Erfassungs- oder Beobachtungsintervallen bei der experimentellen Ermittlung der Kollektive.
So zweckmäßig in der Praxis gestufte" Kollektive sein mögen, für die allgemeine Darstellung haben analytische Beschreibungen ihre Vorteile.

$$Y_B = 1 - \emptyset^{\gamma}$$

a)

$$Y_B = 1 - \emptyset^{\gamma}\left(1 - \frac{B_{min}}{B_{max}}\right)$$

b)

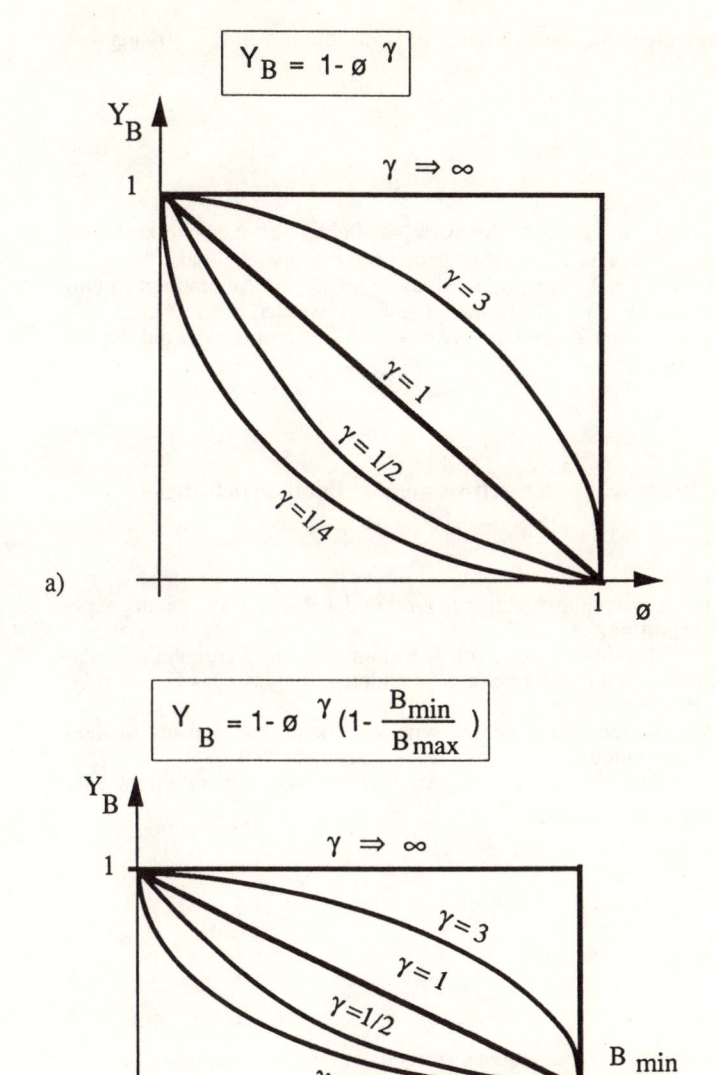

Bild 6.3. Analytische Beschreibung von Beanspruchungskollektiven

Ein einfacher Ansatz der Form (vergl. /35/)

$$y_B = 1 - \emptyset^\gamma \qquad (6.3)$$

ergibt das Kollektivsystem nach Bild 6.3. a.

Dieser Ansatz kann für "abgeschnittene" Kollektive durch Einführung von B_{min}/B angepaßt werden (vergl. Bild 6.3.b).

$$y_B = 1 - \emptyset^\gamma \left(1 - \frac{B_{min}}{B_{max}}\right) \qquad (6.4)$$

Beide Ansätze gehen für $\gamma = 0$ in das sog. "Rechteck"-Kollektiv für statische konstante Beanspruchung bzw. Ermüdung für konstant schwingende Beanspruchung über.
In diesem Zusammenhang sei auf den sehr progressiven Standard zu Zahnradberechnung /36/ verwiesen, in dem 17 typische Kollektivformen angeboten werden (siehe Anhang A, Tafel VIII). Auf die Arbeit mit diesen Kollektivformen wird in Zusammenhang mit der Lebensdauerberechnung eingegangen.

6.3. Kollektivermittlung bei stochastisch schwingender Beanspruchungsfunktion

Stochastisch schwingende Beanspruchungsfunktionen sind in der Regel das Ergebnis experimenteller Beanspruchungsermittlung.
Sie sind z.B. typisch für das Zusammenwirken von Kraftfahrzeug und Fahrbahn, für das Schiff im Seegang, für Bodenbearbeitungsgeräte in der Landtechnik usw. Das Ergebnis einer solchen Messung ist im Bild 6.4. dargestellt.
Mit der Auswertung im Amplitudenbereich folgen wir der Erkenntnis, daß als Schädigungsursache für die Werkstoffermüdung das Schwingspiel anzusehen ist.
Das Bild 6.5. veranschaulicht drei unterschiedliche Amplituden-Auswerteverfahren. Für eine Klassierung der Beanspruchung σ ist die

- die Schwingweitenzählung

- die Zählung der Spitzenwerte oder

- die Zählung der Klassenüberschreitung

üblich.

Die Schwingweitenzählung nach Bild 6.5.a muß als einfachstes Auswerteverfahren angesehen werden. Sie vernachlässigt den Einfluß der Mittelspannung, der - wie an jedem Smith-Diagramm sichtbar wird - objektiv vorhanden ist.
Das Ergebnis dieser Auswertung ist ein sog. Amplitudenkollektiv, auf das wir uns hier in der Darstellung beschränken wollen. Es gehört zu den sog. einparametrischen Auswerteverfahren, die eine rechnerische Auswertung für eine Wöhlerlinie für $\sigma_m = const$ ermöglichen.
Eine ähnliche einfache einparametrische Auswertung ist auch für eine stochastische Schwellbeanspruchungen möglich die durch ein Ruhe gekennzeichnet ist (z.B.bei Zahnbeanspruchungen von Rädergetrieben). Die Lebensdauerberechnung erfolgt dann an einer entsprechenden Wöhlerlinie mit dem konstanten Ruhegrad $r = 1/2$.

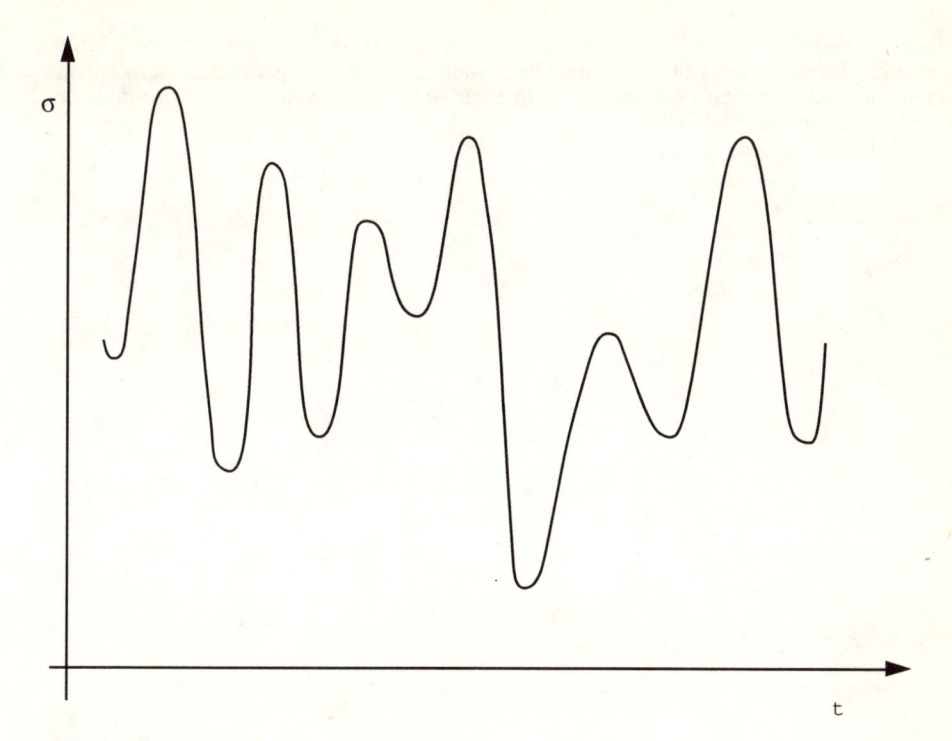

6.3. Kollektivermittlung bei stochastisch schwingender Beanspruchungsfunktion 97

Bild 6.4. Stochastischer Beansprechnungsproß

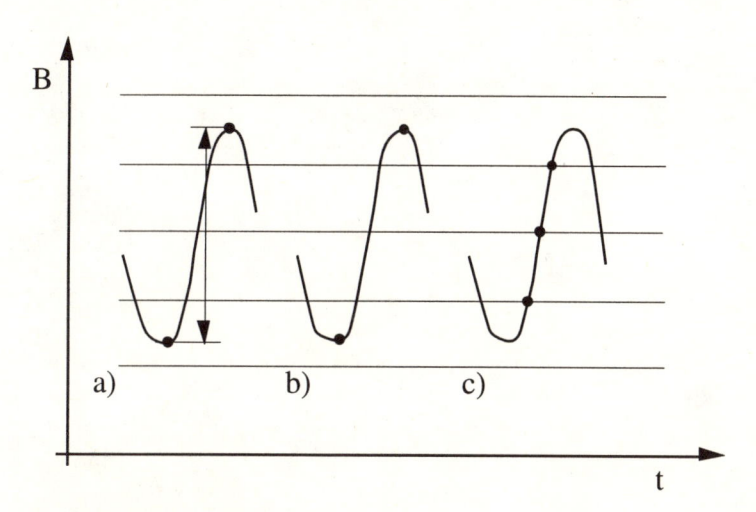

Bild 6.5. Auswerteverfahren
  a) Schwingweiten
  b) Spitzenwerte
  c) Klassenüberschreitungen

Für die experimentelle Lebensdauerermittlung mit analogen Beanspruchungskollektiven sind in der Betriebsfestigkeitslehre eine Reihe weiterer, auch zweiparametrischer Zählverfahren entwickelt worden , die aus der Sicht einer Auslegungsrechnung im Konstruktionsprozeß hier nicht relevant sind.
Es sei auf die Spezialliteratur (vergl. z.B. /27/, /28/) verwiesen.

7. Lebensdauerberechnung; Schadensakkumulation

7.1. Lebensdauer bei einem Beanspruchungshorizont

Wird davon ausgegangen, daß das Schädigungsverhalten durch einen Zusammenhang zwischen Schädigungsbeanspruchung B und Schädigungsvariable L

$$B = f(L) \tag{7.1}$$

und insbesondere in der speziellen

$$B^a \cdot L = C \tag{7.2}$$

bekannt ist, so läßt sich die Lebensdauer für einen Beanspruchungshorizont durch Auflösen nach L aus

$$L = \frac{C}{B^a} \tag{7.3}$$

berechnen.
Die Konstante C kann durch Anwendung der Gleichung auf ein charakteristisches Wertepaar $(B_o; L_o)$ eleminiert werden.
Es gilt dann

$$L = L_o \cdot \left(\frac{B_o}{B}\right)^a . \tag{7.4}$$

Diese Gleichung kann problemlos auf alle Schädigungsarten angewendet werden, wenn die entsprechende Schädigungsbeanspruchung B und die charakteristische Schädigungsvariable bekannt sind (vergl. Abschnitt 5.)
Im Bild 7.1. ist der Vorgang veranschaulicht. Vergleiche auch Beispiel 4. des Anhanges B.

7.2. Lebensdauer bei Kollektivbeanspruchung

Für praktische Aufgaben ist in der Regel davon auszugehen, daß eine Kollektivbeanspruchung, d.h. eine Beanspruchung auf mehreren Horizonten vorliegt.

Hierzu wurde im Zusammenhang mit der Wälzlagerberechnung bereits 1924 von Palmgreen /5/ und 1942 von Miner /6/ für das verallgemeinerte Problem der Gedanke der linearen Schädigungsakkumulation entwickelt.

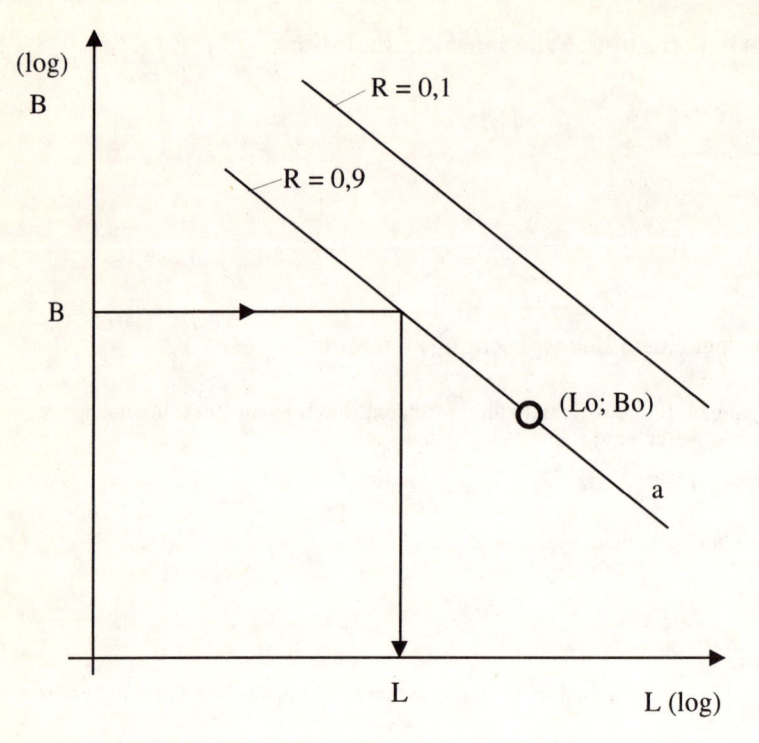

Bild 7.1. Lebensdauer bei einem Beanspruchungshorizont

Der Grundgedanke besteht darin, daß auf jedem Beanspruchungshorizont die Schädigung D linear fortschreitet und bei einem Horizont nach der Schädigungsdauer L mit der Wahrscheinlichkeit R zum Schaden führt.
Für die Schädigung D soll der Wertebereich $0 \leq 1 \leq 1$ gelten.
Bei mehreren Horizonten kann jeweils nur eine Teilschädigung (vergl. Bild 7.2.) zugelassen werden. Die Teilschädigung definieren wir als

$$D_i = l_i / L_i \tag{7.5}$$

d.h. der Schaden tritt dann bei

$$D = \sum D_i = 1 \tag{7.6}$$

ein. Nun sind die tatsächlich zum Schaden führenden l_i nicht bekannt, wohl aber die l_i^* des beobachteten Beanspruchungkollektivs, wobei in der Regel gilt $l_i^* < l_i$. Führen wir einen Faktor α ein, so können wir schreiben

$$l_i^* = a \cdot l_i \tag{7.7}$$

d.h. das Beobachtungskollektiv führt zu einer Teilschädigung

$$D^* = \sum l_i^* / L_i = \alpha \tag{7.8}$$

7.2. Lebensdauer bei Kollektivbeanspruchung

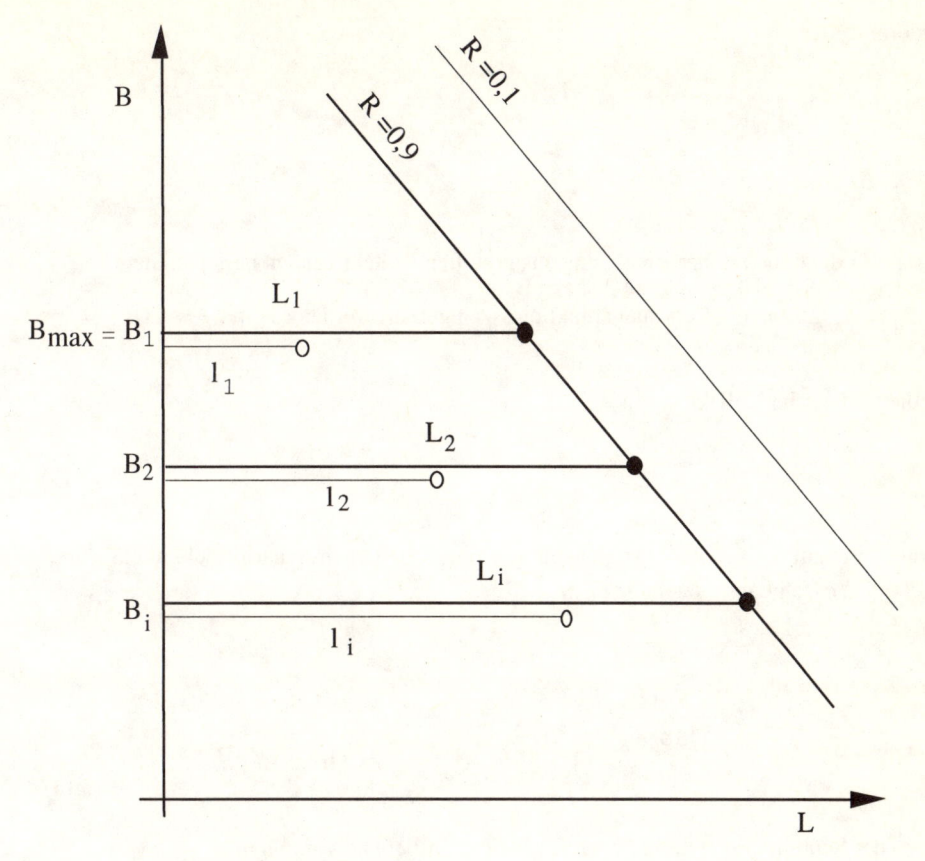

Bild 7.2. Lebensdauer bei Kollektivbeanspruchung

Aus $\quad L = \sum l_i = \dfrac{1}{\alpha} \cdot \sum l_i^*\quad$ folgt wenn

$$L = \frac{\sum l_i^*}{\sum l_i^* / L_i} \tag{7.9}$$

und damit auch

$$L = \frac{\sum l_i}{\sum l_i / L_i} \tag{7.10}$$

Die Gleichung (7.10.) ist die bekannte *Lebensdauergleichung nach Palmgreen /Miner*, wobei mit der Ableitung gezeigt wurde, daß für die praktische Lebensdauerberechnung mit dem Beobachtungskollektiv gerechnet werdenkann.
Zweckmäßig ist wieder die Relativierung auf einen speziellen Punkt der Wöhlerlinie $(L_o ; B_o)$. So folgt mit

$$B_o^a \cdot L_o = B_i^a \, L_i \tag{7.11}$$

die Form

$$L = \frac{\sum L_i}{\sum L_i \cdot (B_i / B_o)^a} \tag{7.12}$$

die sich für die Lebensdauerberechnung aus gestuften Kollektiven am besten eignet. (Vergleiche Beispiel 4, 5 und 6 in Anhang B).
Für $B_o = B_{max}$ kann die Belastungsfunktion y_B eingeführt werden es gilt $L_O = L(B_{max})$

Für die analytische Kollektivform

$$Y_B = f(\phi) \tag{7.13}$$

(vergl. Abschnitt 6.2.) ist der Übergang auf eine integrale Lebensdauerformel zweckmäßig. Mit $l_i \sim \Delta\phi$ folgt aus Gleichung (7.2).

$$L = L_o \frac{\sum \Delta\phi}{\sum \Delta\phi \cdot y_B^a} \tag{7.14}$$

Wegen der Summierung von $\Delta\phi_i$ über den Definitionsbereich von ϕ gilt

$$\sum \Delta\phi = 1$$

und damit

$$L = \frac{L_o}{\sum \Delta\phi \cdot y_B^a} \tag{7.15}$$

Der Grenzübergang der Summe zum Integral führt auf die einfache Formel

$$L = \frac{1}{\int_0^1 y_B^a \cdot d\phi} \cdot d\phi \tag{7.16}$$

Für stetige Wöhlerlinien, d.h. für solche ohne Langlebigkeitsbereich, ist die Anwendung der abgeleiteten Gleichungen unproblematisch. Insbesondere in Hinblick auf die Schädigung durch Ermüdung wird die besondere Beachtung des Langlebigkeitsbereiches notwendig.

7.3. Lebensdauer bei Kollektivbeanspruchung im Langlebigkeits- bzw. Dauerfestigkeitsbereich

Kollektivbeanspruchungen im Langlebigkeitsbereich und natürlich zugleich auch im Kurzlebigkeitsbereich lassen sich mit mathematischen Mitteln wie der Integration über Unstetigkeitsstellen hinweg lösen. Die Gleichung (7.10.) ist uneingeschränkt gültig, wenn die L_i entsprechend der Beanspruchungshöhe im Lang- und Kurzlebigkeitsbereich bestimmt werden, d.h. wir schreiben

$$L = \frac{\sum_{i=0}^{i=n} l_i}{\sum_{i=0}^{i=n} \frac{l_i}{L_i^{(a,b)}}} \tag{7.17}$$

Die Gleichung (7.12) trennen wir, um Mißverständnissen vorzubeugen, in der Summation des Nenner

$$L = L_o \cdot \frac{\sum l_i}{\sum_{i=0}^{i=ig} l_i \left(\frac{B_i}{B_a}\right)^a + \sum_{i=ig}^{i=n} l_i \left(\frac{B_i}{B_a}\right)^b} \tag{7.18}$$

und so lautet dann die Integralform

$$L = \frac{L(B_{max})}{\int_o^{\phi g} y_B^a \cdot d\phi + \int_{\phi g\, y_B}^{1} y_B^b \cdot d\phi} \tag{7.19}$$

Problematisch wird der Übergang von der Langlebigkeit zur Dauerfestigkeit, wobei wir auf entsprechende Erfahrungen für die Schädigung durch Ermüdung zurückgreifen.
Bereits Miner /42 / weist darauf hin, daß wegen $L_i^{b-\infty} \Rightarrow \infty$ mathematisch die unterhalb der Dauerfestigkeitsgrenze liegenden Beanspruchungen keinen Schädigungsbeitrag liefern.

Wegen des Widerspruches zur praktischen Erfahrung wurde von Cortan/Dohlen /37/ vorschlagen, stets mit $b = a$ zu rechnen.
Der reale Schädigungseinfluß wird etwa erreicht, wenn nach einem Vorschlag von Haibach mit $b = 2a - 1$
gerechnet wird (vergl. Bild 7.3.)
Neuere Überlegungen greifen den Gedanken der Schadenslinie auf. Das in /26/ entwickelte Konzept der Folgewöhlerlinien oder auch die in /35/ vorgeschlagene Berücksichtigung des Sinkens der Dauerfestigkeit durch eine Ermüdungsvorgeschichte ermöglichen weitere Annäherungen an die realen Verhältnisse. Der Genauigkeitszuwachs rechtfertigt jedoch kaum den nicht unerheblichen Aufwand.
Für praktische Aufgaben sollte wegen der Vergleichbarkeit der Ergebnisse immer die gleiche Methode angewendet werden.
Nach den Erfahrungen des Verfassers sollte die klassische Palmgrenn/Miner-Formel mit dem von Haibach vorgeschlagenen Exponenten Anwendung finden .

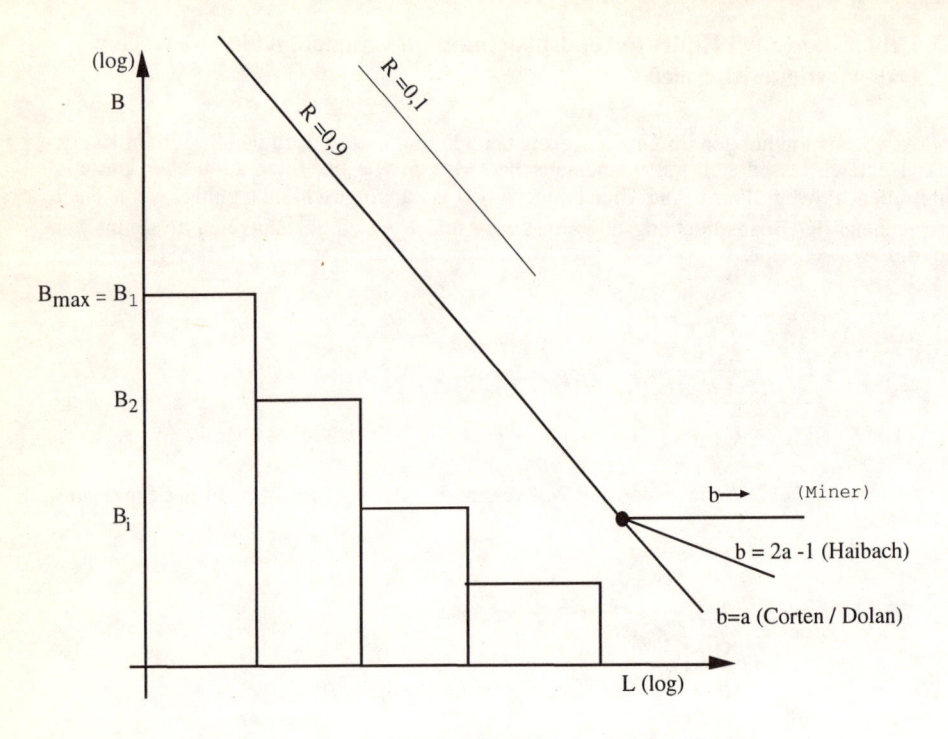

Bild 7. 3. Varianten der Palmgreen - Miner - Formel für den Dauerfestigkeitsbereich

7.4. Äquivalente Beanspruchung bzw. Belastung

Zweckmäßig kann die Einführung einer *"äquivalenten" Belastung oder Beanspruchung* sein.
Über einen *"Äquivalenzbeiwert"* ermöglicht sie eine zeitsparende Lebensdauerberechnung und sie läßt auch die Berechnung einer Sicherheitszahl für Kollektivbeanspruchung zu.
Die "äquivalente Beanspruchung" soll als die Beanspruchung definiert werden, die die gleiche Schädigung wie das Kollektiv hervorruft, (vergl. Bild 7.4.).
Gehen wir von der Gleichung (7.3.) aus, so gilt die Beanspruchung auf einem Horizont

$$L_i = \frac{C}{B_i^a} \qquad (7.20)$$

Die Gleichung (7.7.) für die Gesamtschädigung lautet damit

$$D = \frac{1}{C} \sum l_i \cdot B^a \qquad (7.21)$$

und für die äquivalente Beanspruchung

$$D = \frac{1}{C} \sum L \cdot B_ä \qquad (7.22)$$

7.4. Äquivalente Beanspruchung bzw. Belastung

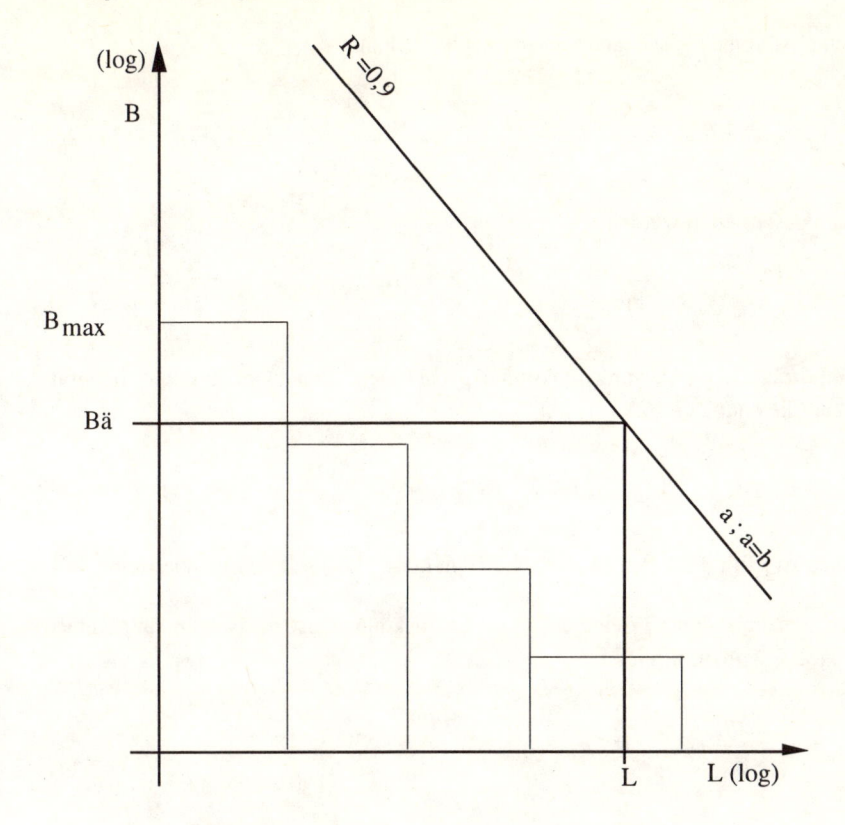

Bild 7.4. Lebensdauerberechnung mit Hilfe der Äquivalenzbeanspruchung

Durch Gleichsetzen der Gleichungen (7.21) und (7.22) folgt

$$B_ä = \sqrt[a]{\sum B_i^a \left(\frac{l_i}{L}\right)} \qquad (7.23)$$

Nun sind wiederum (vergl. 7.2.) l_i und L selbst nicht bekannt, wohl aber die l_i^* der Beobachtungsdauer L^*. Die relative Beanspruchungsdauer l_i/L ist offensichtlich gleich der relativen Beobachtungsdauer l_i^*/L^* so daß gilt

$$q_i = \frac{l_i}{L} = \frac{l_i^*}{L^*} \quad ; \quad 0 \leq q \; ; \; \leq 1 \qquad (7.24)$$

d.h. die Äquivalenzbelastung kann bei Kenntnis des Kollektivs berechnet werden.
Mit dem relativen Zeitmaß q_i ergibt sich

$$B_ä = \sqrt{\sum B_i^a \cdot q_i} \qquad (7.25)$$

Diese Gleichung ist von der Wälzlagerberechnung her bekannt.
Mit

$$q_i = \Delta\phi_i \tag{7.26}$$

kann aber auch geschrieben werden

$$B_{\ddot{a}} = \sqrt[a]{\sum B_i^a \cdot \Delta\phi_i} \tag{7.27}$$

oder nach Einführung der Belastungsfunktion Y_B nach dem Grenzübergang zur Integralform analog zur Gleichung (7.16.)

$$B_{\ddot{a}} = B_{max} \sqrt[a]{\int_0^1 Y_B^a \cdot d\phi} \tag{7.28}$$

Ist $B_{\ddot{a}}$ berechnet, so kann die Lebensdauer nach Gleichung (7.3.) sehr einfach bestimmt werden.
Um die Äquivalenzbelastung $B_{\ddot{a}}$ einfach ermitteln zu können, ist es zweckmäßig, einen Äquivalenzfaktor $æ_{\ddot{a}}$ einzuführen
Definieren wir

$$æ_{\ddot{a}} = \frac{B_{\ddot{a}}}{B_{max}} \quad ; \quad 0 \le æ_{\ddot{a}} \le 1 \quad , \tag{7.29}$$

so gilt auch

$$æ_{\ddot{a}} = y_{B\ddot{a}} \tag{7.30}$$

Leider ist dieser Äquivalenzfaktor abhängig vom Wöhlerkurvenexponenten a und der verwendeten Akkumulationshypothese. Für die im Anhang angegebenen zwölf Musterkollektive wurde der Äquivalenzfaktor nach der linearen Akkumulationshypothese in der Version Corten/Dolan $(b = a)$ berechnet (s. Tafel VIII. 1. und IX. 2 des Anhanges A).

Zur Lebensdauerabschätzung reicht es aus, ein gestuftes Kollektiv im gleichen Maßstab wie diese Kollektive zweckmäßig auf Transparentpapier aufzutragen, um die Übereinstimmung mit einem der zwölf Kollektive zu prüfen. Mit dem zugehörigen Äquivalenzbeiwert können sofort Äquivalenzbelastung und damit die Lebensdauer bestimmt werden.
Es ist auf das Beispiel 4 des Anhanges verwiesen.
Die Äquivalenzbeanspruchung wird in zunehmendem Maße benutzt, um auch für Kollektivbeanspruchungen Sicherheiten zu berechnen. Als vergleichende Maßzahl zur "Sicherheit gegen Dauerschwingfestigkeit" mag eine solche Sicherheitszahl durchaus sinnvoll sein.

8. Lebensdauer und Sicherheit ; Lebensdauerreserve und aktuelle Zuverlässigkeit

8.1. Elementare Sicherheitsnachweise bei Kollektivbeanspruchung

Trotz der Progressivität der Lebensdauerberechnung, bei der nachzuweisen ist, daß eine "vorhandene Lebensdauer" größer als die "Mindestlebendauer" ist, ruft die Ingenieurpraxis immer wieder nach zusätzlichen Sicherheitsnachweisen - und diese Forderungen sind nicht unbegründet.
So darf die maximale Beanspruchung im Kollektiv nicht zum Sofortausfall durch Überschreiten der Bruchgrenze führen, d.h. es ist nachzuweisen

$$\sigma_{max} < \sigma_B$$

bzw.

$$S_B = \frac{\sigma_B}{\sigma_{max}} > 1 \quad . \tag{8.1}$$

Eine weitere Forderung sollte darin bestehen, daß die "äquivalente Beanspruchung des Kollektivs" (vergl. Abschnitt 7.) die Dauerschwingfestigkeit nicht überschreitet, d.h. es gilt

$$S_D = \frac{\sigma_D}{\sigma_ä} > 1 \quad . \tag{8.2}$$

Diese Elementar-Nachweise sollten jede Lebensdauerrechnung ergänzen (vergl. Beispiel 4. des Anhanges B). Darüber hinaus sind Berechnungen einer "Lebensdauerreserve" und einer "aktuellen Zuverlässigkeit" sinnvoll, wie in den folgenden Abschnitten gezeigt wird.

8.2. Allgemeiner Zusammenhang zwischen Lebensdauer und Sicherheit im Kurzlebigkeitsbereich bei gleichbleibender Zuverlässigkeit

Unabhängig von den im Abschnitt 8.1. dargestellen "elementaren Sicherheiten" bei Kollektivbeanspruchung tritt bei der Lebensdauerberechnung das Problem auf, einen allgemeinen Zusammenhang zwischen Sicherheit und Lebensdauer herzustellen.
In Analogie zur Relation zwischen "erforderlicher" und "vorhandener" Sicherheit wird bei der Lebensdauerberechnung zwischen "Mindestlebensdauer" und "vorhandener Lebensdauer" unterschieden.
Für den Fall gleichbleibender Zuverlässigkeit läßt sich ein einfacher Zusammenhang herstellen (vergl. /38/).
Im Bild 8.1. wird deutlich, daß für $R = const$ auf der Wöhlerlinie ein Punkt (1) durch

$$(N_1 ; \sigma_1) = (N_{vers} ; \sigma_{vers}) \tag{8.3}$$

gekennzeichnet werden kann. Dieser Punkt stellt eine Grenze dar, .die in Spannungen nicht überschritten und für Lastspiele bzw. Lebensdauer nicht unterschritten werden darf.

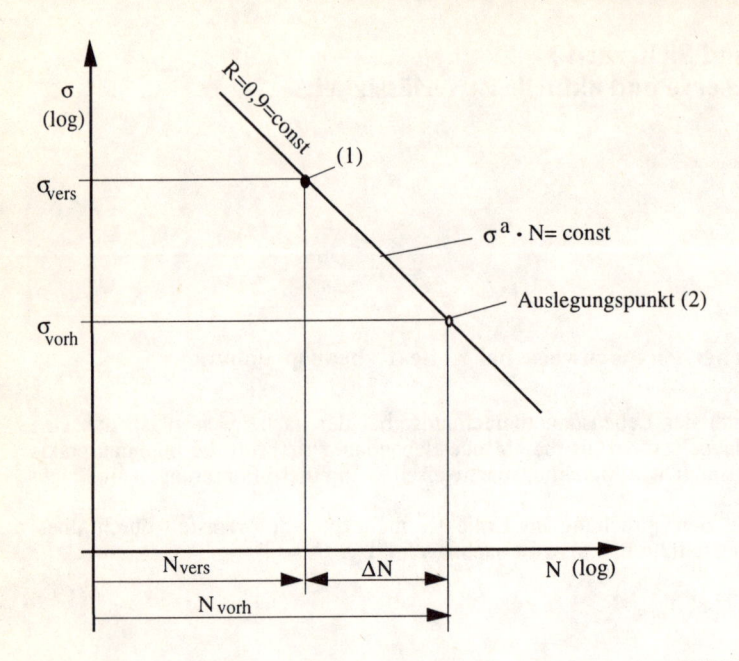

Bild 8.1. Ansatz zum Zusammenhang zwischen Sicherheit und Lebensdauer bei R = const

Andererseits gibt es einen "Auslegungspunkt" (2)

$$(N_2 ; \sigma_2) = (N_{vorh} ; \sigma_{vorh}) \quad , \tag{8.4}$$

für den gilt

$$\sigma_{vers} > \sigma_{vorh} \quad . \tag{8.5}$$

$$N_{vers} < N_{vorh} \tag{8.6}$$

Während aus der Relation (8.5) die bekannte Definitionsgleichung für die Sicherheit

$$\sigma_{vers} = S \cdot \sigma_{vorh} \tag{8.7}$$

hervorgeht, ist für die Ungleichung (8.6) in der Auslegungspraxis bisher keine der "Sicherheit" äquivalente Größe eingeführt worden.

Sinnvoll dürfte die Definition einer "Lebensdauerreserve" ΔN sein, mit der gilt

$$N_{vers} + \Delta N = N_{vorh} \quad . \tag{8.8}$$

Lassen wir den Langlebigkeitsbereich im Sinne der Hypothese nach Corten/Dolan außer Betracht, so gilt mit der Gleichung (5.6.)

$$\sigma_{vers}^a \cdot N_{vers} = const$$

und ebenso

$$\sigma_{vorh}^a \cdot N_{vorh} = const$$

8.1. Elementare Sicherheitsnachweise bei Kollektivbeanspruchung

Durch Gleichsetzen folgt

$$\sigma_{vers}^a \cdot N_{vers} = \sigma_{vorh}^a \cdot N_{vorh} \tag{8.9}$$

und mit Gleichung (8.8.)

$$\sigma_{vers}^a \cdot N_{vers} = \sigma_{vorh}^a \cdot (N_{vers} + \Delta N) \tag{8.10}$$

oder auch

$$\left(\frac{\sigma_{vers}}{\sigma_{vorh}}\right)^a = 1 + \frac{\Delta N}{N_{vers}} \tag{8.11}$$

Im Quotienten der Spannungen erkennen wir die früher definierte Sicherheit nach Gleichung (8.7.) und $\Delta N/N_{vers}$ wollen wir als "relative" Lebensdauerreserve bezeichnen. So gilt

$$S = \sqrt[a]{1 + \frac{\Delta N}{N_{vers}}} \tag{8.12}$$

oder

$$\frac{\Delta N}{N_{vers}} = S^a - 1 \tag{8.13}$$

Diese hier in Lastspielen abgeleitete Lebensdauerreserve kann natürlich auch als Zeitrelation geschrieben werden, d.h. es gilt auch

$$\frac{\Delta N}{N_{vers}} = \frac{\Delta L}{L_{vers}} \tag{8.14}$$

Sie scheint geeignet, wie die Sicherheit in Spannungen für Lebensdauerberechnungen in ingenieurmäßig einfacher Form den "Abstand" vom Versagenspunkt zu beschreiben.
Im Bild 8.2. ist der Zusammenhang zwischen Lebensdauerreserve $\Delta N/N_{vers}$ und Sicherheit S dargestellt.
Es wird deutlich, daß für große Wöhlerkurvenexponenten a erhebliche Lebensdauerreserven erforderlich sind, um ausreichende Sicherheiten zu erreichen.
Ein einfaches Beispiel möge das belegen.
Ein gekerbtes Bauteil mit dem Wöhlerkurvenexponenten $a = 5,0$ soll mindestens die Lebensdauer von $L_{erf} \leq L_{vers} = 10000$ h erreichen. Die Lebensdauerrechnung ergibt $L_{vorh} = 47500$ h, d.h. fast die fünffache Lebensdauer.
Die Lebensdauerreserve beträgt $\Delta L = 37500$ h. Mit der Gleichung (8.12) folgt

$$S = \sqrt[5]{1 + \frac{37500}{10000}}$$

$$\underline{\underline{S = 1,37}} \quad ,$$

d.h. eine relative Lebensdauerreserve von $\Delta L/L_{vers} = 3,75$ ergibt für $a = 5,0$ nur eine Sicherheit von $S = 1,37$.
Es stellt sich die Frage, welche Zunahme der Zuverlässigkeit mit der Lebensdauerreserve erzielt wird. Dieses ungleich kompliziertere Problem wird im Abschnitt 8.3. behandelt.

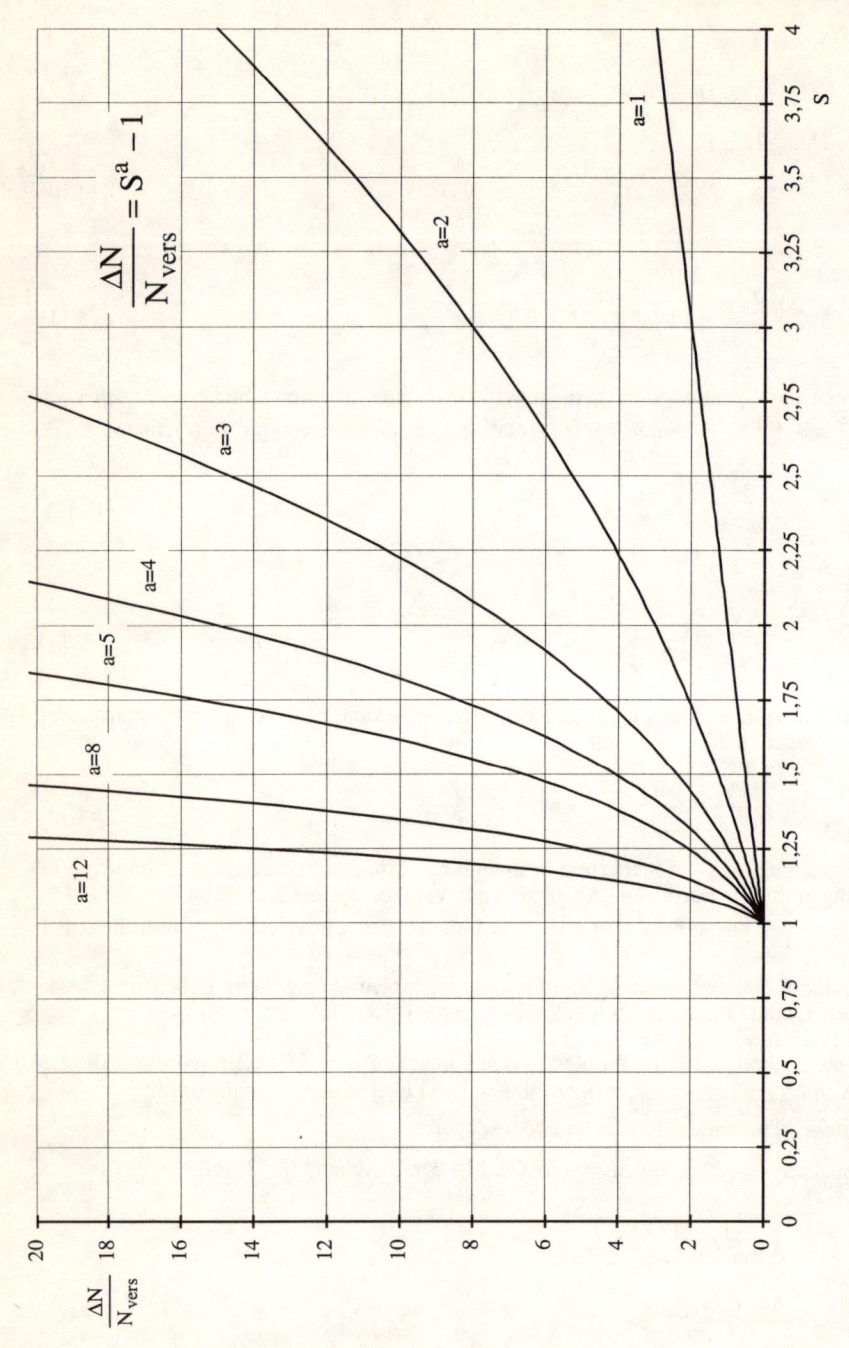

Bild 8.2. Zusammenhang zwischen Sicherheit S und relativer Lebensdauerreserve $\frac{\Delta N}{N_{vers}}$

$$\frac{\Delta N}{N_{vers}} = S^a - 1$$

8.2. Zusammenhang zwischen Lebensdauerreserve und Zuverlässigkeit im Kurzlebigkeitsbereich

Schwieriger handhabbar als der im Abschnitt 8.1. dargestellte Zusammenhang zwischen Lebensdauerreserve ΔN und Sicherheit S ist ist die Beziehung zwischen ΔN und der Änderung der Zuverlässigkeit R.
Aus dem Bild 8.3. wird deutlich, daß für Sicherheiten $S > 1$ eine Zuverlässigkeit $R > R_n$ zu erwarten ist. R_n soll die nominelle Zuverlässigkeit sein, für die der Wert $R_n = 0{,}9$ meistens verwendet wird.
Wenn gilt

$$R(N_{vorh}\,;\,\sigma_{vorh}) = R(N_{vers}\,;\,\sigma_{vers}) = R_n \quad , \tag{8.15}$$

so ist nach Bild 8.3.

$$R(N_{vers}\,;\,\sigma_{vorh}) > R_n \quad . \tag{8.16}$$

Diese "aktuelle Zuverlässigkeit"

$$R_{akt} = R(N_{vers}\,;\,\sigma_{vorh}) \tag{8.17}$$

wird eingegrenzt durch

$$R_n \leq R_{akt} \leq 1{,}0 \quad . \tag{8.18}$$

Das Zahlenbeispiel aus Abschnitt 8.1. soll fortgesetzt werden:
Gehen wir von einer Streuspannte $T_L = T_N$ (vergl. Tafel VI.3. im Anhang A) der Größe

$$T_L = 3{,}0$$

aus, so ergibt sich mit

$$L_{vorh}^{0,9} = 47500\,h$$

die Lebensdauer

$$L_{vorh}^{0,1} = 142500\,h$$

und für den Mittelwert

$$L_{vorh}^{0,5} = \overline{L}_{vorh} = 95000\,h \quad .$$

Unter Voraussetzung einer Gaußverteilung folgt bei Verwendung der Tafel X.1. im Anhang A die Standardabweichung

$$s = 3{,}70 \quad .$$

Nun kann die aktuelle Zuverlässigkeit für $L_{vers} = 100\,00\,h$ berechnet werden und es ergibt sich wieder mit Hilfe der Tafel X1.

$$\underline{R_{akt} = 0{,}989} \quad .$$

Der relativen Lebensdauerreserve von

$$\frac{\Delta L}{L_{vers}} = 3{,}75 \quad ,$$

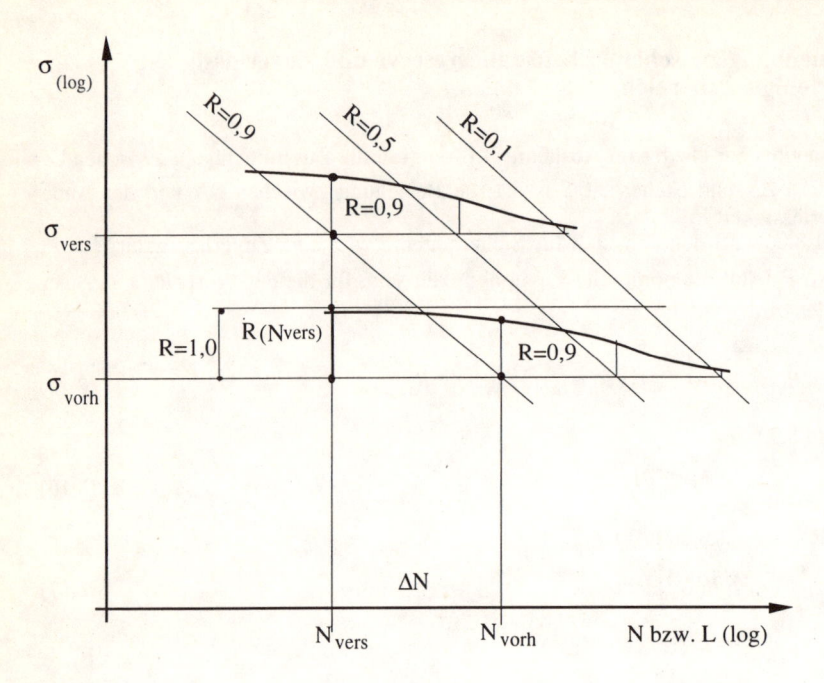

Bild 8.3. Zusammenhang zwischen Lebensdauerreserve ΔN und Zuverlässigkeit R(Nvers)

die mit a = 5,0 einer Sicherheit von

$$S = 1,37$$

entsprach, kann also für eine Streuspanne von $T_L = T_N = 3,0$ unter Verwendung der Gaußverteilung eine Zunahme von R = 0,9 auf den aktuellen Wert von

$$R_{akt} = 0,989$$

zugeordnet werden, die aber verteilungsfunktionsabhängig ist.
Das Ergebnis ist auch so zu interpretieren, daß für dieses Beispiel durch die Sicherheiten von S= 1,37 die Wahrscheinlichkeit des vorzeitigen Ausfalls von *10% (R = 0.9)* auf *1,1%* abgenommen hat.
Eine andere Definition der Schadenswahrscheinlichkeit wurde im Abschnitt 3.8. auf der Basis statistischer Verteilungen für "vorhandene" und "zum Versagen" führende Belastungen bzw. Beanspruchungen gegeben, darauf sei im Abschnitt 8.4. eingegangen.

8.4. Zusammenhang zwischen Sicherheit und Schadenswahrscheinlichkeit im Sinne des klassischen Sicherheitsbegriffes

Nach der allgemeinen Darstellung dieses Problems im Abschnitt 3.8. soll nun die mathematische Lösung folgen.
Nachdem im Abschnitt 8.2. bereits eine Aussage zur Ausfallwahrscheinlichkeit für eine konkrete vorhandene Beanspruchung unter Berücksichtigung der Lebensdauer getroffen wurde, soll hier von einer statistisch verteilten Belastung bzw. Beanspruchung und einer statistischen Versagensverteilung im Sinne des klassischen Sicherheitsbegriffes ohne Beanspruchungs-Zeit-Abhängigkeit ausgegangen werden (vergl. z.B. /23/ und /36/).

8.4. Zusammenhang zwischen Lebensdauerreserve und Zuverlässigkeit im Kurzlebigkeitsbereich

Werden beide Häufigkeitsverteilungen über der dimensionslosen Belastung bzw. Beanspruchung

$$x = \frac{B}{B_{vorh}} = \frac{\sigma}{\sigma_{vorh}} \quad , \tag{8.19}$$

wobei $B_{vorh.}$ bzw. σ_{vorh} der Mittelwert der Häufigkeitsverteilung auf der Seite der vorhandenen Beanspruchung sein soll (vergl. Bild 8.4.), so wird die auf die 10% Versagensgrenze bezogene Sicherheit identisch mit dem Wert x_s

$$x_s = S \quad . \tag{8.20}$$

Die Bruchwahrscheinlichkeit an der Stelle x_B ergibt sich als das Produkt der Häufigkeit aller Bauteile mit einer Festigkeit kleiner als x_B multipliziert mit der Häufigkeit der Beanspruchung an dieser Stelle

$$dW_B = H_{Bvorh}(x_B) \int_{-\infty}^{x_B} H_{Bvorh}(x)\, dx \quad . \tag{8.21}$$

Daraus folgt die Wahrscheinkeitsverteilung zu

$$W_B(x) = \int_{-\infty}^{+\infty} H_{Bvorh}(x) \int_{-\infty}^{x_B} H_{Bvorh}(x)\,dx\,dx \quad . \tag{8.22}$$

Dieses Integral kann nur unter Annahme spezieller Verteilungsfunktionen ausgewertet werden, worauf an dieser Stelle verzichtet werden soll.

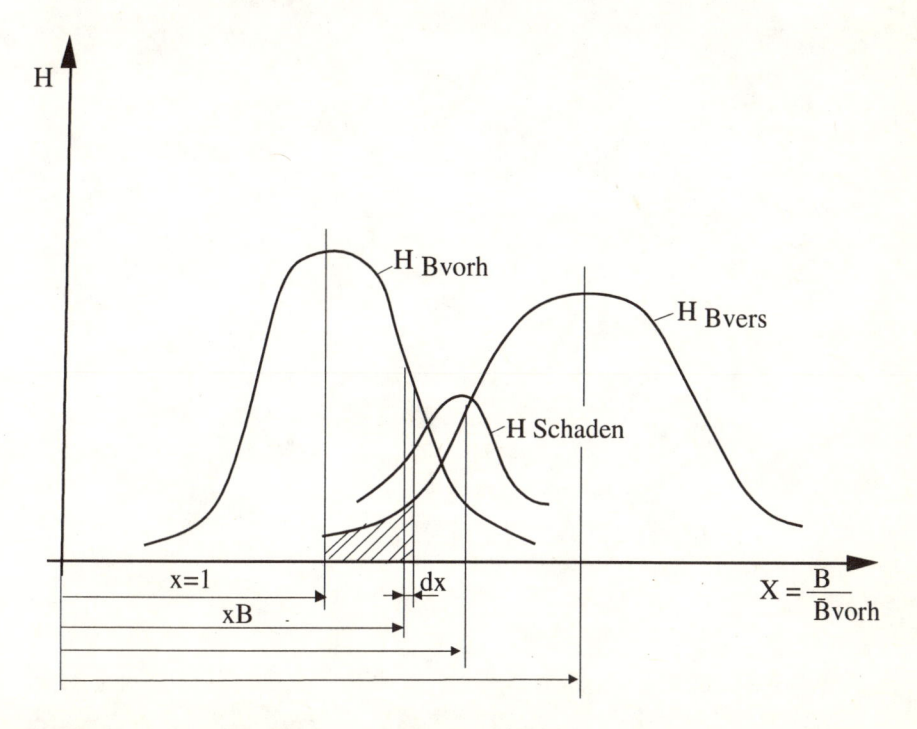

Bild 8.4. Statistische Grundlagen der Schadenswahrscheinlichkeit

8. Lebensdauer und Sicherheit; Lebensdauerreserve und aktuelle Zuverlässigkeit

Die Schadenswahrscheinlichkeit unterliegt dabei wiederum einer Verteilungsfunktion, die im Bild 8.4. qualitativ eingetragen ist.
Konkrete Ergebnisse sind /23/ und /36/ zu entnehmen.
Sicher ließe sich mit dieser Ausfallwahrscheinlichkeit die Aussagefähigkeit der Sicherheitszahl verbessern, eine Aussage zur Zeitabhängigkeit der Schädigungsprozesse wird dennoch nicht möglich.
Die Zukunft gehört zweifellos der Auslegungsmethode auf der Basis von Lebensdauer und Zuverlässigkeit, auch wenn sie für den Ingenieur ungleich schwieriger handhabbar ist.

9. Zuverlässigkeit und Instandhaltung

9.1. Grundbegriffe der Instandhaltungstheorie

Die Berechnung von Sicherheit und Zuverlässigkeit technischer Gebilde wäre unvollständig behandelt ohne die Darstellung einiger Zusammenhänge zur Instandhaltung.
Unter Instandhaltung wird die Gesamtheit aller Maßnahmen zum Erhalten und Wiederherstellen der Funktionsfähigkeit technischer Gebilde verstanden (vergl. z.B. /38/) .
Dabei sind die

- wiederherstellende und
- vorbeugende Instandsetzung

zu unterscheiden.
Während die wiederherstellende Instandsetzung lediglich die Reparatur nach dem Versagen betrifft, die wissenschaftlich nicht anspruchsvoll ist, soll die zuverlässigkeitstheoretisch geprägte vorbeugende Instandsetzung im folgenden in den Grundzügen dargestellt werden.

Maßnahmen der vorbeugenden Instandsetzung sind bereits im Konstruktionsprozeß festzulegen. Diese werden immer dann notwendig, wenn Schädigungsprozesse durch Ermüdung, Verschleiß oder andere flächenabtragende Prozesse während der vorgesehenen Nutzungsdauer des technischen Gebildes mit einer gewissen Wahrscheinlichkeit zum Versagen führen.
Typische "Verschleißteile", wie z.B. Fahrzeugreifen, Brems- und Kupplungsbeläge und andere bekannte Elemente und Baugruppen , sind während der Nutzungsdauer T_N des technischen Gebildes oft mehrfach zu erneuern.
Die Instandhaltungstheorie verwendet für diese Elemente und Baugruppen , die bei einer Instandsetzung erneuert werden, den Begriff der

   Grenznutzungsdauer T_G ,

die als mittlere Grenznutzungsdauer $T_G = T_{R\,=\,0,5}$
oder als

   Mindest-Grenznutzungsdauer $T_{Gmind} = T_{R\,=\,0,9}$

aus der Zuverlässigkeitsfunktion bzw. Überlebenswahrscheinlichkeit berechnet werden können.
Mit der Anzahl der Instandsetzungsintervalle i gilt für die mittlere Nutzungdauer $\overline{T}_N$

$$\overline{T}_N = i \cdot \overline{T}_G \quad . \tag{9.1}$$

Ist die Grenznutzungsdauer mit der Varianz s_G^2 statistisch verteilt, so gilt für die Erneuerung von und mit gleichartigen Elementen wegen des Additionsgesetz der Einzelvarianzen

$$s_{ges}^2 = \sum s_i^2 \tag{9.2}$$

und für die Varianz der Nutzungsdauer T_N

$$s_N^2 = i \cdot s_G^2 \qquad . \tag{9.3}$$

Wegen der einfachen Handhabbarkeit wird in der Instandhaltungstheorie gern mit der Exponentialverteilung

$$R(t) = e^{-\lambda \cdot t} \tag{9.4}$$

als Sonderfall der Weibullverteilung (vergl. Abschnitt 4.3.) gearbeitet mit dem charakteristischen Wert

$$T_o = \frac{1}{\lambda} \qquad . \tag{9.5}$$

Für $t = T_o$ ergibt sich

bzw.
$$R(Tm) = \frac{1}{e} = 0,368$$
$$F(Tm) = 1 - 0,368 = 0,632$$

Bei Kenntnis des T_o und Vorgabe einer zu erreichenden Zuverlässigkeit $R(t)$ kann aus der Gleichung (9.4.) eine einfache Gleichung für die Grenznutzungsdauer T_G abgeleitet werden.

$$T_G = T_O \cdot ln\frac{1}{R(T_G)} \tag{9.6}$$

Nun besteht in der Regel eine Maschine aus mehreren nach der Systemzuverlässigkeit verknüpften Elementen, die im Sinne der Instandhaltung während der Lebensdauer der Maschine zu unterschiedlichen Zeitpunkten erneuert werden.
Diese *Systemzuverlässigkeit mit Erneuerung* erlangt für die Auslegungspraxis von Maschinen und Anlagen eine zunehmende Bedeutung. Einige einführende Zusammenhänge seinen in folgenden dargestellt.

9.2. Systemzuverlässigkeit mit Erneuerung

In der Praxis des Betreibens technischer Systeme ist es ökonomisch unerläßlich, daß die Funktionsfähigkeit eine technisches Gebildes

- bei Ausfall durch Reparatur oder Erneuerung

oder
- vorbeugend bei einer bestimmten Nutzungsdauer

wiederhergestellt wird.

Das einfachste Erneuerungsmodell besteht darin, daß ein ausgefallenes Element unter Vernachlässigung der Reparaturzeit zum Zeitpunkt t_e erneuert wird. Für die Zuverlässigkeit $R(t)$ dieses Elementes gilt zum Erneuerungszeitpunkt

$$R(t - t_e) = 1 \tag{9.7}$$

und die Systemzuverlässigkeit $R_{ges}(t)$ erhöht sich zu diesem Zeitpunkt durch eine Sprungfunktion, die sich aus der Systemstruktur berechnen läßt (vergl. Bild 9.1.).

9.2. Systemzuverlässigkeit mit Erneuerung

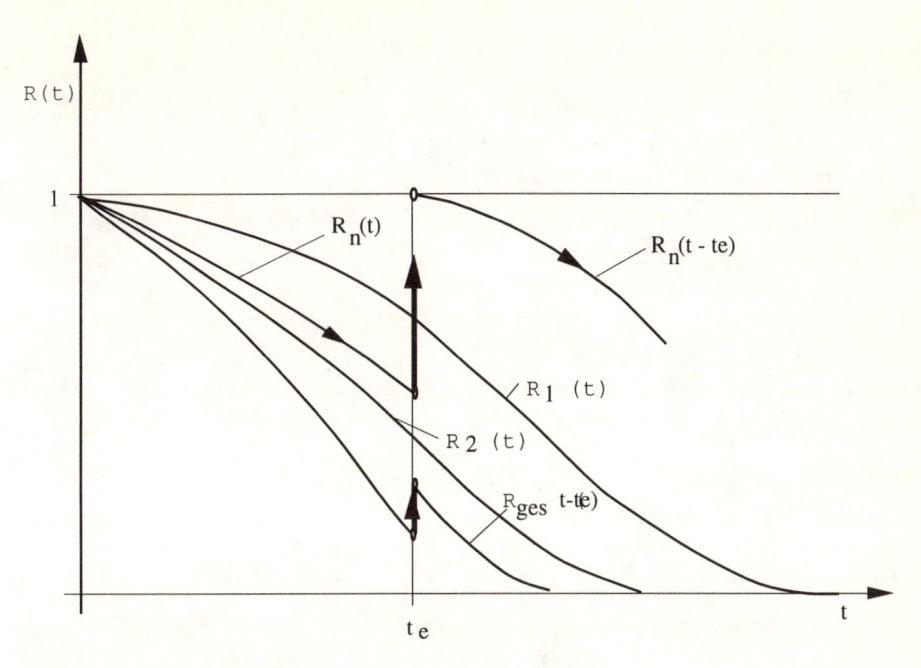

Bild 9.1. Element -und Systemzuverlässigkeit bei Erneuerung
des n - ten Elements zur Zeit te

Für ein nicht redundantes System gilt nach der Erneuerung des n-ten Elements

$$R_{ges}(t) = R_1(t) \cdot R_2(t) ... R_{n-1} \cdot R_n(t - t_e)$$

$t \geq t_e$ (9.8)

Beim Auftreten weiterer Erneuerungen sind weitere Zeittransformationen vorzunehmen. Wird zur Beschreibung der Elementzuverlässigkeiten z.B. die Weibullfunktion benutzt, so lauter diese mit Gleichung (4.22)

$$R(t - t_e) = e^{[\alpha(t - t_e)]^\beta}$$

(9.9)

$t \geq t_e$

Die Weibullfunktion wird so "dreiparametrig" d.h. sie kann mit t_e an sog. "ausfallfreie Zeiten"

$$0 \leq t \leq t_e$$ (9.10)

angepaßt werden. Dreiparametrige Weibullverteilungen werden in /36/ in anderem Zusammenhang in ähnlicher Form verwendet.

Bei mehrfacher Erneuerung von Systemen führt die theoretische Behandlung auf die Definition einer sog. "Erneuerungsfunktion" *H(t)*. Für Systeme wird dann die Nutzung der Markoff-Theorie erforderlich. Es wird auf /39/ verwiesen.

9.3. Funktionelle Verfügbarkeit technischer Gebilde

Eine häufig verwendete Kenngröße für die Kennzeichnung von Sicherheit und Lebensdauer technischer Gebilde ist die *Verfügbarkeit V*, die mit der *Nutzungsdauer T_N* und *ausfallbedingten Stillstandszeiten T_S* nach Gleichung (9.11.)

$$V = \frac{T_N}{T_N + T_S} \qquad (9.11)$$

definiert ist.

Da auch redundante Systeme in der Regel nur bei Stillstand repariert werden können, ist es sinnvoll, die ausfallbedingten Stillstandszeiten der Ausfallwahrscheinlichkeit $F(T_N)$ nichtredundanter Systeme zuzuordnen.

Es gilt dann

$$F(T_N) = 1 - \prod_{i=1}^{i=n} R_i(T_N) \qquad (9.12)$$

und mit dem Anfangsbestand N_o und einer mittleren Stillstandszeit $\overline{T}_S$ kann geschrieben werden

$$T_S = N_o \cdot \overline{T}_S \left(1 - \prod_{i=1}^{i=n} R_i(T_N) \right) \qquad (9.13)$$

Unterscheiden sich die Stillstandszeiten T_{Si} für den Ausfall eines Systemelements, so gilt

$$T_S = \sum_{i=1}^{i=n} T_{Si} \left(1 - R_i(T_N) \right) \qquad (9.14)$$

Neben diesen statistisch verteilten funktionellen Stillstandszeiten gibt es natürlich einsatz- und wartungsbedingte Stillstandszeiten, die keiner statistischen Verteilung unterliegen.

9.4. Ökonomische Optimierung der Nutzungsdauer

Nachdem einige Grundbegriffe der Instandhaltungstheorie behandelt wurden, soll der Zusammenhang zu den Instandhaltungskosten hergestellt werden.
Alle Kostenmodelle /38/ , /40/ gehen davon aus, daß nach den Anschaffungskosten A zeitproportionale Wartungskosten $B \cdot t*$ auftreten, denen sich progressiv zunehmende Kosten infolge Instandsetzungsaufwand überlagern

$$K = A + B \cdot t* + C \cdot f(t*) \qquad (9.15)$$

Die Zeit $t*$ soll zunächst ein dimensionsloses Zeitmaß

$$t* = \frac{t}{t_o} \qquad (9.16)$$

sein, wobei T_o später noch nach Zweckmäßigkeit festgelegt wird.

9.4. Ökonomische Optimierung der Nutzungsdauer

Dividieren wir diese Gleichung durch t^*, so erhält man die zeitlich anfallenden Kosten

$$K/_{t^*} = K^* = A/_{t^*} + B + C \cdot \frac{f(t^*)}{t^*} \quad , \tag{9.17}$$

die für alle progressiven f(t) ein Optimum aufweisen (Bild 9.2.).
Rechnerisch einfach ist ein Ansatz nach /38/, für den gilt

$$f(t^*) = t^{*n} \quad . \tag{9.18}$$

Nach Differentation von Gleichung (9.17) folgt für die ökonomisch optimale Nutzungdauer

$$t^*_{opt} = \sqrt[n]{\frac{A}{(n-1) \cdot C}} \quad ; \quad n \neq 1 \quad . \tag{9.19}$$

Naheliegend ist aber auch ein Ansatz von $f(t^*)$, der den Zusammenhang zur Ausfallwahrscheinlichkeit $F(t)$ herstellt.

Setzen wir

$$f(t^*) = t^* \cdot F(t^*) = t^* \left(1 - R(t^*)\right) \quad , \tag{9.20}$$

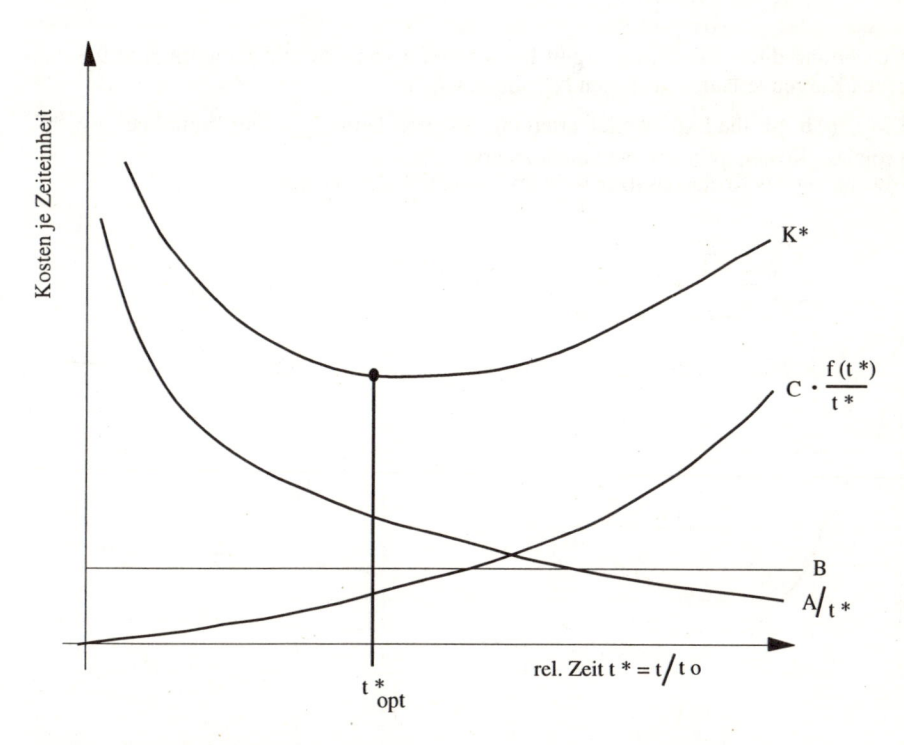

Bild 9.2. Kostenanteile zur Bestimmung der optimalen ökonomischen Nutzungsdauer
  A ... Anschaffungskosten
  B ... Wartungskosten
  C ... Reparaturkosten in der Zeiteinheit

so ist C wie auch B eine zeitbezogenen Kostengröße, die zusätzlich proportional mit der Ausfallwahrscheinlichkeit auftritt.
Die Gleichung (9.17) lautet dann

$$K^* = \frac{A}{t^*} + B + C\left(1 - R(t^*)\right) \tag{9.21}$$

und mit der Weibullverteilung nach Gleichung (4.22)

$$K^* = \frac{A}{t^*} + B + C\left(1 - e^{-(\alpha \cdot t)^\beta}\right)$$

und mit dem charakteristischen Wert $\alpha = 1/T_o$

$$K^* = \frac{A}{t^*} + B + C\left(1 - e^{-t^{*\beta}}\right) \tag{9.22}$$

Da für die optimale Nutzungsdauer in diesem Falle keine geschlossene Lösung möglich ist, bilden wir ohne den Kostenanteil B, der auf das Optimum ohnehin keinen Einfluß hat, die dimensionslose Kostenkennzahl

$$\frac{K^*}{A} = \frac{K}{t^* A} = \frac{1}{t^*} + \frac{C}{A}\left(1 - e^{-t^{*\beta}}\right) \,. \tag{9.23}$$

Die Auswertung dieser Gleichung ergibt bei Variation von C/A und β die im Bild 9.3. aufgetragenen Kurvenverläufe, aus denen t_{opt} abzulesen ist.

Für $\beta = 1$ (d.h. für die Exponentialverteilung) existiert kein t_{opt} . Für "zufällige" Ausfälle ist ein solches Kostenoptimum auch nicht zu erwarten.
Die Anwendung des Kostenansatzes wird im Beispiel 9. demonstriert.

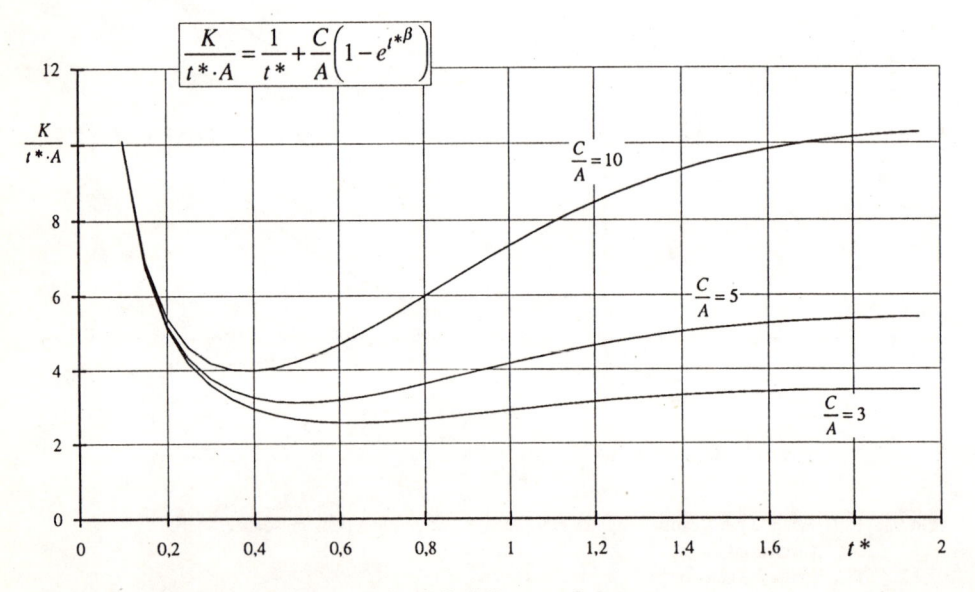

Bild 9.3. Dimensionslose Kostenkennzahl für Weibull-Exponent $\beta=2$

10. Zu einigen ungelösten Problemen und anstehenden Forschungsaufgaben

Im vorliegenden Buch wurde die Berechnung von Sicherheit, Lebensdauer und Zuverlässigkeit technischer Gebilde des Maschinenbaus entsprechend dem gegenwärtigen Stand der Technikwissenschaften sowie nach den Bedürfnissen des in der Konstruktion tätigen Ingeniurs dargestellt.
Eine überschaubare Stoffauswahl wurde den Leser, dem Lernenden wie auch dem der Weiterbildung offenen Praktiker angeboten - ohne ihn durch ständige Diskussion der Gültigkeitsgrenzen und der Unzulänglichkeiten der dargestellten Methoden und Zusammenhänge zu verunsichern.
In einem letzten Kapitel sollen einige ungelöste Probleme angesprochen werden, die eventuell auf diesem Gebiet tätige Fachleute zu entsprechenden Forschungsarbeiten anregen könnten.
Drei Problemkreise dürften hier von aktuellem Interesse sein:

Erstens wurde die Schädigung von Bauteilen unter verschiedensten Aspekten bearbeitet - ohne zur Grundfrage vorzudringen, welche *Schädigungsenergie* beim Schädigungsprozeß umgesetzt wird.

So beeindruckt es immer wieder, welcher deutlich sichtbaren Längenänderung ein Probestab beim Schwingversuch ausgesetzt ist. Bei grober Betrachtung speichert der Stab bei der Belastung eine Energie

$$E_{el} = \frac{1}{2} \cdot F \cdot \Delta l \quad , \tag{10.1}$$

die bei der Entlastung wiedergewonnen wird.
Diese Arbeit oder Energie kann auch durch Spannungen und Dehnungen ausgedrückt werden. Es gilt für den einachsigen Spannungszustand

$$E_{el} = \frac{1}{2} \int_v \sigma \cdot \varepsilon \cdot dv \tag{10.2}$$

Genauere Messungen zeigen, daß die elastisch gespeicherte Energie bei Entlastung nicht wieder vollständig freigesetzt wird, d.h. wir können schreiben

$$\vec{E}_{el} - \bar{E}_{el} > 0 \tag{10.3}$$

Die Energiedifferenz wird in Wärme und zu einem relativ geringen Anteil in *"Schädigungsenergie"* umgesetzt.

$$\vec{E}_{el} - \bar{E}_{el} = E_{Wärme} + E_{Schädigung} \tag{10.4}$$

Diese *Schädigungsenergie* verändert die Energiebilanz der Bindungsenergien im Molekül- bzw. Kristallgitterverband der Werkstoffe, bis schließlich die Bindungskräfte ganz überwunden werden.

Das meßtechnische Problem besteht einerseits darin, die beiden Energieanteile der rechten Seite der Gleichung (10.4.) aus einer "Differenz großer Zahlen" zu gewinnen und andererer-

seits die abgeführte Wärmemenge zu messen, um schließlich die Schädigungsenergie als den gesuchten Energieanteil bestimmen zu können.
Für den ersten Teil der meßtechnischen Aufgabe liegen ein Fülle von Meßergebnissen vor. Bekannt ist die sogenannte "Hysteresis".
Nicht gelöst wurde bisher die Trennung der Differenzenergie in Wärmeenergie und Schädigungsenergie. Unwahrscheinlich ist die proportionale Aufteilung der Energieanteile auf allen Laststufen. Die Existenz der "Dauerfestigkeit" bzw. "Langlebigkeit" läßt jedoch vermuten, daß eine schädigende Energie im wesentlichen erst oberhalb der Dauerfestigkeitsgrenze akkumuliert wird.

Solange hierzu keine gesicherten Forschungsergebnisse vorliegen, wird die übliche Darstellung des Schädigungsverhaltens im Wöhlerdiagramm das Ausfallverhalten in ingenieurmäßig anschaulicher Weise beschreiben können.

Zweitens macht die Schädigung durch Ermüdung die Übertragung der am einachsigen Spannungszustand gewonnenen Versagens-Kennwerte auf den 2- oder 3-achsigen Spannungszustand notwendig - ein lange bekanntes Problem. Es wurde

- von *Galilei* für spröde Werkstoffe mit Gewaltbruch
- von *Tresca* für Versagen durch Gleitbruch und
- von v. *Mises* für das Versagen durch plastische Deformation für elastische Werkstoffe

bearbeitet. Quantitativ wurden die Hypothesen zwar durch Experimente bestätigt - vom Ansatz her sind sie Hypothesen geblieben.
Die Übertragung der Hypothese nach v. Mises auf den Ermüdungsbruch ist wissenschaftlich nicht zu begründen, denn die Gestaltänderungsenergie hat wenig mit der Schädigungsenergie des Ermüdungsbruches gemein.
Auch den Vorschlägen von Neuber /42 /, bekannt als "Neuber-Hyperbel", sowie von Mertens / 42 / und anderen fehlt die werkstofftheoretische Basis, die nur über die "Schädigungsenergie" gegeben werden kann. Völlig ungelöst ist darüber hinaus die Zusammenführung nicht in Phase liegender Spannungskomponenten.

Drittens erhebt sich die Frage, ob die Schadensakkumulationshypothesen Anspruch auf Wissenschaftlichkeit haben, wenn sie ohne energetische Betrachtung des Schädigungsprozesses auskommen.
In /10 / konnte zwar gezeigt werden, daß auch die energetische Betrachtungsweise auf die Palmgreen-Minersche Grundgleichung führt - leider verwendet dieser Ansatz wieder die aufgenommene Gesamtenergie und nicht die eigentliche "Schädigungsenergie".
Umso hypothetischer ist die vom Verfasser auf die Schädigung durch Verschleiß übertragenen Anwendung der Palmgreen-Miner-Hypothese - auch wenn sie formal sicher anwendbar ist. So bleibt auch hier der Appell an die Werkstoffwissenschaftler, eine theoretisch begründete Schädigungstheorie auf der Basis der Schädigungsenergie zu schaffen. Nur dann sind die drei genannten Probleme zusammenhängend zu lösen.

Literaturverzeichnis

/1/ Szabo, J.
Einführung in die Technische Mechanik
Springer-Verlag, Berlin-Göttingen-Heidelberg 1961

/2/ Szabo, J.
Höhere Technische Mechanik
Springer-Verlag, Berlin-Göttingen-Heidelberg 1960

/3/ v. Mises, R.
Mechanik der plastischen Formänderung
ZAMM (1928) S. 161

/4/ Wöhler, A.
Über die Festigkeitsversuche mit Eisen und Stahl
Zeitschrift für Bauwesen XX (1870) S. 81-89

/5/ Palmgreen, A.
Die Lebensdauer von Kugellagern
VDI-Zeitschrift, 58 (1924) S. 339-341

/6/ Miner, N.A.
Cumulative Demage in Fatigue
Journal of Appl. Mech. Trans. ASME
12 (1945) S. 159-164

/7/ Hansen, F.
Konstruktionssystematik
VEB Verlag Technik, Berlin 1968

/8/ Müller, J.
Grundlagen der Systematischen Heuristik
Dietz-Verlag, Berlin 1970

/9/ VDI-Richtlinie 2221
Methodik zum Entwickeln und Konstruieren technischer Systeme und Produkte
Mai 1993

/10/ Schlottmann, D. u.a
Konstruktionslehre-Grundlagen
VEB Verlag Technik, Berlin 1979

/11/ Moll-Reuleaux
Konstruktionslehre für den Maschinenbau
Vieweg und Sohn, Braunschweig 1862

/12/ Niemann, G.
Maschinenelemente
Springer-Verlag, Berlin- Heidelberg- New York

/13/ TGL 19340
Dauerfeestigkeit der Maschinenbauteile
Ausgabe März 1993

/14/ Kirsch, G.
Die Theorie der Elastizität und die Bedürfnisse der Festigkeitslehre
Zeitschrift VDI 42(1898) 797

/15/ DIN 15018, Teil 1
Krane, Grundsätze für Stahltragwerke
November 1984

/16/ Neuber, H.
Kerbspannungslehre
Springer-Verlag, Berlin,- Heidelberg... 1985

/17/ Thum, A. ; Buchmann, W.
Dauerfestigkeit und Konstruktion
VDI-Verlag 1932

/18/ Siebel, E. ; Bussmann
Das Kerbproblem bei schwingender Beanspruchung
Die Technik 3 (1948) S.249-252

/19/ Autorenkollektiv
Taschenbuch Maschinenbau / Grundlagen
VEB Verlag Technik, Berlin 1975

/20/ Bach:
Elastizität und Festigkeit
Berlin, Springer-Verlag 1917

/21/ Gough ; Pollard ; Clenshaw:
Some Experiments on the Resistance of Metals to Fatigue under combined Stresses
London, Aeronautical Research Couns
Reports and Memorande 1951

/22/ Erker, A.
Sicherheit und Bruchwahrscheinlichkeit
MAN-Forschungsheft Nr. 8 (1958) S. 49

/23/ Brach, S. Koschig, A. ; Nowak, H
Experimentelle Ermittlung der Gestaltfestigkeit von Kurbelwellen und die Wahrscheinlichkeit ihrer Vorhersage
Dieselmotoren-Nachrichten H.1 (1976) S. 16, WTZ Roßlau

/24/ Gnedenko, B.N.
Mathematische Theorie der Zuverlässigkeit
Berlin, Akademieverlag 1968

/25/ Herausgeberkollektiv
Enzyklopädie Mathematik
VEB Bibliographisches Institut Leipzig
Leipzig 1974

Literaturverzeichnis

/26/ Gnilke, W.
Lebensdauerberechnung der Maschinenelemente
VEB Verlag Technik, Berlin 1980

/27/ Schott, G.
Werkstoffermüdung
VEB Deutscher Verlag für Grundstoffindustrie, Leipzig 1985

/28/ Haibach, E.
Betriebsfestigkeit
VDI-Verlag GmbH, Düsseldorf 1989

/29/ Kragelski, J.W.
Reibung und Verschleiß (Übers. aus dem Russ.)
VEB Verlag Technik, Berlin 1971

/30/ Fleischer ; Gröger ; Thum
Verschleiß und Zuverlässigkeit
VEB Verlag Technik, Berlin 1980

/31/ Uhlig, H.H.
Korrosion und Korrosionsschutz
Akademie-Verlag, Berlin 1975

/32/ Broichhausen, J.
Schadenskunde
Carl Hauser Verlag, München, Wien 1985

/33/ Baumann, K.
Einfluß von Korrosionsvorgängen und Korrosionsschutzes auf die Zuverlässigkeit von Erzeugnissen
Die Technik H. 11 (1978) S. 611-614

/34/ Schlottmann, D.
Ein einfaches Modell zu Erklärung des Auftretens von Kolbenringbrüchen
Unveröffentlichtes Gutachten, Rostock 1973

/35/ RGW Standard-Entwurf "Stirnradpaare /Festigkeitsberechnung"
Oktober 1984

/36/ Bertsche, B. ; Lechner, G.
Zuverlässigkeit im Maschinenbau
Springer-Verlag Berlin-Heidelberg 1990

/37/ Hahn, O. ; Schucht, U.
Tragfähigkeit von geklebten Welle/Naben-Verbindungen bei Umlaufbiegung
Zeitschrift Ingenieur-Werkstoffe 4 (1992) Nr. 9. , S. 64-66

/38/ Eichler, C.
Instandhaltungstechnik
VEB Verlag Technik 1977

/39/ Beichelt, F.
Zuverlässigkeit und Instandhaltungstheorie
Stuttgart ; B.G. -Teubner-Verlag 1993

/40/ Churchmann
Operations Research
Berlin, Verlag die Wirtschaft 1965

/41/ Schlottmann, D. ; Günther, E.
Der DMR-Verstellpropeller NN
Überlegungen zum Entwurf
Seewirtschaftschaft 4 (1970) S. 293 -298

/42/ Neuber, A.
Theory of Stress concentration for Shear Strained Prismatic Bodies with Arbitrary Nonlinear Stress-Strain-Laer
Journal of Applied Mechanics (1961) s. 544-550

/43/ Mertens, H.
Vorschlag zur Festigkeitsberechnung stabförmiger Bauteile für den Konstruktionsentwurf mit Beispielrechnungen für Stahlbauteile
VDI-Berichte 661 (1988). S. 247-276

Anhang A
Datensammlung

Tafel I.1. Elementare Spannungszustände in Stabförmigen Bauelementen

Schnittgröße	Sinnbild	Berechnung	Spannungstensor
Normalkraft $F_b(s)$		$\sigma_n = \dfrac{F_n(s)}{A}$ A..Querschnittsfläche	$\begin{pmatrix} \sigma_1 & 0 & 0 \\ 0 & 0 & 0 \\ 0 & 0 & 0 \end{pmatrix}$ $\sigma_1 = \sigma_n$
Biegemoment $M_b(s)$		$\sigma_b = \dfrac{M_b(s)}{I_z} \cdot y$ $\sigma_{bRand} = \dfrac{M_b(s)}{W_z}$ I_z...Trägheitsmoment W_z...Widerstandsmoment	$\begin{pmatrix} \sigma_1 & 0 & 0 \\ 0 & 0 & 0 \\ 0 & 0 & 0 \end{pmatrix}$ $\sigma_1 = \sigma_b$
Torsionsmoment $M_t(s)$		$\tau_t = \dfrac{M_t(s)}{I_z} \cdot r$ $\tau_{tRand} = \dfrac{M_t(s)}{W_t}$ I_t...Trägheitsmoment W_t...Widerstandsmoment	$\begin{pmatrix} \sigma_1 & 0 & 0 \\ 0 & \sigma_2 & 0 \\ 0 & 0 & 0 \end{pmatrix}$ $\sigma_1 = |\tau| = -\sigma_2$
Querkraft $F_q(s)$		$\tau_{qMAX} = \chi \dfrac{F_q}{A}$ χ...Flächenbeiwert	$\begin{pmatrix} \sigma_1 & 0 & 0 \\ 0 & \sigma_2 & 0 \\ 0 & 0 & 0 \end{pmatrix}$ $\sigma_1 = |\tau| = -\sigma_2$

Tafel I.2. Elementare rotationssymmetrische Spannungszustände

Bezeichnung	Sinnbild	Berechnung	Spannungstensor
Vollzylinder		$\sigma_r = -p$ $\sigma_\phi = -p$ (unabhängig von r)	$\begin{pmatrix} \sigma_1 & 0 & 0 \\ 0 & \sigma_2 & 0 \\ 0 & 0 & 0 \end{pmatrix}$ $\sigma_1 = \sigma_2 = -p$
Bohrung in Scheibe mit unendlicher Ausdehnung		$\sigma_r = -p \cdot \left(\dfrac{r_0}{r}\right)^2$ $\sigma_\phi = p \cdot \left(\dfrac{r_0}{r}\right)^2$	$\begin{pmatrix} \sigma_1 & 0 & 0 \\ 0 & \sigma_2 & 0 \\ 0 & 0 & 0 \end{pmatrix}$ $\sigma_1 = -\sigma_2$
dünnwnd. Rohr		$\sigma_l = \dfrac{d}{s} \cdot p$ $\sigma_\phi = \dfrac{1}{2} \cdot \dfrac{d}{s} \cdot p$ $\sigma_r \ll \sigma_l, \sigma_\phi$	$\begin{pmatrix} \sigma_1 & 0 & 0 \\ 0 & \sigma_2 & 0 \\ 0 & 0 & 0 \end{pmatrix}$ $\sigma_1 = \sigma_l$ $\sigma_2 = \sigma_\phi = \dfrac{1}{2} \cdot \sigma_1$
Kugelschale		$\sigma_\phi = \dfrac{d}{s} \cdot p$ $\sigma_r \ll \sigma_\phi$	$\begin{pmatrix} \sigma_1 & 0 & 0 \\ 0 & \sigma_2 & 0 \\ 0 & 0 & 0 \end{pmatrix}$ $\sigma_1 = \sigma_2 = \sigma_\phi$

Anhang A: Datensammlung

Tafel I.3. Spannungszustände in Flächentragwerken

Bezeichnung	Sinnbild	Berechnung	Spannungstensor
Scheibe (ebener Spannungszustand)	σ_x, σ_y, τ_{xy}, $\sigma_z = 0$; $d \to 0$	FEM, BEM in Sonderfällen strenge Lösung	$\begin{pmatrix} \sigma_1 & 0 & 0 \\ 0 & \sigma_2 & 0 \\ 0 & 0 & 0 \end{pmatrix}$ $\begin{Bmatrix} \sigma_1 \\ \sigma_2 \end{Bmatrix} = \frac{\sigma_x + \sigma_y}{2}$ $\pm \left(\left(\frac{\sigma_x + \sigma_y}{2} \right)^2 - \tau_{xy}^2 \right)$
Scheibe (ebener Verzerrungszustand)	σ_x, σ_y, σ_z, τ_{xy}, $\varepsilon_z = 0$	FEM, BEM in Sonderfällen strenge Lösung	$\begin{pmatrix} \sigma_1 & 0 & 0 \\ 0 & \sigma_2 & 0 \\ 0 & 0 & \sigma_3 \end{pmatrix}$ σ_1, σ_2 wie oben $\sigma_3 = f$ (Querkontraktionszahl)
Platte	F_i	FEM in Sonderfällen strenge Lösung	$\begin{pmatrix} \sigma_1 & 0 & 0 \\ 0 & \sigma_2 & 0 \\ 0 & 0 & \sigma_3 \end{pmatrix}$ $\sigma_3 \ll \sigma_1, \sigma_2$
Schale (Membran)	Druck p	FEM in Sonderfällen strenge Lösung	$\begin{pmatrix} \sigma_1 & 0 & 0 \\ 0 & \sigma_2 & 0 \\ 0 & 0 & 0 \end{pmatrix}$

Tafel I.4. Kerbspannugszustände (strenge Lösungen)

Bezeichnung	Sinnbild	Berechnung	Spannungstensor
"gelochte" Scheibe nach Kirsch	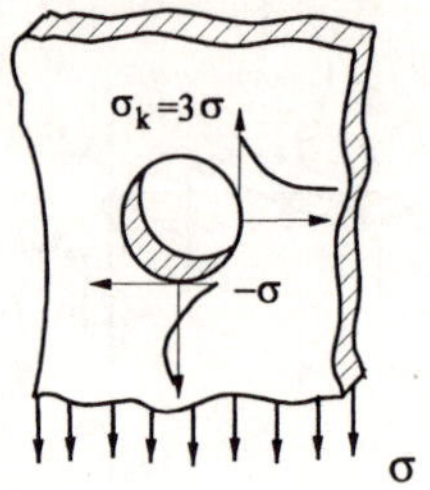	spezielle "Airysche" Spannungsfunktion $$\sigma_k = 3\sigma$$	$$\begin{pmatrix} \sigma_1 & 0 & 0 \\ 0 & 0 & 0 \\ 0 & 0 & 0 \end{pmatrix}$$ $\sigma_1 = \sigma_k$
tordierte Welle mit Querbohrung ($d_b \ll d_w$)	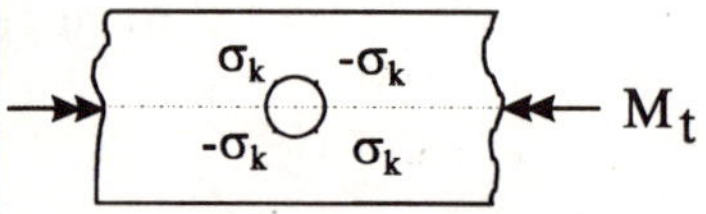	$\tau_t = \dfrac{M_t}{W_P}$ $\sigma_{1,2} = |\tau_t|$ $\sigma_k = \pm 4|\tau_z|$ (durch Superposition aus der Kirsch'schen Lösung)	$$\begin{pmatrix} \sigma_1 & 0 & 0 \\ 0 & 0 & 0 \\ 0 & 0 & 0 \end{pmatrix}$$ $\sigma_1 = \sigma_k$
Scheibe mit einseitiger Parabelkerbe	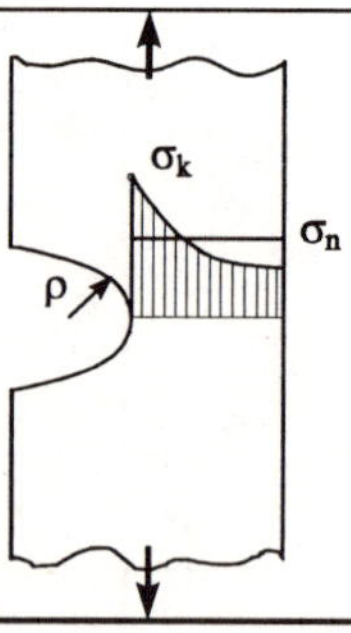	$\sigma_k = 3,32$ für $\dfrac{a}{\rho} = 5,0$ nach |16|	$$\begin{pmatrix} \sigma_1 & 0 & 0 \\ 0 & 0 & 0 \\ 0 & 0 & 0 \end{pmatrix}$$ $\sigma_1 = \sigma_k$

Eine große Anzahl strenger Lösungen wird in |16| mitgeteilt

Anhang A: Datensammlung

Tafel I.5. Kontaktspannungszustände

Bezeichnung	Sinnbild	Berechnung	Spannungstensor
Kugel / Kugel		$p_0 = -\dfrac{1}{\pi}\left(\dfrac{3}{2}\cdot\dfrac{F\cdot E^2\cdot\left(\sum k\right)^2}{\left(1-v^2\right)^2}\right)^{1/3}$ $\sum k = \dfrac{1}{r_1}+\dfrac{1}{r_2}$	$\begin{pmatrix}\sigma_1 & 0 & 0\\ 0 & \sigma_2 & 0\\ 0 & 0 & \sigma_3\end{pmatrix}$
Zylinder / Zylinder		$p_0 = -\left(\dfrac{E\cdot F\cdot\left(\sum k\right)}{\left(1-v^2\right)\cdot 2\cdot\pi\cdot l}\right)^{1/2}$ $\sum k = \dfrac{1}{r_1}+\dfrac{1}{r_2}$	$\begin{pmatrix}\sigma_1 & 0 & 0\\ 0 & \sigma_2 & 0\\ 0 & 0 & \sigma_3\end{pmatrix}$
Bolzendruck (kein Spiel)		$p_0 = \dfrac{2\cdot F}{\pi\cdot r_1\cdot b} = \sigma_1$ (Kosinus-Verteilung)	$\begin{pmatrix}\sigma_1 & 0 & 0\\ 0 & \sigma_2 & 0\\ 0 & 0 & \sigma_3\end{pmatrix}$
Bolzendruck (mit Spiel)		$p_0 = -\left(\dfrac{E\cdot F\cdot\left(\sum k\right)}{\left(1-v^2\right)\cdot 2\cdot\pi\cdot l}\right)^{1/2}$ $\sum k = \dfrac{1}{r_1}-\dfrac{1}{r_2}\ ;\ r_2 > r_1$ $\sum k = \dfrac{s}{2r_1^2+sr_1}\ ;\ r_2-r_1 = s$	$\begin{pmatrix}\sigma_1 & 0 & 0\\ 0 & \sigma_2 & 0\\ 0 & 0 & \sigma_3\end{pmatrix}$

Tafel II.1. Festigkeitskennwerte für allgemeine Baustähle

Stahlmarke	σ_B N/mm²	σ_{bF}	σ_S	τ_F	σ_{bW}	σ_{zdW}	τ_{tW}	σ_{bSch}	σ_{zSch}	τ_{tSch}
St34	340	240	220	130	160	130	90	240	210	130
St38	380	260	240	150	180	140	100	260	230	150
St42	420	320	260	170	200	160	120	310	250	170
St50	500	370	300	190	240	190	140	370	300	190
St60	600	430	340	220	280	210	160	430	340	220
St70	700	490	370	260	330	240	200	490	370	260

Tafel II.2. Festigkeitskennwerte für höherfeste Stähle

Stahlmarke	σ_B N/mm²	σ_{bF}	σ_S	τ_F	σ_{bW}	σ_{zdW}	τ_{tW}	σ_{bSch}	σ_{zSch}	τ_{tSch}
H52-3	520	430	360	230	280	210	160	410	330	230
H45-2	450	390	300	200	250	190	140	360	300	200
H60-3										
HS60-3	600	550	450	300	310	240	190	460	400	300
HB60-3										

Tafel II.3. Festigkeitskennwerte für Vergütungsstähle

Stahlmarke	σ_B N/mm²	σ_{bF}	σ_S	τ_F	σ_{bW}	σ_{zdW}	τ_{tW}	σ_{bSch}	σ_{zSch}	τ_{tSch}
C25	550	460	370	210	280	230	160	420	370	210
C35	650	540	420	270	310	250	180	470	400	270
C45	750	620	480	310	370	300	210	550	480	310
C55	800	680	530	370	390	310	230	570	510	370
C60	850	700	570	390	410	330	250	620	520	390
40 Mn4	900	720	650	410	430	350	260	660	560	410
30 Mn5	850	710	600	400	420	340	250	640	540	400
50 MnSi4										
37 MnSi5										
37 MnV7	1000	890	800	450	490	380	280	750	620	450
34 Cr4										
34 CrNiMo4										
42 MnV7										
38 CrSi6										
42 CrMo4	1100	980	900	500	520	420	310	800	680	500
36 CrNiMo4										
40 Cr4	1050	930	850	470	510	410	300	750	670	470
50 CrV4										
50 Cr Mo4	1200	1080	1000	520	550	440	340	850	720	520
58 CrV4	1250	1130	1050	560	570	450	360	890	740	550
25 CrMo4	900	780	700	410	440	360	270	660	600	410
30 CrMoV9	1300	1180	1100	600	580	460	370	900	750	600

Tafel II.4. Festigkeitskennwerte für Einsatzstähle

Stahlmarke	σ_B N/mm²	σ_{bF}	σ_S	τ_F	σ_{bW}	σ_{zdW}	τ_{tW}	σ_{bSch}	σ_{zSch}	τ_{tSch}
C10	500	390	300	210	260	220	170	390	300	210
C15	600	460	350	240	280	240	180	450	350	240
15 Cr3	600	560	400	240	350	300	220	490	400	240
16 MnCr5	800	750	600	360	400	340	250	600	540	360
20 MnCr5	1000	900	700	420	480	420	300	730	660	420
18 CrNi8	1200	1100	800	470	550	470	330	850	760	470
20 MoCr5 [1]	750	700	550	350	390	340	240	580	530	350
20 MoCr5 [2]	900	850	700	440	460	400	290	680	610	440
18 CrMnTi5	900	830	750	430	440	380	280	690	600	430
23 MoCrB5 [3]	1100	1020	900	470	530	460	330	810	720	470

1) nach Härten in Öl   2) nach Härten in Wasser   3) Stahlmarke lt. Prospekt des VEB Edelstahlkombinat Freital

Tafel III.1. Näherungskonstruktion des Dauerfestigkeitsschaubildes nach Smith

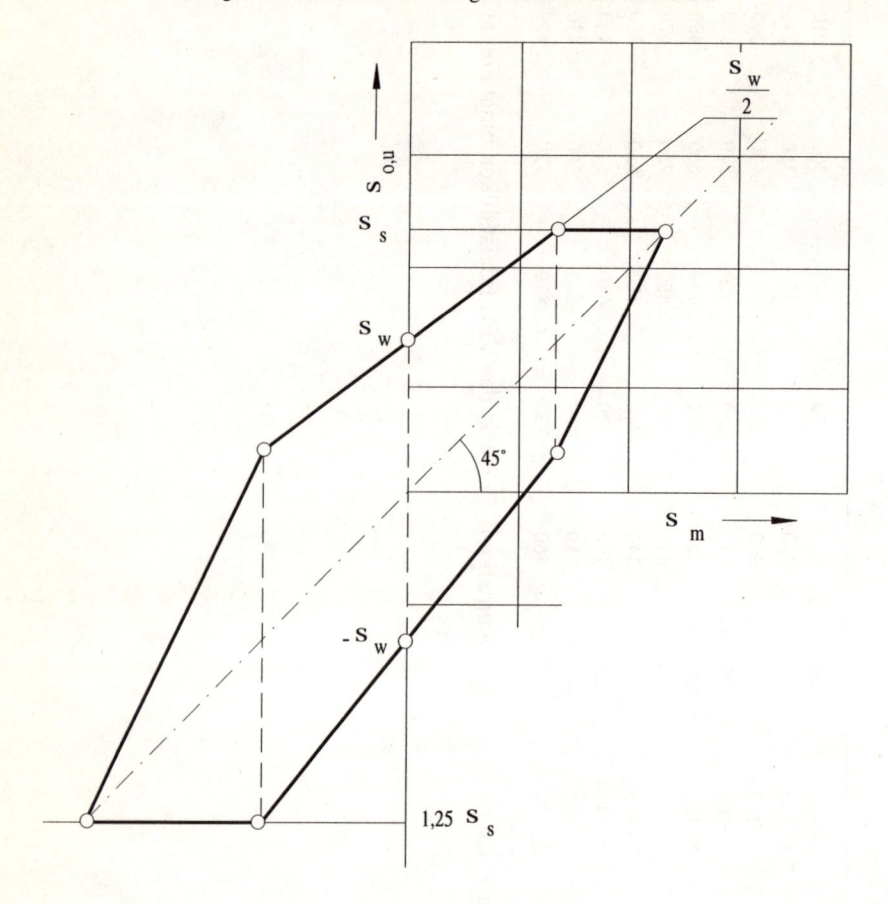

Anhang A: Datensammlung

Tafel III.2.1. Dauerfestigkeitsschaubilder Allgemeine Baustähle

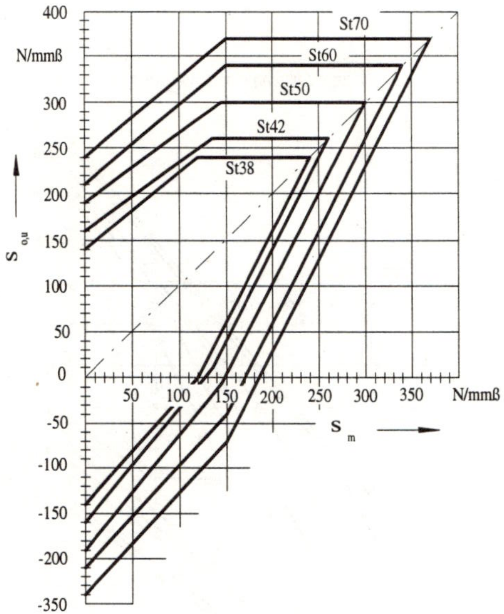

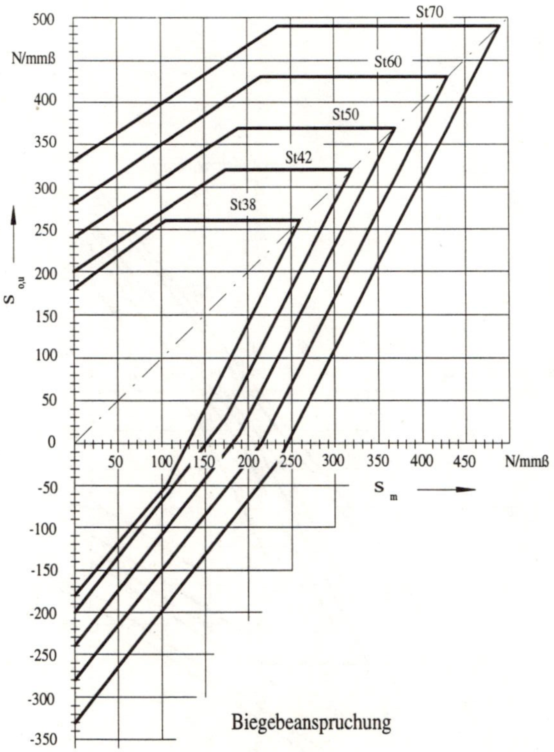

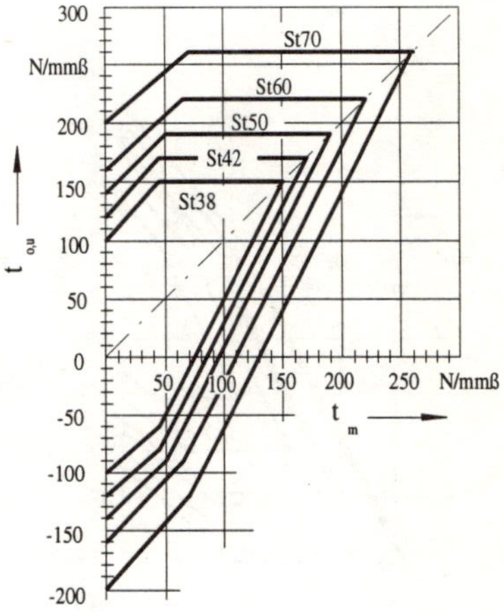

Tafel III.2.2. Dauerfestigkeitsschaubilder Vergütungsstahl

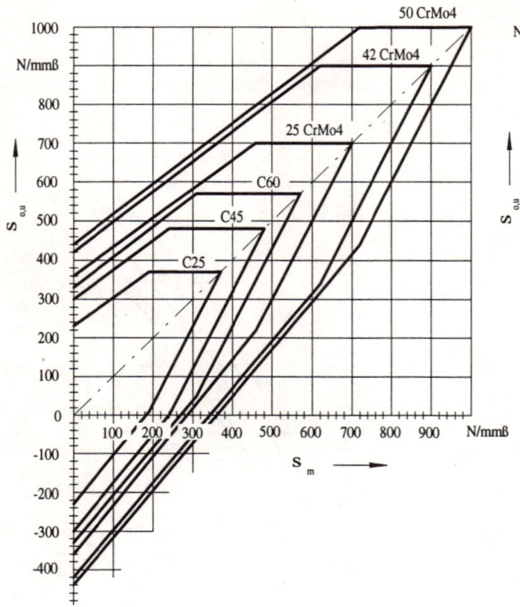

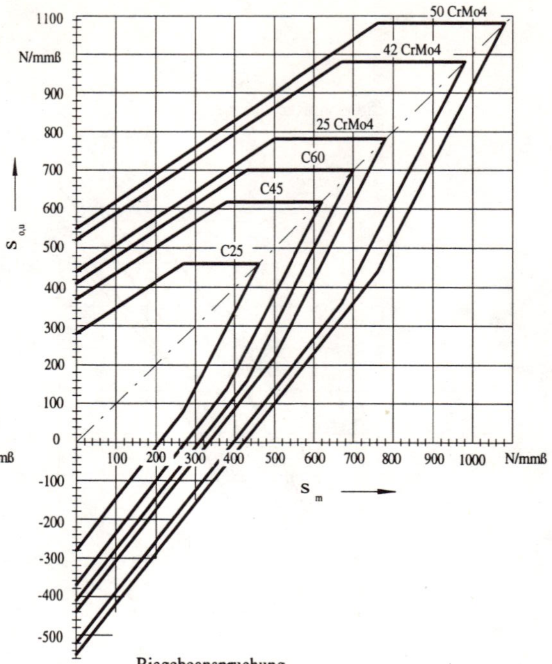

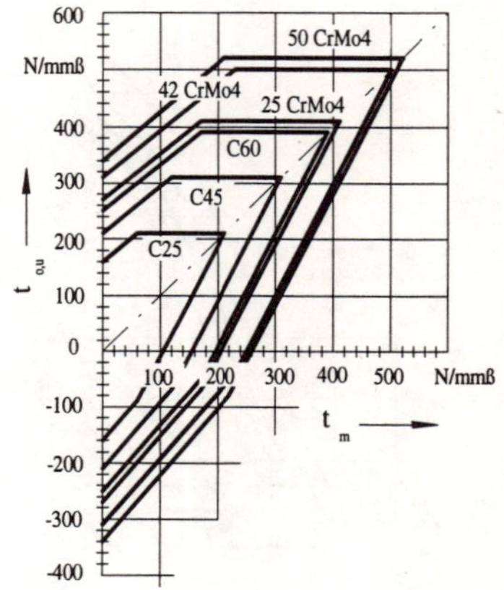

Anhang A: Datensammlung

Tafel III.2.3. Dauerfestigkeitsschaubilder Einsatzstahl

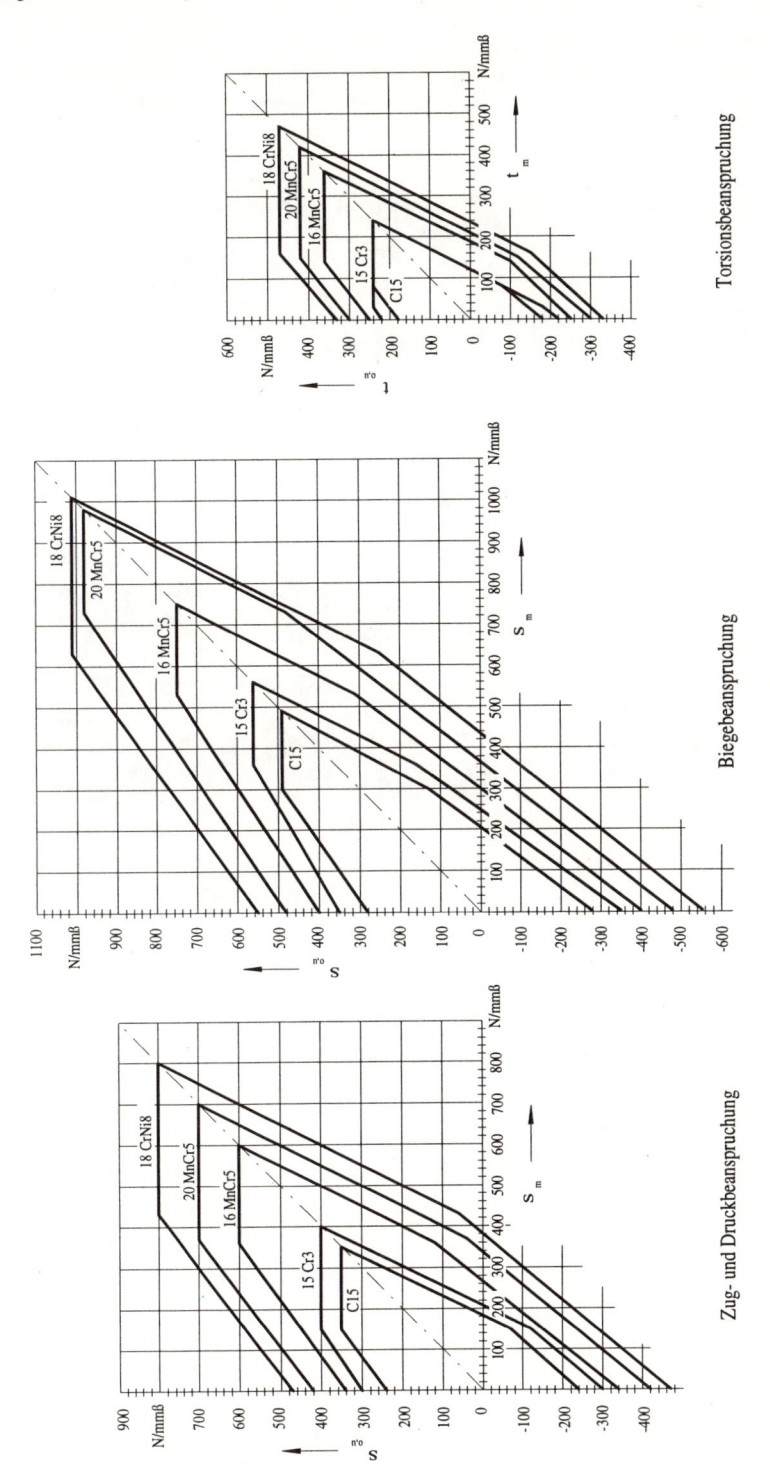

Tafel III.2.4. Zug-Druck-Dauerfestigkeit für Grauguß GG-22

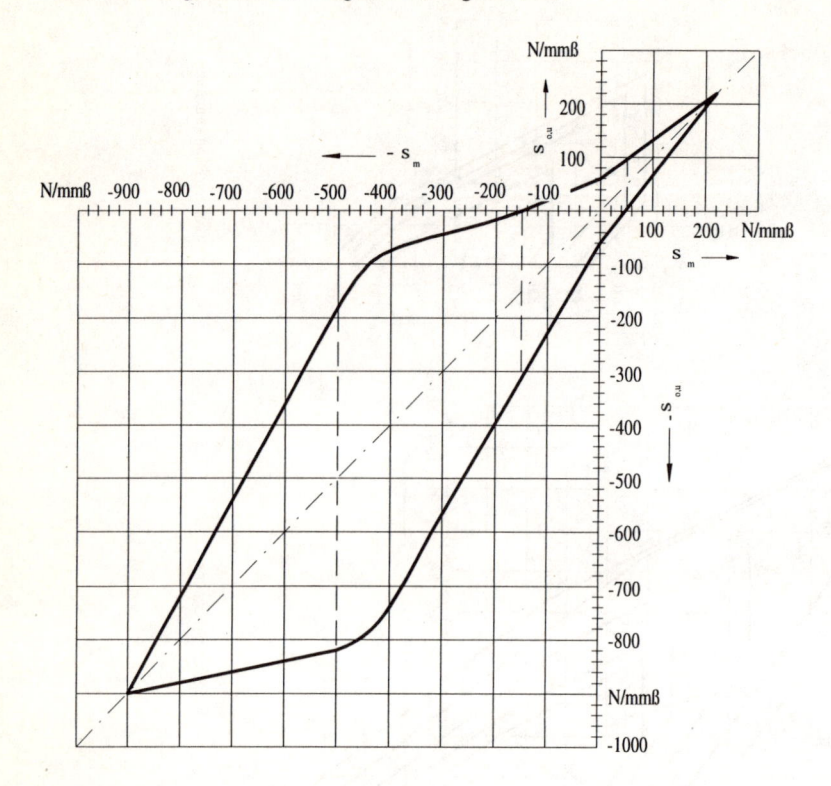

Anhang A: Datensammlung 143

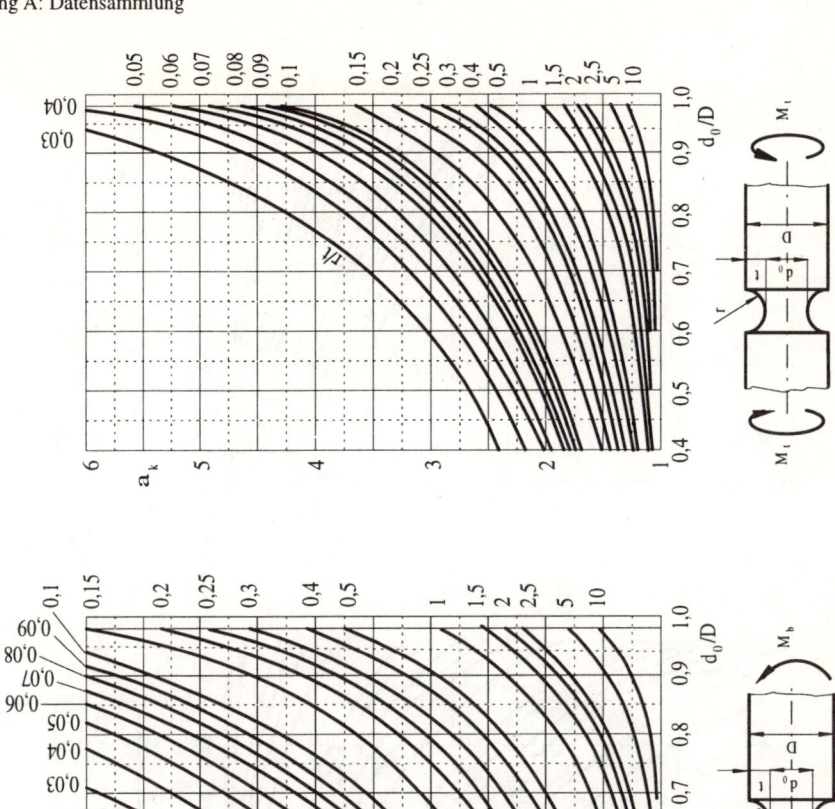

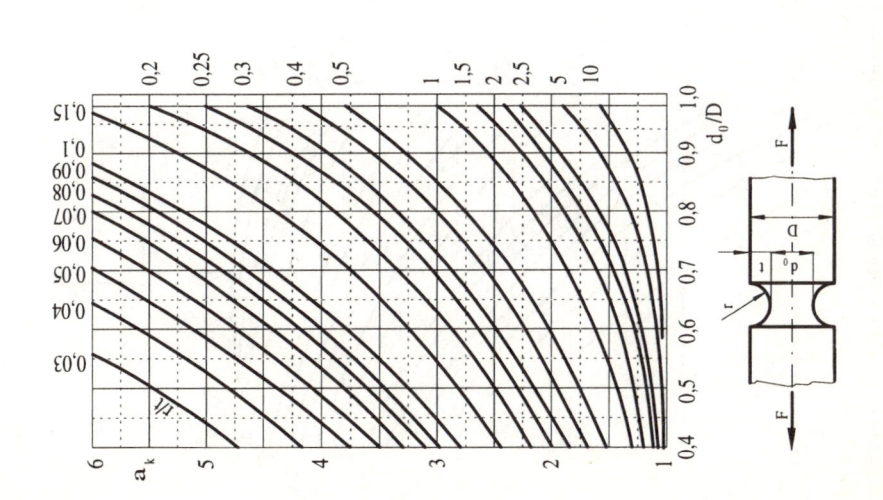

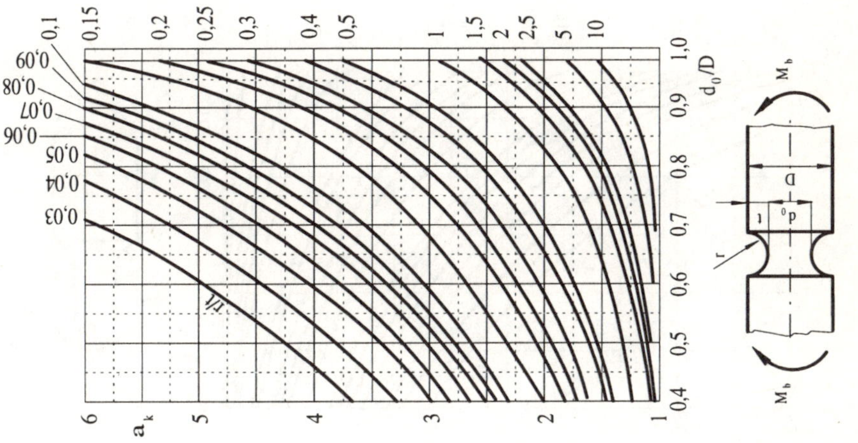

Tafel IV.1.1. Formzahlen für gekerbte Rundstäbe

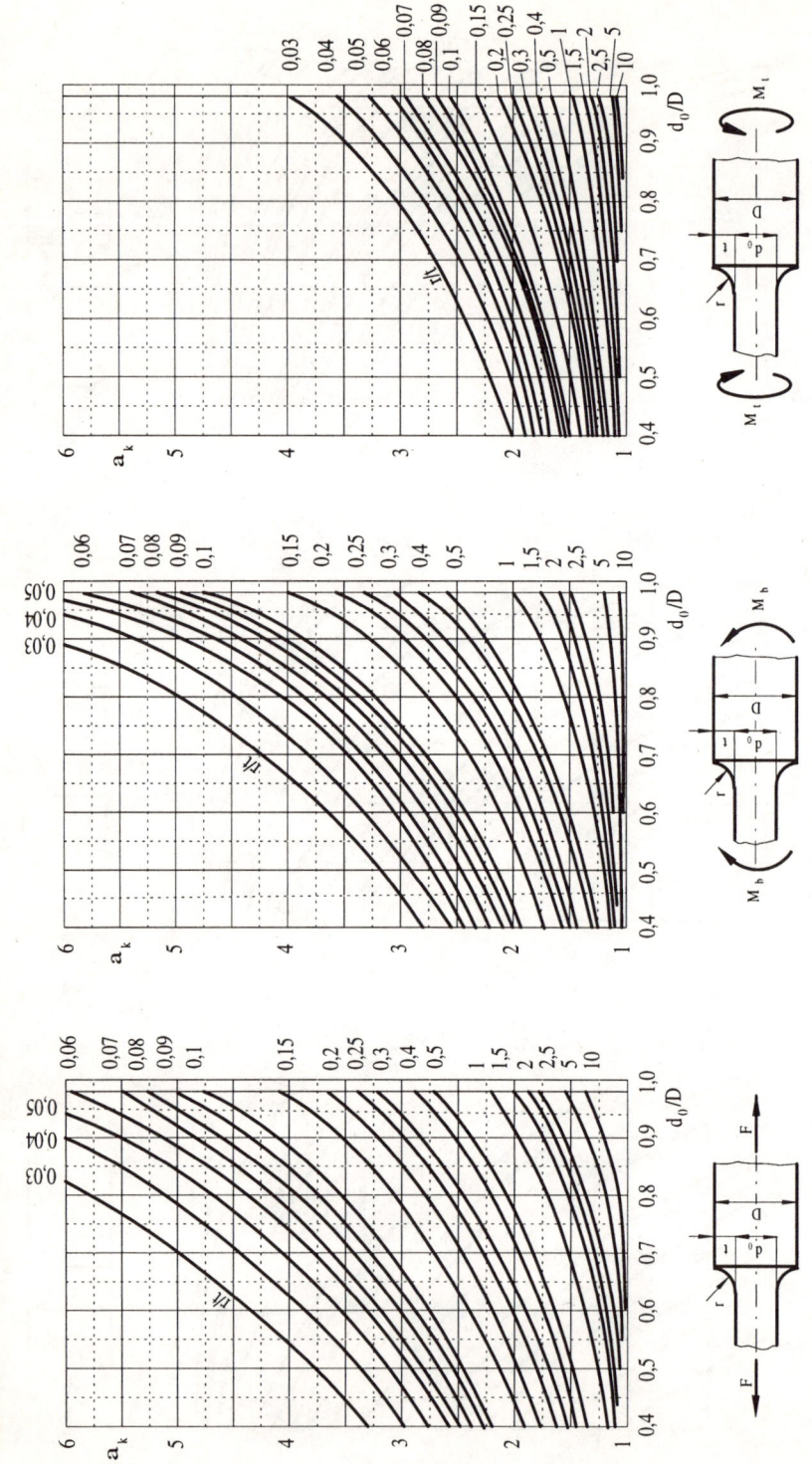

Tafel IV.1.2. Formzahlen für abgesetzte Rundstäbe

Anhang A: Datensammlung

Tafel IV.1.3. Formzahlen für gekerbte Flachstäbe

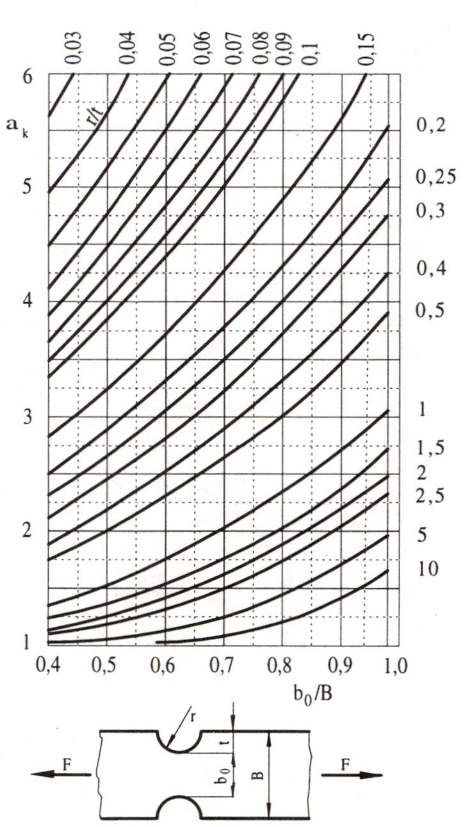

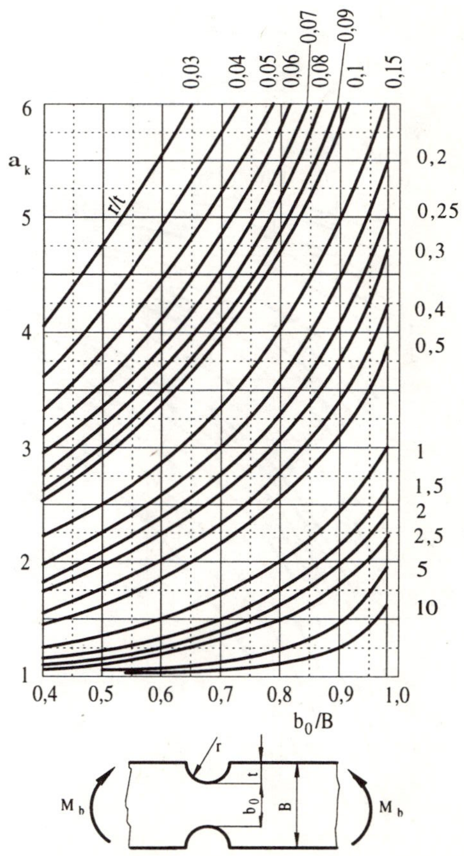

Tafel IV.1.4. Formzahlen für abgesetzte Flachstäbe

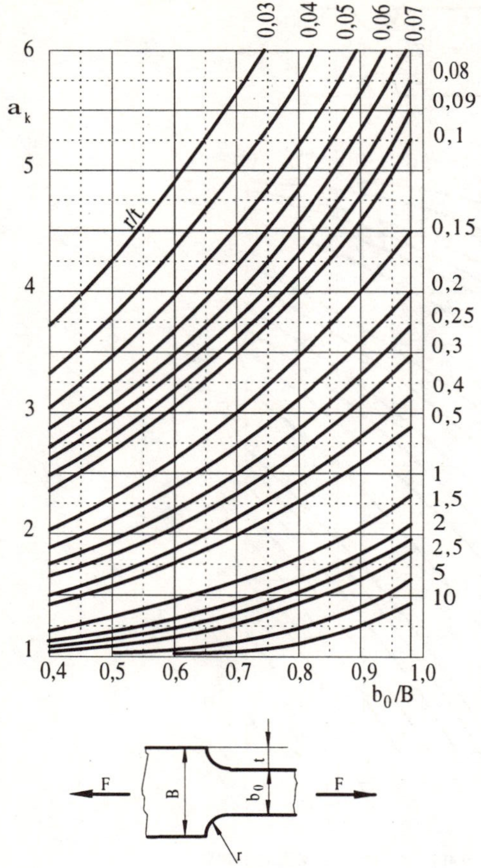

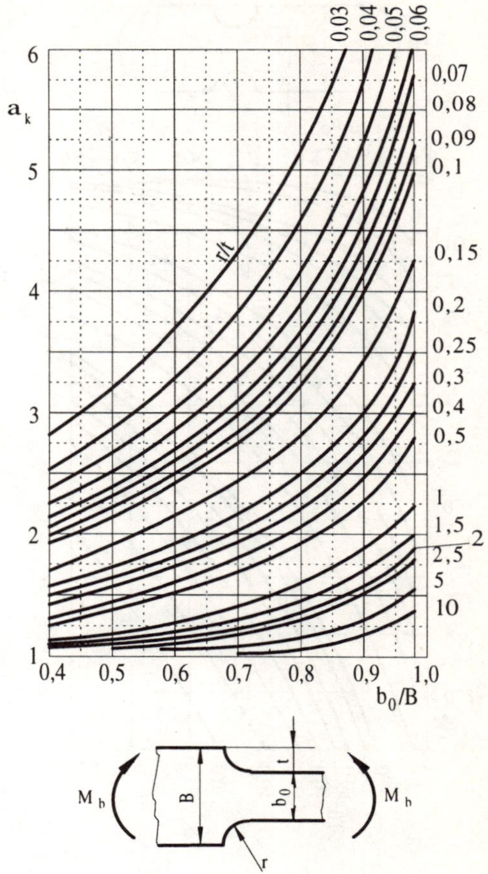

Anhang A: Datensammlung

Tafel IV.2. Kerbwirkungskennzahlen b_k für Wellen mit Nabensitz

Wellen- und Narbenform	Passung	b_K	S_B in N/mm²								
			400	500	600	700	800	900	1000	1100	1200
	H7 / n6	b_{Kb}	1,8	2,0	2,2	2,3	2,5	2,6	2,7	2,8	2,9
		b_{Kt}	1,2	1,3	1,4	1,5	1,6	1,7	1,8	1,8	1,9
	H8 / u8	b_{Kb}	1,8	2,0	2,2	2,3	2,5	2,6	2,7	2,8	2,9
		b_{Kt}	1,2	1,3	1,4	1,5	1,6	1,7	1,8	1,8	1,9
	H8 / u8	b_{Kb}	1,5	1,6	1,7	1,8	1,9	2,0	2,1	2,1	2,2
		b_{Kt}	1,0	1,0	1,1	1,2	1,3	1,3	1,4	1,4	1,5

Tafel IV.3. Kerbempfindlichkeiten h_k

Baustähle		hochfeste und gehärtete Stähle	
St 38	0,50...0,60	C60	0,80...0,90
St 42	0,55...0,65	34 CrMo4	0,90...0,95
St 50	0,65...0,70	30 CrMoV9	0,95
St 60	0,30...0,75	Federstähle, gehärtete Stähle	0,95...1,00
St 70	0,70...0,80		

Tafel IV.4. Stützziffer n als Funktion des bezogenen Spannungsgefälles (s. Tafel IV.5.) zur Berechnung von Kerbwirkungszahlen nach der Gleichung (3.19.)

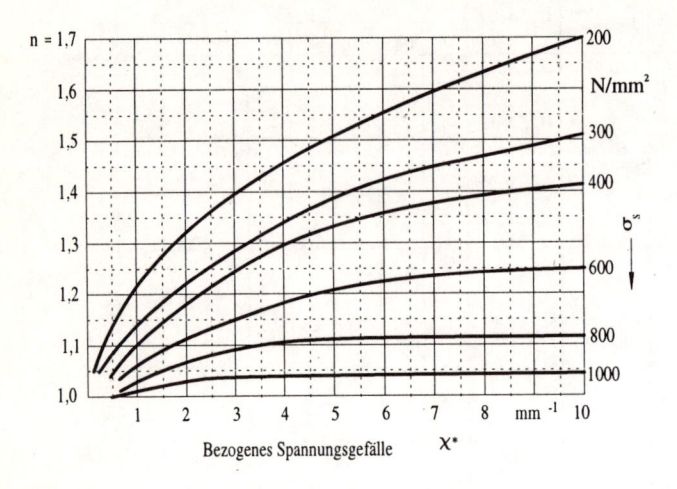

Tafel IV.5. Beispiele für bezogene Spannungsgefälle

Bauteilform	χ^* bei Zug - Druck	Biegung	Torsion
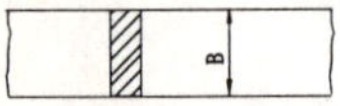	0	$\frac{2}{B}$	
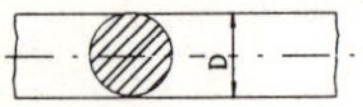	0	$\frac{2}{D}$	$\frac{2}{D}$
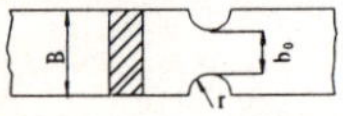	$\frac{2}{r}$	$\frac{2}{r} + \frac{2}{b_0}$	
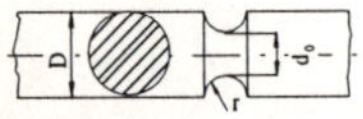	$\frac{2}{r}$	$\frac{2}{r} + \frac{2}{d_0}$	$\frac{1}{r} + \frac{2}{d_0}$
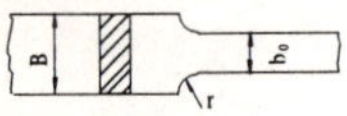	$\frac{2}{r}$	$\frac{2}{r} + \frac{4}{B+b_0}$	
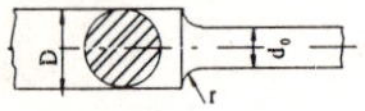	$\frac{2}{r}$	$\frac{2}{r} + \frac{4}{D+d_0}$	$\frac{1}{r} + \frac{4}{D+d_0}$

Anhang A: Datensammlung

Tafel IV.6. Größeneinflußfaktoren

$$\text{Gesamteinfluß} \quad k = k_g \cdot k_t$$

Geometrischer Größeneinflußfaktor (Torsion, Biegung)
(für Zug / Druck gilt $k_g = 1$)

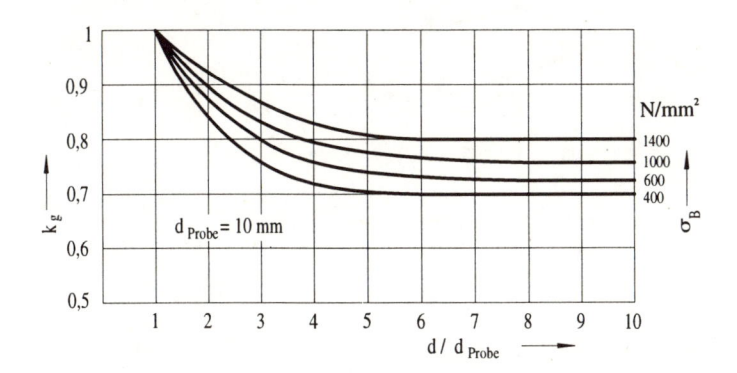

[Diagramm: k_g über d/d_{Probe}, Kurvenschar für σ_B = 400, 600, 1000, 1400 N/mm², d_{Probe} = 10 mm]

Technologische Einflußfaktoren

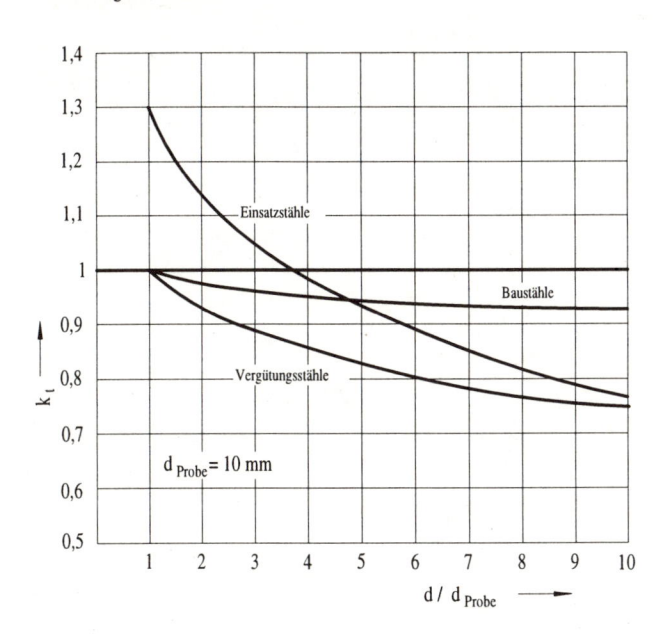

[Diagramm: k_t über d/d_{Probe}, Kurven für Einsatzstähle, Baustähle, Vergütungsstähle, d_{Probe} = 10 mm]

Tafel IV.7. Oberflächeneinflußfaktor O_F

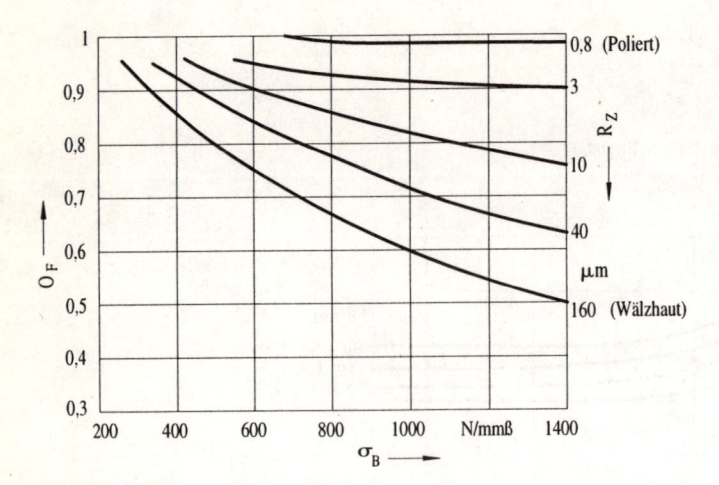

Anhang A: Datensammlung

Tafel V.1. Erforderliche Sicherheiten (Maschinenbau)

Allgemein verbindliche Sicherheiten können nicht festgelegt werden.
Nach ingenieurmäßigen Regeln kann empfohlen werden :

a) Sicherheit gegen Gewaltbruch

$$S_B = 2{,}0 \ .. \ 4{,}0$$

b) Sicherheit gegen Schwingbruch

$$S_D = 1{,}5 \ .. \ 2{,}5$$

c) Sicherheiten gegen Überschreiten der Streck- bzw. Fließgrenze

$$S_F = 1{,}2 \ .. \ 2{,}0$$

d) Sicherheit gegenüber Instabilität (Knicken, Beulen)

$$S_K = 3{,}0 \ .. \ 5{,}0$$

mit Tendenz zur unteren Grenze bei

- genauer Kenntnis der Lastannahmen
- exaktem Berechnungsmodell
- Belastungsprüfung

mit Tendenz zur oberen Grenze

- hohen Folgeschäden bei Versagen
  insbesondere Gefährdung von Menschenleben
- unsicheren Lastannahmen, Möglichkeit von Resonanzen

Für den Sicherheitsnachweis muß gelten :

$$S_{erf} \geq S_{vorh} \quad \text{bzw.} \quad \sigma_{zul} = \frac{\sigma_{versagen}}{S_{erforderlich}}$$

Tafel VI.1. Wöhlerfunktion für Ermüdung

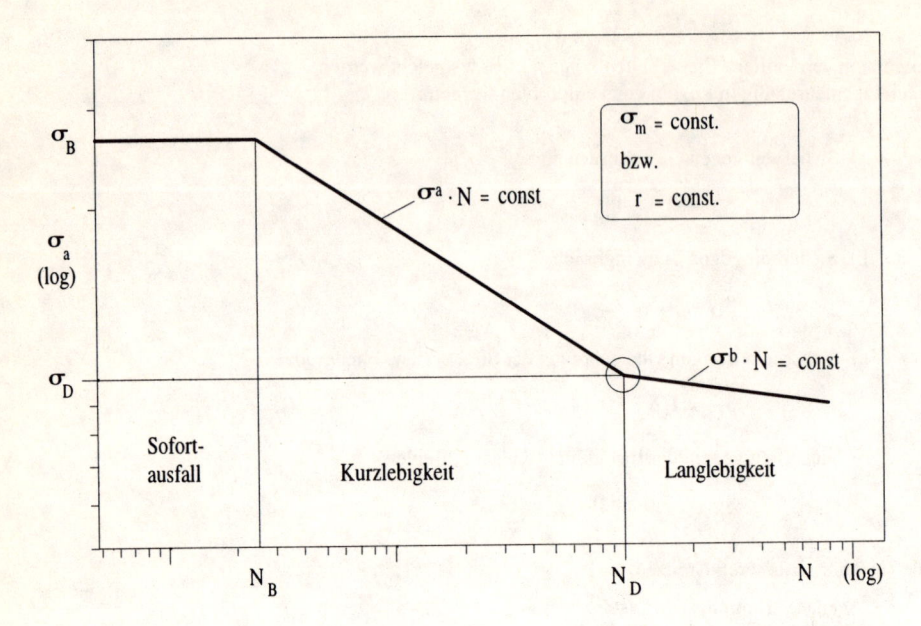

Anhang A: Datensammlung

Tafel VI.2. Wöhlerfunktion mit Streufeld, normiert

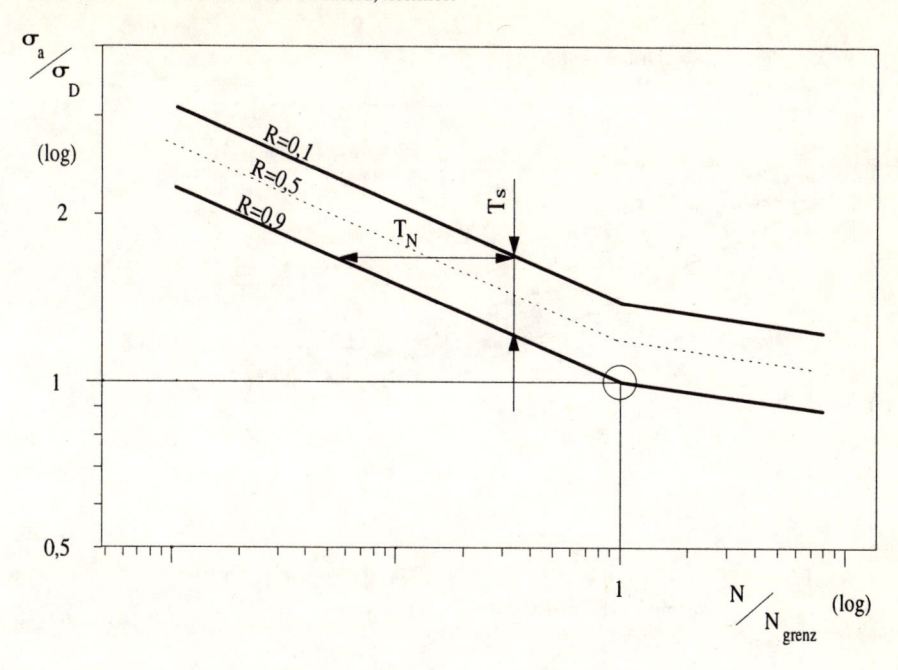

Tafel VI.3. Normierte Wöhlerdiagramme nach |28|

Gekerbte Stäbe

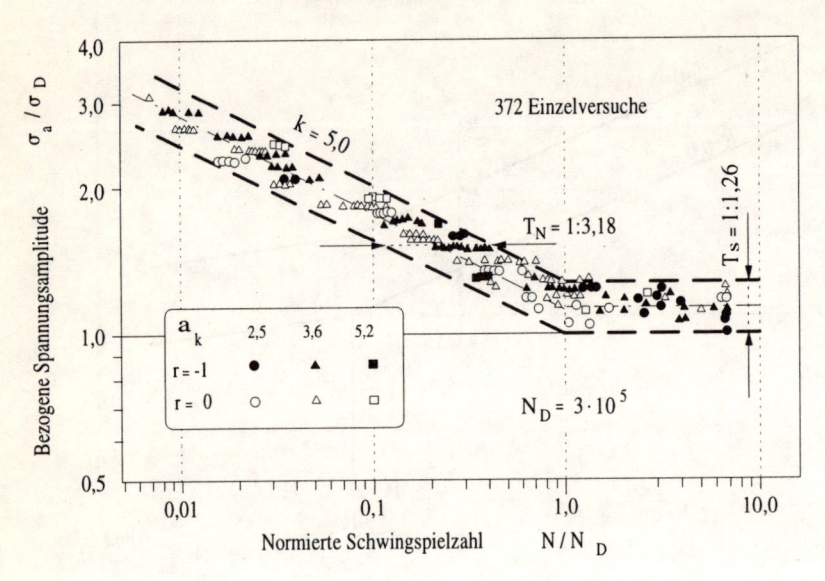

372 Einzelversuche
$k = 5{,}0$
$T_N = 1{:}3{,}18$
$T_S = 1{:}1{,}26$
$N_D = 3 \cdot 10^5$

a_k: 2,5 3,6 5,2
$r = -1$: ● ▲ ■
$r = 0$: ○ △ □

Bezogene Spannungsamplitude σ_a / σ_D
Normierte Schwingspielzahl N / N_D

Ungekerbte Stäbe

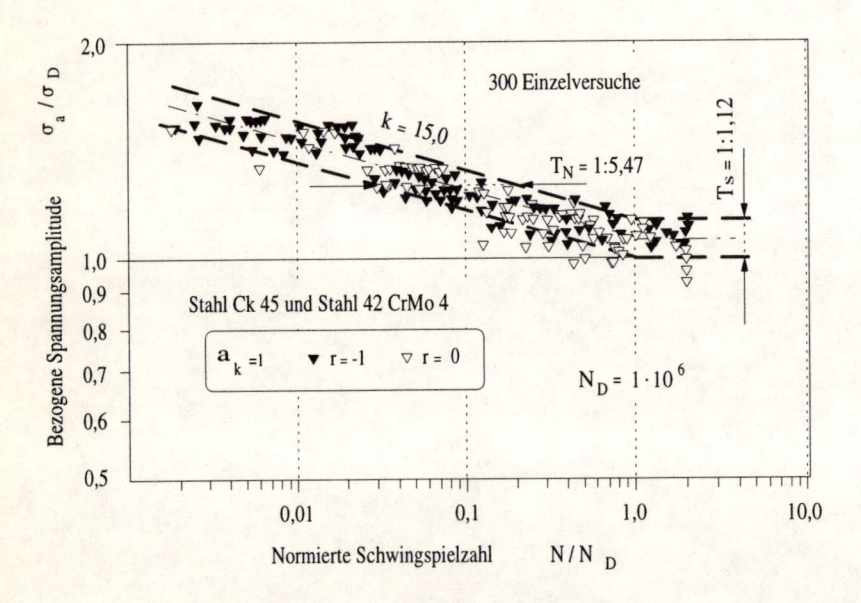

300 Einzelversuche
$k = 15{,}0$
$T_N = 1{:}5{,}47$
$T_S = 1{:}1{,}12$
Stahl Ck 45 und Stahl 42 CrMo 4
$a_k = 1$, ▼ $r = -1$, ▽ $r = 0$
$N_D = 1 \cdot 10^6$

Bezogene Spannungsamplitude σ_a / σ_D
Normierte Schwingspielzahl N / N_D

Anhang A: Datensammlung

Tafel VI.4. Streufelder und Exponenten

Bauteil	a ; b	T_N	N_D
Kontakt			
• Kugellager	3,0 ; -	1 : 10	∞
• Rollenlager	3,3 ; -	1 : 10	∞
• Zahnflanken	3..4 ; 5..7	1 : 2	
gekerbte Bauteile			
• Spitzkerben (Gewinde)	3... 4 ; ∞	1 : 1,2..1,4	$3 \cdot 10^5$
• Normalkerben	5... 7 ; ∞	1 : 3... 5	
• Flachkerben	6... 8 ; ∞	1 : 6... 8	bis
• Zahnfuß (Evolventenverz.)	8..12 ; ∞	1 : 4... 8	
• Schweißverbindungen	4... 8 ; ∞	1 : 15..25	$1 \cdot 10^6$
ungekerbte Proben	12..15 ; ∞	1 : 5... 8	

Tafel VI.5. Festigkeitsverhalten einer geklebten Wellen / Naben-Verbindung (nach /37/)
   Fügeteile Welle: 42CrMo4; Nabe: St52

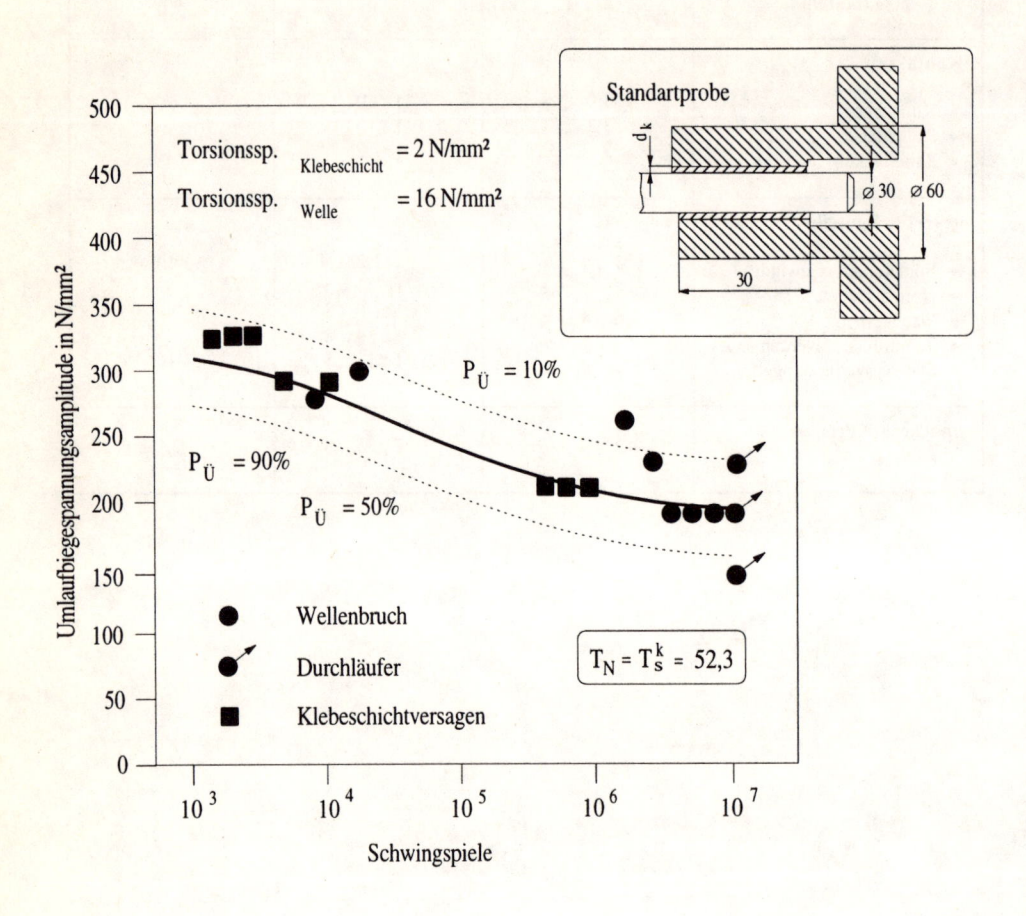

Torsionssp. $_{Klebeschicht}$ = 2 N/mm²
Torsionssp. $_{Welle}$ = 16 N/mm²

$P_{Ü} = 10\%$
$P_{Ü} = 90\%$
$P_{Ü} = 50\%$

● Wellenbruch
↗ Durchläufer
■ Klebeschichtversagen

$T_N = T_s^k = 52{,}3$

Umlaufbiegespannungsamplitude in N/mm² vs. Schwingspiele

Standartprobe: ∅30, ∅60, Länge 30, d_k

Tafel VII.1. Reibungsbeiwerte, Verschleißkonstanten $C=e_R^*$ (Reibungsenergiedichte) und Verschleißintensitäten I_h für ausgewählte Reibpaarungen für m=1

Reibpaarung	μ [-]	$C = e_R^*$ [Nm/mm³]	I_h [-]
Gleitlager zeitweise Mischreibung	0,01	$1 \cdot 10^9$	$1 \cdot 10^{-13}$
Dichtungsgleitringe GG / Stahl	0,04	$2 \cdot 10^8$	$4 \cdot 10^{-13}$
Kolbenringe in Verbrennungsmotoren	0,05	$5 \cdot 10^7$	$1 \cdot 10^{-12}$
Gleitführungen in Werkzeugmaschinen	0,08	$5 \cdot 10^6$	$1 \cdot 10^{-11}$
Zahnräder	0,06	$3 \cdot 10^7$	$5 \cdot 10^{-9}$
Eisenbahnräder gebremst	0,1	$2 \cdot 10^6$	$2 \cdot 10^{-8}$
Kupplungen GG / Stahl geschmiert	0,1	$1 \cdot 10^6$	$1 \cdot 10^{-8}$
Brems- und Kupplungsbeläge (trocken)	0,3	$2 \cdot 10^5$	$10^{-9} ... 10^{-6}$

Tafel VII.2. Vergleich von Korrosionsgeschwindigkeiten nach /32/

Umgebung	Stahl [g / m²·d]	Zink [g / m²·d]	Kupfer [g / m²·d]
Landatmosphäre	-	0,017	0,014
Meeresatmosphäre	0,29	0,031	0,032
Industrieatmosphäre	0,15	0,1	0,029
Meerwasser	2,5	1,0	0,8

Tafel VII.3. Langjährige Grenzwerte der Konstanten a und b zur Bestimmung des Korrosionsverlustes K für Kohlenstoffstähle nach /33/

$$K = a \cdot t^b \ [g/m^2]$$

Ort	Konstante a Minimum	Maximum	Konstante b Minimum	Maximum
Kap Arkona	320	400	0,553	0,606
Halle (Saale)	665	1060	0,402	0,496
Cottbus	485	775	0,443	0,506

Tafel VIII.1. Typische Beanspruchungskollektive mit Äquivalenzfaktoren

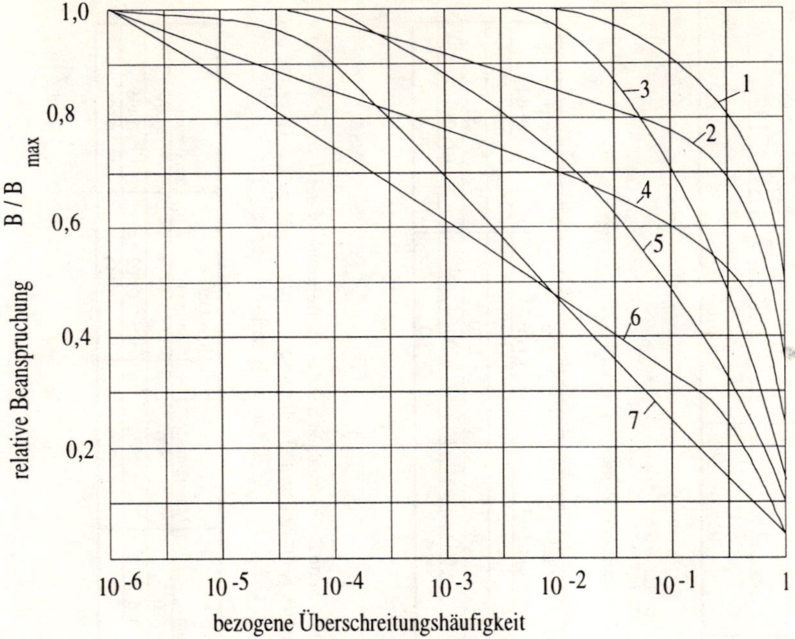

	Äquivalenzfaktor $c_ä$			
	a=3	a=6	a=9	a=12
1	0,750	0,776	0,799	0,817
2	0,640	0,664	0,685	0,702
3	0,500	0,584	0,664	0,709
4	0,450	0,491	0,522	0,540
5	0,342	0,436	0,502	0,564
6	0,257	0,310	0,360	0,407
7	0,192	0,290	0,389	0,446

Anhang A: Datensammlung

Tafel VIII.2. Typische Beanspruchungskollektive mit Äquivalenzfaktoren, Mischkollektive

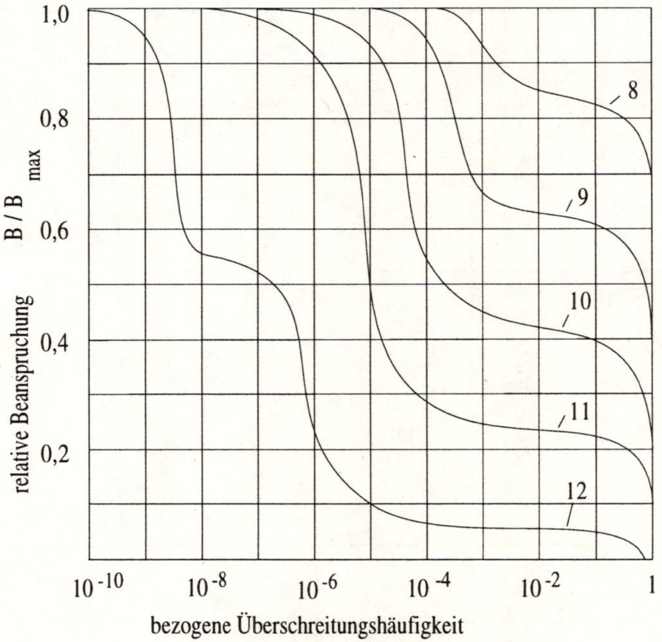

	Äquivalenzfaktor $c_ä$			
	a=3	a=6	a=9	a=12
8	0,779	0,781	0,784	0,787
9	0,534	0,547	0,555	0,566
10	0,327	0,354	0,380	0,407
11	0,182	0,191	0,244	0,336
12	0,045	0,076	0,108	0,196

Tafel IX.1. Richtwerte für Lebensdauerberechnungen im Maschinenbau

Bereich	Rechnerische Lebensdauer in Betriebsstunden für R=0,9	Umrechnung in km mittlere Laufleistung
Allgemeiner Maschinenbau		
• Werkzeugmaschinen	15000 - 25000	
• Textilmaschinen	10000 - 20000	
• Fahrzeuge	1000 - 40000	30000 - 300000
Fahrzeugbau		
• Krafträder	1000 - 2000	30000 - 60000
• Personenkraftwagen	3000 - 5000	100000 - 300000
• Lastkraftwagen	2000 - 5000	60000 - 200000
• Omnibusse	4000 - 6000	200000 - 400000
• Schienenfahrzeuge	20000 - 40000	$2 \cdot 10^6$ - $4 \cdot 10^6$
Achslager in Fahrzeugen		
• Kraftfahrzeuge	2000 - 6000	
• Schienenfahrzeuge	20000 - 30000	
Getriebe in Fahrzeugen		
• Kraftfahrzeuge	2000 - 4000	
• Schienenfahrzeuge	20000 - 40000	
• Schiffsgetriebe	20000 - 80000	
Elektrische Maschinen und Geräte		
• Haushaltsgeräte	1000 - 3000	
• Elektromotore bis 4 kW	8000 - 12000	
• Elektromotore > 4 kW	10000 - 20000	
• stationäre elektrische Maschinen (z.B Kraftwerke)	50000 und mehr	

Anhang A: Datensammlung

Tafel X.1.1. Gaußverteilung, Formeln

Dichtefunktion
$$g(x) = \frac{1}{s \cdot \sqrt{2\pi}} \cdot e^{-\frac{(x-\bar{x})^2}{2s^2}}$$

Ausfallwahrscheinlichkeit
$$F(x) = \frac{1}{s \cdot \sqrt{2\pi}} \cdot \int_{-\infty}^{x} e^{-\frac{(x-\bar{x})^2}{2s^2}} dx$$

Zuverlässigkeitsfunktion
$$R(x) = \frac{1}{s \cdot \sqrt{2\pi}} \int_{x}^{\infty} e^{-\frac{(x-\bar{x})^2}{2s^2}}$$

mit $\bar{x}$... *Mittelwert*

s... *Standartabweichung*

Für die Benutzung der Integraltabellen (Tafel X.1.2.) gilt:

$$X = \frac{x - \bar{x}}{s} \qquad J(X) = \int_0^X g(X)dx$$

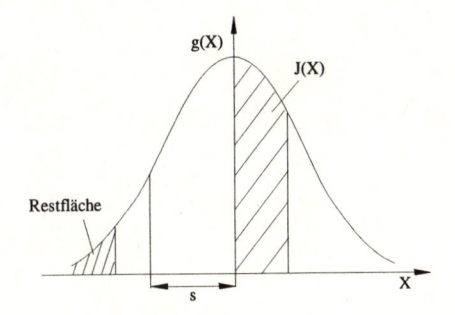

Tafel X.1.2. Gaußverteilung Integral, Restflächen

Integral

X	$\int_0^X g(X)dx$
0,0	0,0000
0,1	0,0398
0,2	0,0793
0,3	0,1179
0,4	0,1554
0,5	0,1915
0,6	0,2257
0,7	0,2580
0,8	0,2881
0,9	0,3159
1,0	0,3413
1,1	0,3643
1,2	0,3849
1,3	0,4032
1,4	0,4192
1,5	0,4332
1,6	0,4452
1,7	0,4554
1,8	0,4641
1,9	0,4713
2,0	0,4772
2,1	0,4821
2,2	0,4861
2,3	0,4893
2,4	0,4918
2,5	0,4938
2,6	0,4953
2,7	0,4965
2,8	0,4974
2,9	0,4981
3,0	0,4987
3,1	0,4990
3,2	0,4993
3,3	0,4995

Restflächen

n·s - Bereiche	
n·s	% Restfläche
1·s	15,87 %
2·s	2,28 %
3·s	0,13 %

% - Bereiche	
% Restfläche	n·s
1 %	± 2,58·s
5 %	± 1,96·s
10 %	± 1,64·s

Anhang A: Datensammlung 163

Tafel X.1.3. „Wahrscheinlichkeitspapier" für die Gaußverteilung

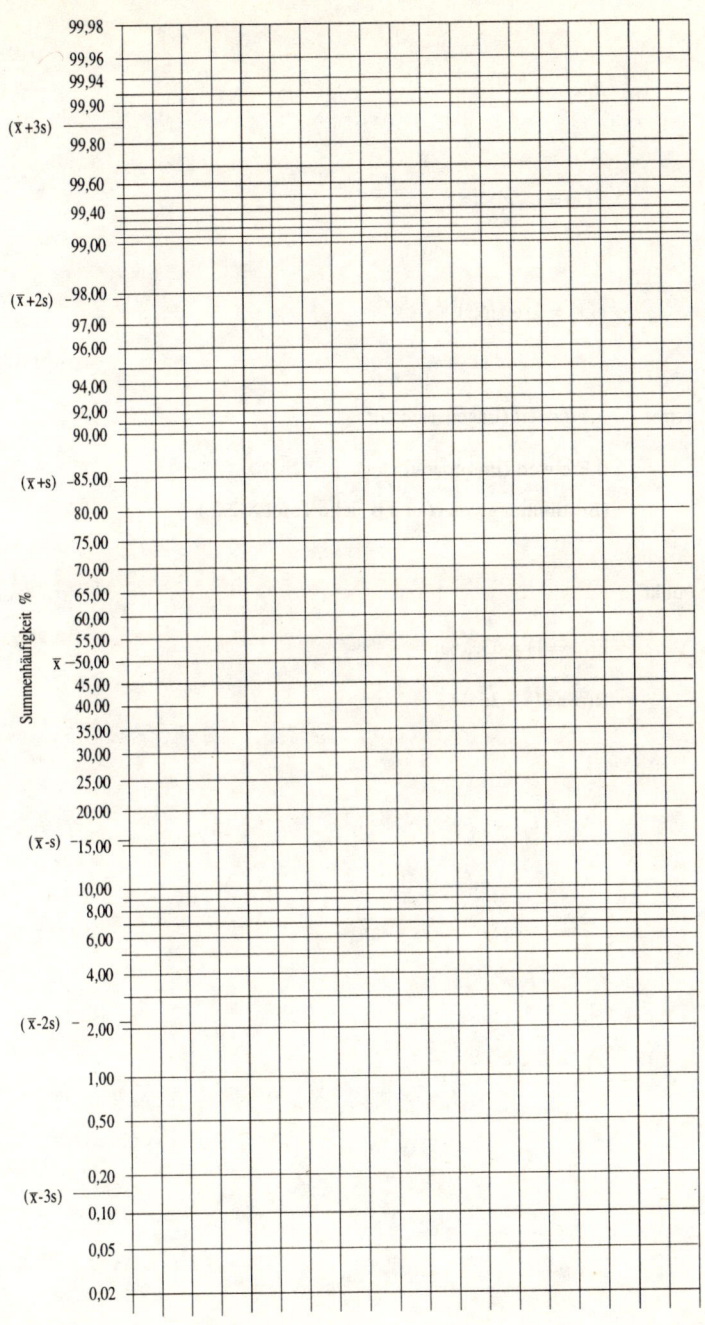

Tafel X.2.1. Weibullverteifung, Formeln

Zuverlässigkeitsfunktion $\qquad R(x) = e^{-(\alpha \cdot x)^\beta}$

Ausfallwahrscheinlichkeit $\qquad F(x) = 1 - e^{-(\alpha \cdot x)^\beta}$

Dichtefunktion $\qquad g(x) = \beta \cdot \alpha \cdot (\alpha x)^{\beta-1} \cdot e^{-(\alpha x)^\beta}$

     mit   α Freiwert (Lageparameter)

         β Freiwert (Formparameter)

         (Bestimmung von α und β siehe Tafel X.2.2.)

"Charakteristischer Punkt"

$\qquad F(\alpha \cdot x = 1) = 63{,}2\ \%$

$\qquad R(\alpha \cdot x = 1) = 36{,}8\ \%$

Anhang A: Datensammlung

Tafel X.2.2. Weibull- Wahrscheinlichkeitspapier

Bestimmung von α

Wegen $F(x_0) = 1 - e^{-(1)^\beta} = 1 - e^{-1}$ gilt immer $F(x_0) = 0{,}632 \triangleq 63{,}2\%$

und damit $\alpha = \dfrac{1}{x_0}$ für den Schnittpunkt der Geraden mit der 63,2% - Linie.

Bestimmung von β

Da β nur den Anstieg der Geraden bestimmt, kann b direkt durch Parallelverschiebung der Geraden in den Pol und Ablesung am Nomogramm für β bestimmt werden.

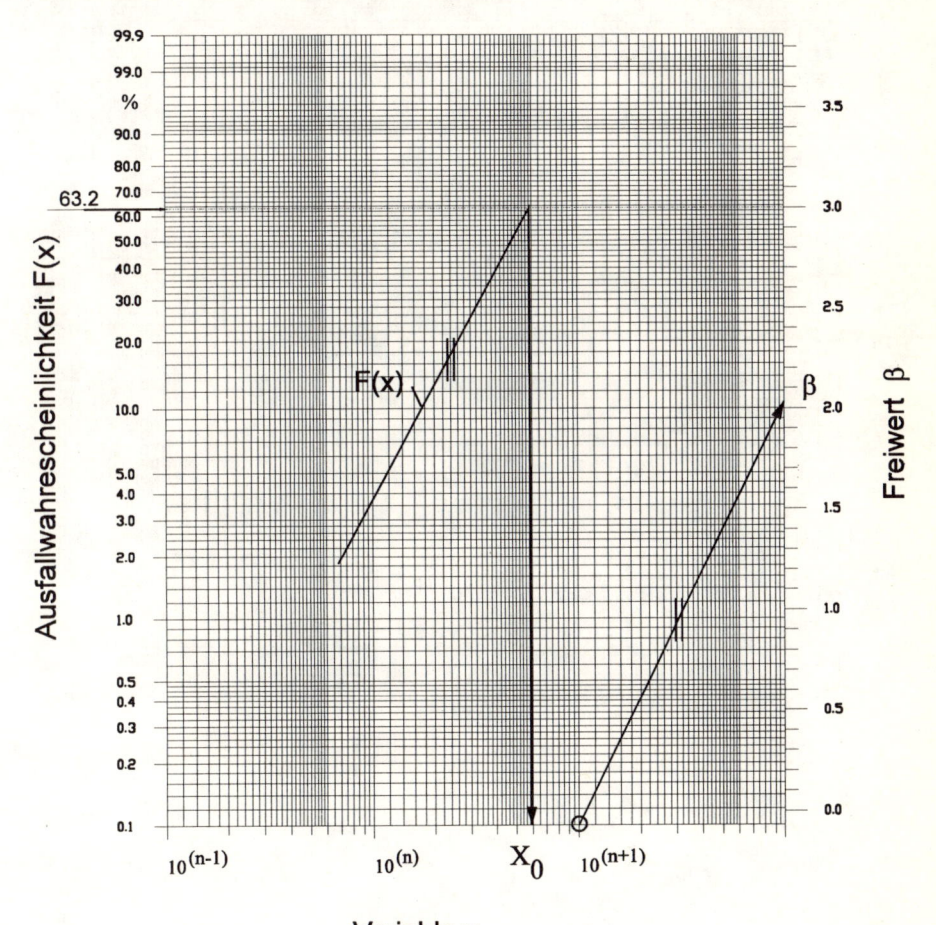

Tafel X.2.3. Weibull Wahrscheinlichkeitspapier

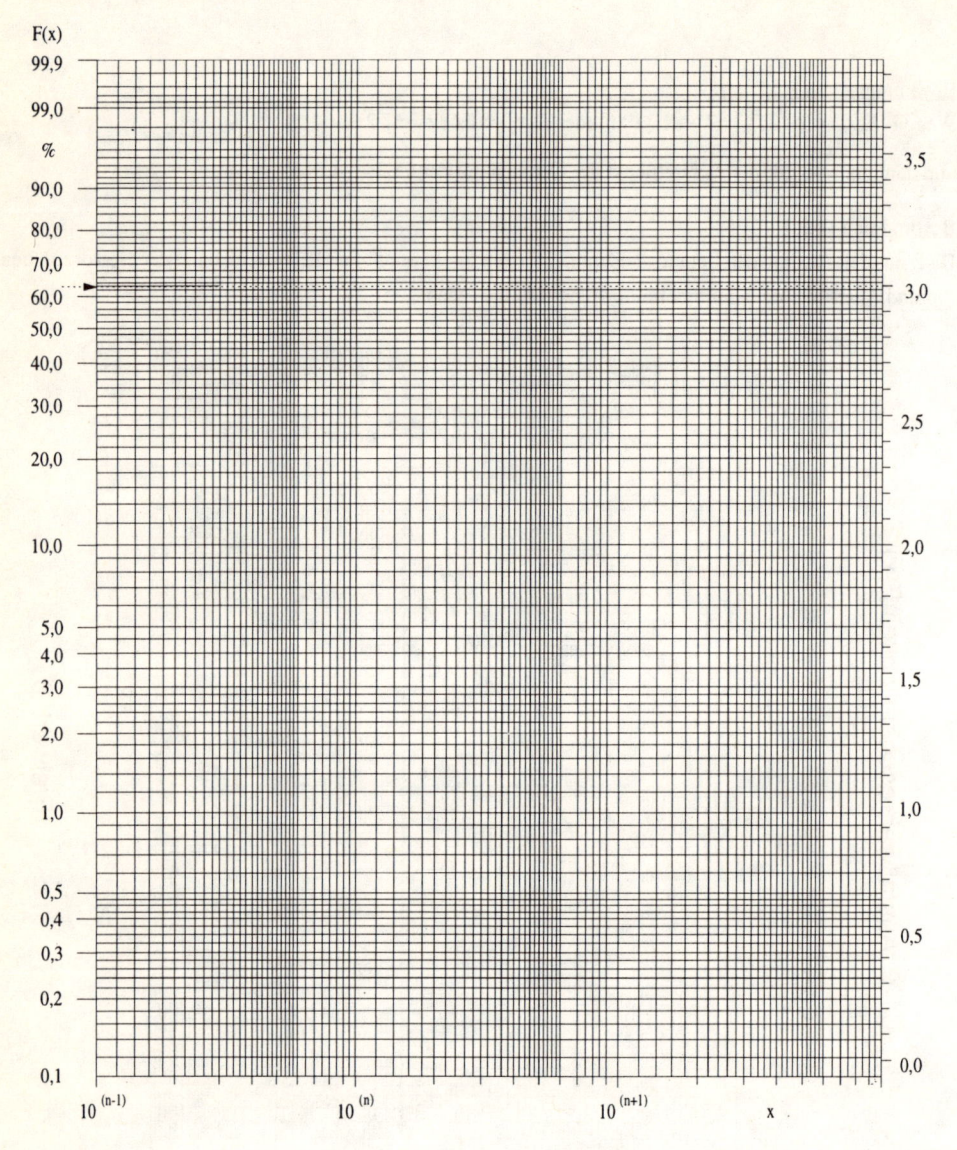

Anhang B
Beispiele

Anhang B: Beispiele

1. Beispiel: Sicherheit gegen Streck- und Fließgrenzenüberschreitung, Einfluß der Vergleichsspannungshypothesen

Aufgabe: Eine Dehnschraube wird beim Anziehen durch Zug und Torsion beansprucht. Die im Dehnschaft vorhandenen Spannungen werden zu
$\sigma_z = 120$ N/mm² und $\tau_t = 50$ N/mm²
bestimmt. Die Schraube ist aus St 60 gefertigt.
Wie groß ist die Sicherheit gegen Streck- bzw. Fließgrenzenüberschreitung?

Lösung: Aus Tafel II.1 des Anhangs A sind die Festigkeitswerte
$\sigma_B = 600$ N/mm² ; $\sigma_S = 340$ N/mm² ; $\tau_F = 220$ N/mm²
abzulesen.

1. Sicherheit nach der Gestaltänderungsenergiehypothese (n.Gl.3.3.3.)

$$\sigma_{Vvorh} = \sqrt{\sigma_x^2 + 3\tau_{xy}^2} \ , \ \alpha = \sqrt{3} = 1.73$$

Mit $\sigma_x = \sigma_z = 120$ N/mm² und $\tau_{xy} = \tau_t = 50$ N/mm² folgt

$$\sigma_{Vvorh} = \sqrt{120^2 + 3 \cdot 50^2}$$

$$\underline{\sigma_{Vvorh} = 147 \text{ N/mm}^2}$$

$$S_{Fvorh} = \frac{\sigma_S}{\sigma_{Vvorh}} = \frac{340}{147}$$

$$\underline{S_{Fvorh} = 2.31}$$

2. Sicherheit nach der Bach`schen Hypothese (n.Gl. 3.34.) mit Gl. (3.39.)

$$\alpha = \frac{\sigma_S}{\tau_F} = \frac{340}{220} = 1.55$$

$$\sigma_{Vvorh} = \sqrt{120^2 + 1.55^2 \cdot 50^2}$$

$$\underline{\sigma_{Vvorh} = 147 \text{ N/mm}^2}$$

$$S_{Fvorh} = \frac{\sigma_S}{\sigma_{Vvorh}} = \frac{340}{143}$$

$$\underline{S_{Fvorh} = 2.37}$$

3. Sicherheit aus Teilsicherheiten nach Gl. (3.37.)

$$\frac{1}{S^2} = \frac{1}{S_\sigma^2} + \frac{1}{S_\tau^2}$$

$$S_\sigma = \frac{\sigma_S}{\sigma_z} = \frac{340}{120} = \underline{2.83}$$

$$S_\tau = \frac{\tau_F}{\tau_t} = \frac{220}{50} = \underline{4.40}$$

$$\frac{1}{S^2} = \frac{1}{2.83^2} + \frac{1}{4.40^2} = 0.1765$$

$$\underline{S_{Fvorh} = 2.38}$$

Während der Unterschied der Ergebnisse für 2. und 3. nur auf Rundungsfehlern beruht, ist die Differenz zu 1. im verschiedenen α begründet.

2. Beispiel: Sicherheitsnachweis bei Schwingbeanspruchung

Aufgabe: Ein Wellenabsatz wurde mit den geometrischen Daten

$$d = 56 \text{ mm}, \quad D = 65 \text{ mm}, \quad \text{Kerbradius } \zeta = 1 \text{mm}$$

gestaltet.
Die Schnittgrößen betragen

$$M_t = 1000 \pm 900 \text{ Nm und}$$
$$M_b = \pm 600 \text{ Nm}.$$

Als Werkstoff wurde St 50 gewählt, die Sicherheit soll $S \geq 1.4$ sein.

Lösung: Die *vorhandenen Nennspannungen* ergeben sich mit

$$W_Z = \frac{\pi \cdot 55^3}{32} = 16330 \text{ mm}^3$$

und

$$W_t = 2 W_Z = 32660 \text{ mm}^3$$

zu

$$\sigma_{bm} = 0 \; ; \quad \sigma_{ba} = \frac{600 \cdot 10^3}{16330} = 36.7 \text{ N/mm}^2$$

$$\tau_{tm} = \frac{1000 \cdot 10^6}{32660} = 30.6 \text{ N/mm}^2 \; ; \quad \tau_{ta} = \frac{900 \cdot 10^3}{32660} = 27.6 \text{ N/mm}^2$$

Zur *Reduktion der Ausschlagfestigkeiten* folgt mit

$$d/D = 0.85 \quad \text{und} \quad \zeta/t = 0.2$$

aus Tafel IV.1. für die Formzahlen

$$\alpha_{kb} = 2.8 \quad \text{und} \quad \alpha_{kt} = 1.9$$

und mit $\eta_k = 0.7$ nach Tafel IV.3.

$$\beta_{kb} = 2.3 \quad \text{und} \quad \beta_{kt} = 1.6.$$

Mit dem Größeneinflußfaktor $k_g = 0.75$ und $k_t = 0.96$ nach Tafel IV.5. und damit

$$k = 0.75 \cdot 0.96 = 0.72$$

sowie dem Oberflächeneinflußfaktor für $R_z = 10 \mu m$ nach Tafel IV.6. von $O_F = 0.88$ ergeben sich die Reduktionsfaktoren

Anhang B: Beispiele

$$\gamma_{kb} = \frac{2.3}{0.72 \cdot 0.88} = 3.63 \quad \text{und} \quad \gamma_{kt} = \frac{1.6}{0.72 \cdot 0.88} = 2.52.$$

Aus dem Smithdiagramm (Tafel III.2.1.) werden für die zum *Versagen führenden Spannungen* abgelesen für

$\sigma_{bm} = 0$ die Ausschlagspannung $\sigma_{bA} = \sigma_{bW} = 260 \text{ N / mm}^2$

und für

$\tau_{tm} = 30.6 \text{ N / mm}^2$ der Wert $\tau_{ta} = 145 \text{ N / mm}^2$.

Für die reduzierten Spannungen ergibt sich

$$\sigma'_{bA} = \frac{\sigma_{bA}}{\gamma_{kb}} = \frac{260}{3.63} = 71.6 \text{ N / mm}^2$$

$$\tau'_{tA} = \frac{\tau_{tA}}{\gamma_{kt}} = \frac{145}{2.52} = 57.5 \text{ N / mm}^2.$$

Wählen wir den Überlastfall I, so ergeben sich die Teilsicherheiten zu

$$S_b = \frac{\sigma'_{bA}}{\sigma_{bA}} = \frac{71.6}{36.7} = 1.95 \quad \text{und}$$

$$S_t = \frac{\tau'_{tA}}{\tau_{tA}} = \frac{57.5}{27.6} = 2.08.$$

Die Gesamtsicherheit errechnet sich nach Gl. (3.50) zu

$$\frac{1}{S_{ges}} = \sqrt{\frac{1}{1.95^2} + \frac{1}{2.08^2}}$$

$$\underline{\underline{S_{ges} = 1.42 \ > \ 1.40}}.$$

3. Beispiel: Lebensdauerberechnung im Zeitfestigkeitsbereich bei einem
Beanspruchungshorizont

Aufgabe: Für ein Konstruktionselement wurden im Schwellbereich für die Beanspruchungshöhen $\sigma_1 = 200$ N/mm² und $\sigma_2 = 120$ N/mm² die nominellen Bruchlastspielzahlen (10% Ausfallgrenze bzw. R = 0.9; $N_n = N_{min} = N_{0.9}$)
$N_1 = 0.66 \cdot 10^4$ und $N_2 = 1.40 \cdot 10^5$ ermittelt.

Gesucht ist die nominelle Lebensdauer N_σ für das Beanspruchungsniveau von $\sigma = 150$ N/mm².

Lösung: Die Lösung kann mit den Gleichungen (5.8) bis (5.15) erfolgen. Der Wöhlerkurvenexponent ergibt sich aus Gl. (5.14.).

$$k = \frac{\lg \frac{N_2}{N_1}}{\lg \frac{\sigma_1}{\sigma_2}} = \frac{\lg \frac{14.0}{0.66}}{\lg \frac{200}{120}}$$

$$k = 5.98 \approx 6$$

und aus Gl. (5.7.)

$$N_\sigma = N_1 \left(\frac{\sigma_1}{\sigma}\right)^k = 0.66 \cdot 10^4 \left(\frac{200}{150}\right)^{6.0}$$

$$\underline{\underline{N_\sigma = 3.71 \cdot 10^4 \text{ Lastspiele.}}}$$

4. Beispiel: Lebensdauerberechnung mittels linearer Schadensakkumulationshypothesen bei Ermüdung

Die Klassierung der Beanspruchung eines gekerbten Bauteils ergab die in der Tabelle aufgelistete Kollektivverteilung.

Das Bauteil wurde unter Verwendung des Werkstoffes 20MnCr5 mit σ_B = 1000 N/mm² und σ_{zdW} = 420 N/mm² so ausgelegt, daß die Kerbbeanspruchung in der höchsten Kollektiv-Klasse σ_1 = 680 N/mm² beträgt. Das Bauteil soll mindestens $N_{erf} \geq$ 10·10⁶ LSP ertragen. Die Grenzlastspielzahl ist N_g = 10⁶ LSP.

a) Der Nachweis ist mit den üblichen linearen Schadensakkumulationshypothesen zu führen.
b) Die Lebensdauer ist mit dem Äquivalenzfaktor eines Vergleichskollektivs zu bestimmen.

Klasse	1	2	3	4	5	6	7	8	9
σ_i / σ_1	1	0,883	0,765	0,648	0,535	0,412	0,294	0,177	0,059
n_i^*	1	4	15	50	130	260	490	750	800

Lösung a)

Es wird eine Tabellenrechnung der Gleichung

$$N_L = \frac{\sum n_i^*}{\sum \frac{n_i^*}{N_i}}$$

angelegt. Ausgehend von der normierten Wöhlerlinie nach Tafel VI.6. für gekerbte Bauteile wird mit dem Exponenten a = 5.0 gerechnet.
Die N_i-Werte werden aus der Gleichung

$$N_i = N_g \cdot \left(\frac{\sigma_D}{\sigma_i}\right)^{a,b}$$

bestimmt. Für die Hypothesen gilt

    Miner   a = 5.0; b→∞
    Corten/Dolan   a = b = 5.0
    Haibach   a = 5.0; b = 2a-1 = 9.0

Die Rechnung nach dem Rechenschema ergibt nach

    Miner N_L = 17.7 · 10⁶ LSP
    Haibach N_L = 13.5 · 10⁶ LSP
    Corten/Dolan N_L = 9.9 · 10⁶ LSP .

Die Forderung $N_{erf} \geq$ 10·10⁶ LSP kann als erfüllt angesehen werden, da die C/D-Hypothese stets die ungünstigsten Werte liefert. Wegen der Unterdrückung des Langlebigkeitseinflusses ist sie für allgemeine Vergleiche jedoch geeignet. Sie ist auch die Basis für die Ableitung der Äquvalenzfaktoren, mit denen eine sehr einfache Lebensdauerrechnung möglich ist.

Klasse	1	2	3	4	5	6	7	8	9	
σ_i/σ_1	1	0,883	0,765	0,648	0,535	0,412	0,294	0,177	0,059	
n_i^*	1	4	15	50	130	260	490	750	800	$\Sigma n_i^* = 2500$
σ_i, N/mm²	680	600	520	440	364	280	200	120	40	
N_i (Miner)	0,0899	0,1681	0,3437	0,7924	∞	∞	∞	∞	∞	·10⁶ a=5; b→∞
N_i (Haibach)	0,0899	0,1681	0,3437	0,7924	3,625	38,44	794,3	7,88·10⁴	1,5·10⁹	·10⁶ a=5; b=9
N_i (C/D)	0,0899	0,1681	0,3437	0,7924	2,045	7,594	40,84	525,2	1,27·10⁵	·10⁶ a=b=5
n_i^*/N_i {M}	11,12	23,79	43,64	63,09	0	0	0	0	0	·10⁻⁶ $\Sigma n_i^*/N_i = 141{,}6 \cdot 10^{-6}$
n_i^*/N_i {H}	11,12	23,79	43,64	63,09	35,86	6,76	0,61	0,09	0,00...	·10⁻⁶ $\Sigma n_i^*/N_i = 185{,}0 \cdot 10^{-6}$
n_i^*/N_i {C/D}	11,12	23,79	43,64	63,09	63,56	34,24	12	1,43	0,00...	·10⁻⁶ $\Sigma n_i^*/N_i = 252{,}8 \cdot 10^{-6}$

Ergebnis: nach Miner $N_L\{M\} = 2500 / 141{,}6 \cdot 10^{-6} = 17{,}7 \cdot 10^6$ LSP
nach Haibach $N_L\{H\} = 2500 / 185{,}0 \cdot 10^{-6} = 13{,}5 \cdot 10^6$ LSP
nach Corten/Dolan $N_L\{C/D\} = 2500 / 252{,}8 \cdot 10^{-6} = 9{,}9 \cdot 10^6$ LSP

Auswerteschema zur Lebensdauerberechnung Beispiel 4.

Anhang B: Beispiele

Lösung b):
Die Rechnung kann vereinfacht werden, wenn für das Kollektiv ein *"typisches Beanspruchungskollektiv"* nach Tafel X.1. zutrifft.

Das "Beobachtungskollektiv" mit $\sum n_i^* = 2500$ LSP muß dazu auf $\sum n_i = 10^6$ LSP transformiert werden. Der Faktor α beträgt $\alpha = 400$ (vgl. Abschnitt 7.).

i	1	2	3	4	5	6	7	8	9	
n_i^*	1	4	15	50	130	260	490	750	800	$\sum = 2500$
n_i	$4.0 \cdot 10^2$	$1.6 \cdot 10^3$	$6.0 \cdot 10^3$	$2.0 \cdot 10^4$	$5.2 \cdot 10^4$	$1.04 \cdot 10^5$	$1.96 \cdot 10^5$	$3.0 \cdot 10^5$	$3.2 \cdot 10^5$	
$\sum n_i$	$4.0 \cdot 10^2$	$2.0 \cdot 10^3$	$8.0 \cdot 10^3$	$2.8 \cdot 10^4$	$8.0 \cdot 10^4$	$1.84 \cdot 10^5$	$3.8 \cdot 10^5$	$6.8 \cdot 10^5$	$1.0 \cdot 10^6$	

Die Auftragung ergibt (zum Vergleich mit Tafel X.1. am besten auf Transparentpapier) eine gute Übereinstimmung mit dem Kollektiv 5, das für a = 5.0 nach Interpolation den Äquivalenzfaktor

$$\chi_{\ddot{a}} = 0.405$$

ergibt.

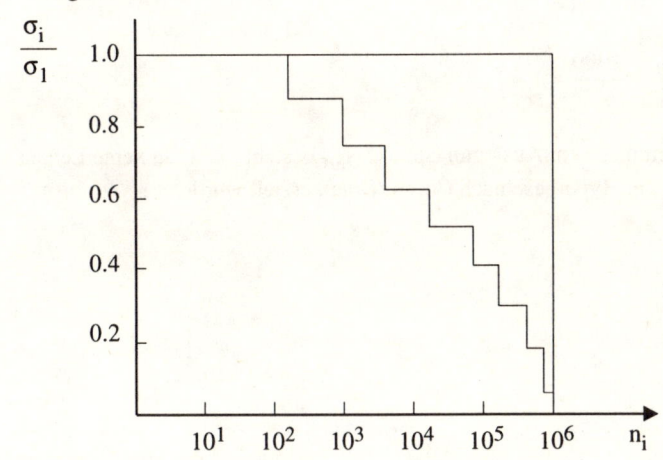

Aus der Definition des Äquivalenzfaktors nach Gleichung (7.25.) folgt

$$\sigma_{\ddot{a}} = \chi_{\ddot{a}} \cdot \sigma_1$$

d.h. es gilt

$$\sigma_{\ddot{a}} = 0.405 \cdot 680 \text{ N} / \text{mm}^2$$

$$\underline{\underline{\sigma_{\ddot{a}} = 275.4 \text{ N} / \text{mm}^2}}$$

Die Lebensdauer kann nun z.B. mit dem Dauerfestigkeitspunkt (σ_D; n_g) aus

$$N_L = N_g \cdot \left(\frac{\sigma_D}{\sigma_{\ddot{a}}}\right)^a$$

$$N_L = 10^6 \cdot \left(\frac{420}{275.4}\right)^5$$

zu
$$N_L = 8.25 \cdot 10^6 \text{ LSP}$$

berechnet werden.

Die Differenz zu $N_{L\{C/D\}} = 9.9 \cdot 10^6$ erklärt sich mit der nicht vollständigen Übereinstimmung mit dem Vergleichskollektiv.

Die Äquivalenzspannung $\sigma_ä = \sigma_{vorh\,ä}$ kann benutzt werden, um eine "Sicherheit gegen Dauerschwingbruch" zu berechnen:

$$S_D = \frac{\sigma_{vers}}{\sigma_{vorh}} = \frac{\sigma_{zdW}}{\sigma_ä}$$

$$S_D = \frac{420}{275.4} = \underline{\underline{1.53}}$$

Die Sicherheit gegen Überschreiten der Bruchgrenze ergibt mit der maximalen Beanspruchung des Kollektivs in der Klasse 1

$$S_B = \frac{\sigma_B}{\sigma_1} = \frac{1000}{680} = \underline{\underline{1.47}}.$$

Eine Sicherheit gegenüber dem Auslegungspunkt N_{erf} besteht nicht, da keine Lebensdauerreserve ΔN für die Hypothese nach Corten/Dolan erzielt wurde.

Anhang B: Beispiele 177

5. Beispiel: Verschleiß und Grenznutzungsdauer von Bremsbelägen

a) Ermittlung der Verschleißhöhen, Aufbereitung der Versuchs- und Berechnungsergebnisse für eine wöhlerdiagrammähnliche Darstellung:

Bei der Erprobung asbestfreier Bremsbeläge für Scheibenbremsen wurde das Verschleißverhalten nach Gleichung (5.23.) zugrunde gelegt.
Die Erprobung erfolgte auf einem Bremsprüfstand für 2 Horizonte mit einer Reibschubspannung

$\tau_{R1} = 1.20 \text{ N/mm}^2$

$\tau_{R2} = 0.48 \text{ N/mm}^2$,

wobei jeweils für t_R=3s ohne nennenswerten Drehzahlabfall der Bremsvorgang simuliert wurde. Der mittlere Reibweg auf der Scheibe wurde zu s_R=12.0 m berechnet. Nach jeweils 1000 Bremsvorgängen wurde die Verschleißhöhe vermessen und im Mittel mit

$h_{V1} = 0.087$ mm und
$h_{V2} = 0.031$ mm

bei einer Streuspanne von $T_{hV} = 1.82$ festgestellt, wobei die Streuung einer Gaußverteilung entsprach.
Das wöhlerlinienähnliche Verschleißdiagramm ist für
$h_{Vgrenz} = 2$mm bei R = 0.9 zu ermitteln.

Lösung:

Nach Gleichung (5.23) gilt

$\tau_{R1}{}^m \cdot s_{R1} = C \cdot h_{V1}$ und
$\tau_{R2}{}^m \cdot s_{R2} = C \cdot h_{V2}$

Nach Gleichsetzen über C ergibt sich

$$\left(\frac{\tau_{R1}}{\tau_{R2}}\right)^m \cdot \frac{s_{R1}}{s_{R2}} \cdot \frac{h_{V2}}{h_{V1}} = 1$$

und wegen $s_{R1} = s_{R2}$ für m

$$m = \frac{\lg\dfrac{h_{V2}}{h_{V1}}}{\lg\dfrac{\tau_{R1}}{\tau_{R2}}}$$

d.h. mit den eingesetzten Werten

$$m = 1.126$$

Der Exponent m≈1 bestätigt im Rahmen der Versuchsgenauigkeit die Gültigkeit der Verschleißgrundgleichung (m=1) nach Gl.(5.30).
Zur Beschreibung der Wöhlerlinie für R = 0.9 sollen ein Punkt (wir wählen Horizont 1) und der Exponent m benutzt werden.
Wir transformieren deshalb den Verschleißbetrag h_V(R=0.5) mit der „halben" Streuspanne $\overline{T}n_V$ = 1,41 auf h_V(R=0.9).

$$h_{V1}(R = 0.9) = h_{V1}(R = 0.5) \cdot \frac{1}{\overline{T}_{nV}}$$

$$h_{V1}(R = 0.9) = 0.062 \text{ mm}$$

und mit h_{Vgrenz} = 2 mm den Reibweg s_{R1} auf

$$s_{R1grenz} = s_{R1} \frac{h_{Vgrenz}}{h_V(R = 0.9)}$$

$$s_{R1grenz} = 387 \cdot 10^3 \text{ m}.$$

Damit gilt für den Bezugspunkt auf Horizont 1 für R = 0.9

$$\tau_{R1}{}^m \cdot s_{Rgrenz} = C \cdot h_{Vgrenz}(R = 0.9).$$

Mit Rücksicht auf die Dimensionslosigkeit wird zweckmäßig mit der Wöhlerliniengleichung

$$\left(\frac{\tau_{Ri}}{\tau_{R1}}\right)^m \cdot \left(\frac{s_{Ri}}{s_{Rgrenz}}\right) \cdot \left(\frac{h_{Vgrenz}}{h_V}\right) = 1$$

gerechnet (vergleiche Teil b des Beispiels).

Setzen wir m=1, so läßt sich die Konstante C als C = e_R* bestimmen und mit Literaturangaben vergleichen.
Es gilt

$$C = e_R^* = \frac{\tau_{R1} \cdot s_{Rgrenz}}{h_{V1grenz}}$$

$$e_R^* = \frac{1.20 \text{ N/mm}^2 \cdot 387 \cdot 10^3 \text{ m}}{2 \text{ mm}}$$

$$e_R^* = 2.3 \cdot 10^5 \text{ Nm/mm}^3$$

Anhang B: Beispiele

Für die Verschleißintensität ergibt sich

$$I_h = \frac{h_V}{s_R} = \frac{h_{V1grenz}}{s_{R1grenz}}$$

$$I_h = \frac{2 \text{ mm}}{387 \cdot 10^6 \text{ mm}}$$

$$I_h = 5.2 \cdot 10^{-9}$$

Beide Werte ordnen sich gut in die Zahlenangaben nach Tafel VII.1. ein.

b) Ermitteln der Grenznutzungsdauer:

Die Grenznutzungsdauer der Bremsbeläge soll für den realen Fahrzeugeinsatz bestimmt werden. Das Bremskollektiv wurde in einem Versuchsfahrzeug ermittelt.
Die Testzeit betrug $t^* = 12,5$ h, dabei wurde ein Weg von $L^* = 766$ km zurückgelegt. Die gemessenen Bremskräfte wurden auf die Reibschubspannung τ_R umgerechnet und klassiert. Ebenso ergaben sich die Reibwege s_{Ri}^* aus den Bremszeiten und dem Geschwindigkeitsverlauf mit Umrechnung auf die Scheibenbremse.

Lösung:

Kollektivauftragung und weitere Berechnung erfolgen wieder in einer Tabelle.

	i	1	2	3	4	5	6		
gemessenes	τ_{Ri}	1.2	1.0	0.8	0.6	0.4	0.2	N/mm²	
Kollektiv	s_{Ri}^*	310	580	870	1520	2760	3430	m	$\Sigma = 9.47 \times 10^3$ m
aus Gl. (5.4)	s_{Ri} (R=0.9)	387	475	611	844	1333	2910	x10³ m	
	s_{Ri}^*/s_{Ri}	0,861	1,221	1,424	1.801	2,071	1,179	x10⁻³ m	$\Sigma = 8.497 \times 10^{-3}$ m

Die Schadensakkumulationshypothese nach *Miner* lautet angepaßt an dieses Verschleißproblem

$$s_{R\ddot{a}} = \frac{\sum s_{Ri}^*}{\sum \frac{s_{Ri}^*}{s_{Ri}}}$$

Die Berechnung der s_{Ri} erfolgt aus

$$s_{Ri} = s_{R1grenz} \left(\frac{\tau_{R1}}{\tau_{Ri}}\right)^m$$

Mit den in der Tabelle errechneten Summenwerten ergibt sich ein "äquivalenter Reibweg" von

$$\underline{\underline{s_{Rä} = 1.115 \cdot 10^6 \text{ m}}}.$$

Die zugehörige "äquivalente Beanspruchung" läßt sich berechnen, indem das Wertepaar (τ_{Ri}, s_{Ri}) ersetzt wird durch $(\tau_{Rä}, s_{Rä})$. Es folgt

$$\tau_{Rä} = \sqrt[m]{\tau_{R1}{}^m \frac{s_{Rgrenz}}{s_{Rä}}}$$

$$\underline{\underline{\tau_{Rä} = 0.4689 \text{ N} / \text{mm}^2}}.$$

Die zu erwartende Kilometer-Laufleistung der Bremsen am Fahrzeug beträgt damit für R = 0.9

$$L_{0.9} = L^* \frac{s_{Rä}{}^*}{\sum s_{Ri}{}^*}$$

$$\underline{\underline{L_{0.9} \approx 90000 \text{ km}}}.$$

6. Beispiel: Ausfallverhalten und Auslegung eines Hydraulikventils

a) Untersuchung des Ausfallverhaltens auf 2 Belastungshorizonten:

Als hauptsächlich schädigende Größe wurde dabei der Druck p angenommen. Andere, ebenfalls schädigend wirkende Einflüsse, wie z.B. Hydraulikmedium, geometrische Parameter, werden vernachlässigt.

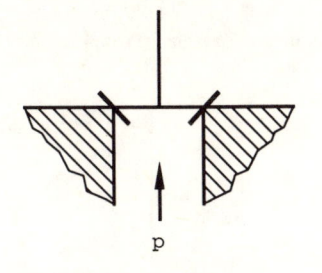

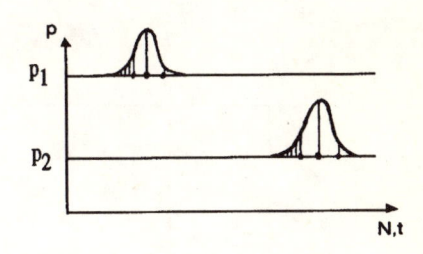

N_0 ... Anzahl der Ventile
N ... Belastungszyklen
H ... Summenhäufigkeit der Ausfälle innerhalb des jeweiligen Zyklus
ΣH ... Summenhäufigkeit der Ausfälle insgesamt

$N_0 = 75$ bei $p_1 = 160$ bar :

$N \times 10^5$	0.5-0.7	0.7-0.9	0.9-1.1	1.1-1.3	1.3-1.5
H	3	8	16	20	17
ΣH	3	11	27	47	64
$\Sigma H/N_0$	0.04	0.147	0.36	0.626	0.853

- nach Auftragung auf Wahrscheinlichkeitspapier Ermittlung der Belastungszyklenanzahl für 10%, 50% und 90% Zuverlässigkeit:
$N_{(10)}=1.58 \times 10^5$, $N_{(50)}=1.21 \times 10^5$, $N_{(90)}=0.83 \times 10^5$

$N_0 = 75$ bei $p_2 = 40$ bar :

$N \times 10^6$	3.5-3.9	3.9-4.3	4.3-4.7	4.7-5.1	5.1-5.5
H	4	7	14	19	17
ΣH	4	11	25	44	61
$\Sigma H/N_0$	0.053	0.147	0.33	0.58	0.81

$N_{(10)}=5.77 \times 10^6$, $N_{(50)}=4.95 \times 10^6$, $N_{(90)}=4.13 \times 10^6$

Nach Auftragung in doppeltlogarithmischer wöhlerdiagrammähnlicher Darstellung sind für verschiedene Druckniveaus entsprechend der vorausgesetzten Zuverlässigkeit die dazugehörigen Belastungszyklen ermittelbar.

b) Finden des Belastungskollektivs und Berechnen der Lebensdauer anhand des Beispiels eines Baggers:

- Kollektivermittlung kann durch praktische Beobachtung in einem repräsentativen Zeitraum (hier 3 Stunden) erfolgen, dazu festlegen von 3 Stufen:
  1. Füllen der Schaufel - $p \approx 150$ bar - $n_i = 73$
  2. Heben der Schaufel - $p \approx 120$ bar - $n_i = 57$
  3. Schwenken - $p \approx 45$ bar - $n_i = 57$
  $\sum n_i = 187$

n_i ... beobachtete Anzahl an Belastungszyklen je Druckniveau

Stufe	1	2	3
p	150	120	45
n_i	73	57	57
$N_{i\,0.9}$	1.03×10^5	1.85×10^5	2.85×10^6
n_i/N_i	7.08×10^{-4}	3.08×10^{-4}	0.20×10^{-4}

- Hypothese der linearen Schadensakkumulation nach *Miner*:

$$N_L = \frac{\sum n_i}{\sum \frac{n_i}{N_i}} = 18.05 \times 10^4 \text{ Zyklen}$$

Bei 8-stündigem Arbeitstag würde das einer Lebensdauer von $N_L \approx 2900$ h, also $N_L \approx 360$ Tagen entsprechen.

Wie kann die Lebensdauer erhöht werden?
* Druck senken
* Ventile konstruktiv verbessern - steht hier nicht als Problem

- Verwendung des 2-Horizont-Ansatzes:

$$B^a \cdot N = \text{const.}$$

- Exponent a bestimmen:

$$a = \frac{\lg \frac{N_2}{N_1}}{\lg \frac{B_1}{B_2}}$$

dabei Einsetzen der Wertepaare $\{p, N_{0.9}\}$ aus Abschnitt a) dieses Beispiels
- mit neuem a und vorgegebener, höherer Belastungszyklenanzahl (bzw. niedrigerem Druck) Ermittlung des angestrebten kleineren Druckwertes (bzw. der vergrößerten Belastungszyklenanzahl).

Anhang B: Beispiele

7. Beispiel: Systemzuverlässigkeit einer Zweikreisbremse

Trotz höchster Qualitätsansprüche ist der Ausfall des Bremssystems von Kraftfahrzeugen nicht 100-prozentig auszuschließen.

Aufgabe: Bei einer Einkreisbremse sind an 4 Rädern insgesamt 8 Bremskolben und der Bremskolben des Hauptbremszylinders in Serie geschaltet.

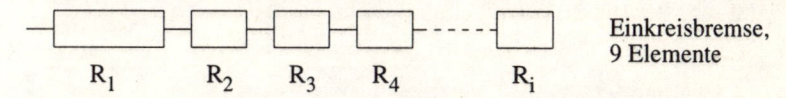

Einkreisbremse, 9 Elemente ($R_1, R_2, R_3, R_4, \ldots R_i$)

Seriensysteme hoher Elementzahl sind wegen der multiplikativen Verknüpfung der Element-Zuverlässigkeiten R_i relativ unzuverlässig.

Es ist vergleichend zu prüfen, wie sich die Trennung von Vorder- und Hinterradbremsen bzgl. der Zuverlässigkeit auswirkt.

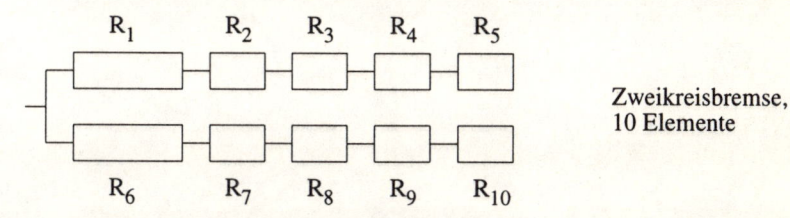

Zweikreisbremse, 10 Elemente ($R_1 \ldots R_5$ oben, $R_6 \ldots R_{10}$ unten)

Lösung: Vereinfachende Annahme: $R_i = R = $ const.

In einem Seriensystem bewirkt der Ausfall eines Elements den Ausfall des ganzen Systems. Damit besteht die Zuverlässigkeit dieses Systems in der Wahrscheinlichkeit, daß kein Element ausfällt. Es gilt das Produktgesetz der Wahrscheinlichkeitsrechnung, welches aus den Zuverlässigkeiten R_i der einzelnen Elemente (hier i = 9) gebildet wird.

Einkreisbremse $\quad R_{Iges} = R_i^9$

Die Berechnung der Systemzuverlässigkeit in einem Parallelsystem erfolgt unter Berücksichtigung der Tatsache, daß das System ausgefallen ist, wenn alle in Redundanz liegenden Elemente ausgefallen sind. Hierbei wird das Produktgesetz zweckmäßigerweise über die Ausfallwahrscheinlichkeiten A(t) der einzelnen Elemente (hier i = 10) aufgestellt.

Zweikreisbremse $\quad R_{IIges} = 1 - (1 - R_i^5)(1 - R_i^5)$

Zur Erhöhung der Aussagekraft dieser Gegenüberstellung werden 3 verschiedene Elementzuverlässigkeiten R_i angenommen.

Elementzuverlässigkeit R_i	0.999000	0.998000	0.997000
Systemzuverlässigkeit R_{Iges} (Einkreisbremsanlage)	0.991036	0.982143	0.973322
Systemzuverlässigkeit R_{IIges} (Zweikreisbremsanlage)	0.999975	0.999901	0.999778
Ausfallwahrscheinlichkeit A_I (Einkreisbremsanlage)	8.964 ‰	17.857 ‰	26.678 ‰
Ausfallwahrscheinlichkeit A_{II} (Zweikreisbremsanlage)	0.025 ‰	0.099 ‰	0.222 ‰
relative Verbesserung A_I / A_{II}	≈ 360	≈ 180	≈ 120

Die Verringerung der Ausfallwahrscheinlichkeit um mehr als das 100-fache verdeutlicht die äußerst positive Auswirkung von Redundanzmaßnahmen auf die Gesamtzuverlässigkeit eines Systems.

Anhang B: Beispiele

8. Beispiel: Wälzlager - Systemzuverlässigkeit, erhöhte Einzelzuverlässigkeit

Wälzlager werden für eine nominelle Lebensdauer L_n ausgelegt mit R = 0.9, d.h. 10% der Lager können vorzeitig ausfallen (vgl. Abschnitt 5.5.1.). Mehrere Wälzlager einer Maschine bilden in der Regel ein nichtredundantes System, d.h. durch die multiplikative Verknüpfung (vgl. Abschnitt 4.4.) der Elementzuverlässigkeiten R_i ist eine Gesamtzuverlässigkeit $R_{ges} \ll R_i$ zu erwarten. Da Redundanzen konstruktiv kaum realisiert werden können, bietet sich als einzige Maßnahme die Auslegung der Einzellager mit erhöhter Elementzuverlässigkeit an.

Die Aufgabe soll in drei Teilaufgaben bearbeitet werden:
a) Beschreibung des Ausfallverhaltens der Einzellager durch die Weibullverteilung.
b) Berechnung der aktuellen Elementzuverlässigkeit infolge der Auswahl aus der Lagerbaureihe.
c) Auslegung der Einzellager mit erhöhter Zuverlässigkeit zur Gewährleistung einer vor gegebenen Gesamtzuverlässigkeit.

Teilaufgabe a):

Um die Gesamtaufgabe lösen zu können, ist die Beschreibung des Ausfallverhaltens der Einzellager mit Hilfe einer Verteilungsfunktion notwendig. Wir verwenden die Weibull-Funktion, für die die Freiwerte α und β zu bestimmen sind.

Nach Gleichung (4.21) bzw. (5.36) gilt

$$R(x) = e^{-(\alpha x)^\beta}$$

und damit nach Gleichung (4.15.)

$$F(x) = 1 - e^{-(\alpha x)^\beta}$$

Die Freiwerte α und β sollen mit Hilfe des Weibullwahrscheinlichkeitspapiers nach Tafel X.3. bestimmt werden.

Mit der dimensionslosen Koordinate

$$x = \frac{t}{t_n} \quad \text{bzw.} \quad x = \frac{L}{L_n}$$

L_n = nominelle Lebensdauer für R = 0.9

sowie unter Verwendung des für Wälzlager bekannten Zusammenhanges

$$L_m \approx 5 L_n$$

L_m = mittlere Lebensdauer für R = 0.5

kann die Gerade im "Weibullpapier" durch die Punkte F(x=1) = 0.1 = 10% und F(x=5) = 0.5 = 50% festgelegt werden.

Nach Parallelverschiebung der Geraden in den Pol kann

$$\beta = 1.18$$

abgelesen werden. Der Freiwert α ergibt sich aus dem Schnittpunkt der speziellen Linie

$F(x) = 63.2\%$, für die gilt

$$\alpha x = \alpha \frac{L}{L_n} = 1$$

Mit dem abgelesenen Wert $x = 6.9$ folgt

$$\alpha = \frac{1}{6.9} = 0.145$$

d.h. die Verteilungsfunktion lautet

$$\underline{\underline{R(x) = e^{-(0.145x)^{1.18}}}}$$

Teilaufgabe b):

Wälzlager kommen selten als "Element" zum Einsatz. Zur Lagerung einer Welle sind zwei, in einem Getriebe 4,6 oder mehr notwendig. Da ein Lager zum Ausfall der gesamten Baugruppe führt, liegt der Fall der "nichtredundanten Systemzuverlässigkeit" vor. Bei vier Lagern z.B. verringert sich die Systemzuverlässigkeit nach Gleichung (4.23) unter der Annahme der Elementzuverlässigkeit $R_i = 0.9$ auf

$$R_{ges} = 0.9^4 = 0.656 = 66\%,$$

d.h. 34% der Baugruppen gleicher Bauart würden ausgefallen sein. In der Praxis verbessert sich diese Situation durch das konstruktiv übliche und notwendige Auslegungsverfahren, eine Tragzahl C_{erf} zu berechnen und dann aus der gewählten Lagerbaureihe ein Lager mit C_{vorh} auszuwählen, wobei gilt

$$C_{vorh} \geq C_{erf}.$$

Die damit verbundene Erhöhung der Zuverlässigkeit soll berechnet werden.

Gehen wir in der Lebensdauergleichung (5.36)

$$L = \left(\frac{C}{F}\right)^p$$

aus und folgen der Modellvorstellung nach Bild (B 8.2), so kann die Vergrößerung der Tragzahl als relative Entlastung des Lagers gedeutet werden, wodurch sich die Lebensdauer von L_1 auf L_2 vergrößert.

Da sich der Vorgang entlang der Linie $R = 0.9$ vollzieht, vergrößert sich die nominelle Lebensdauer von L_{n1} auf L_{n2}. Für gleiche Belastung $F_1 = F_2$ folgt mit der Lebensdauergleichung

$$L_{n1} = L_{n2}\left(\frac{C_{vorh}}{C_{erf}}\right)^p.$$

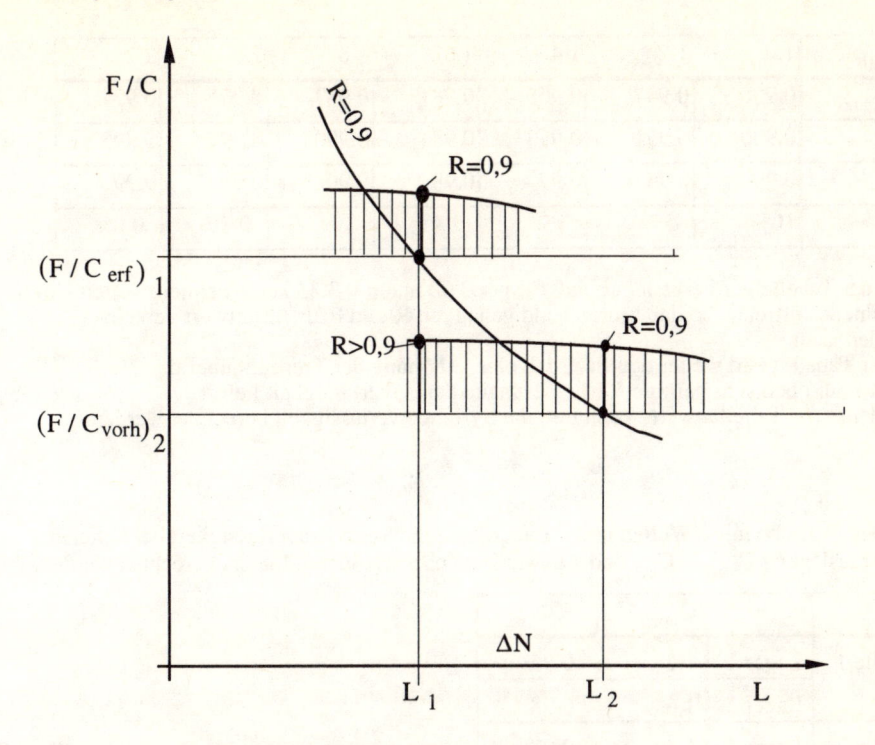

Bild B 8.2. Modellvorstellung für die relative Entlastung und Erhöhung der Zuverlässigkeit durch Vergrößerung der Tragzahl

d.h., die bezogene Zeit der Weibullverteilung verringert sich von

$$x_1 = \frac{L_1}{L_{n1}} = 1 \quad \text{auf} \quad x_2 = \frac{L_1}{L_{n2}}$$

Damit ergibt sich

$$x_2 = \frac{L_1}{L_{n1}} \left(\frac{C_{erf}}{C_{vorh}} \right)^p = \left(\frac{C_{erf}}{C_{vorh}} \right)^p$$

Die Zuverlässigkeit erhöht sich also von R = 0.9 für $C_{vorh} = C_{erf}$ auf

$$R(x) = e^{-\left[\alpha \left(\frac{C_{erf}}{C_{vorh}} \right)^p \right]^\beta}$$

Mit den in Teilaufgabe a) berechneten Freiwerten α und β sowie den für Wälzlager bekannten Wälzlagerexponenten p = 3.00 bzw. p = 3.33 ergeben sich die in der Tabelle aufgelisteten Zuverlässigkeiten R und Ausfallwahrscheinlichkeiten F.

C_{vorh}/C_{erf}	1.0	1.2	1.4	1.6	1.8	2.0	2.2
$R_{p=3.00}$	0.900	0.947	0.969	0.981	0.987	0.991	0.994
$R_{p=3.33}$	0.900	0.951	0.973	0.984	0.990	0.993	0.995
R	0.90	0.95	0.97	0.98	0.99	0.99	0.99
F	10%	5%	3%	2%	1%	0.8%	0.6%

Aus der Tabelle wird erkennbar, daß für p = 3.00 und p = 3.33 keine nennenswerten Unterschiede auftreten, so daß hinreichend genau mit R und F als Mittelwert gerechnet werden kann.
In der Tabelle wird weiter deutlich, daß eine Erhöhung der Tragzahl über das 2fache hinaus nur noch sehr geringe Verbesserungen der Zuverlässigkeit liefert.
Mit Hilfe der Tabellenwerte kann nun die Systemzuverlässigkeit berechnet werden.

Teilaufgabe c):
Für ein Getriebe mit 2 Wellen und 4 Lagern soll die Systemzuverlässigkeit bei üblicher Lagerauslegung $C_{vorh} > C_{erf}$ und Auswahl des nächstgrößeren Lagers berechnet werden.

		C_{vorh}/C_{erf}	R_i
Welle 1	Lager 1	1.2	0.95
	Lager 2	1.6	0.98
Welle 2	Lager 3	1.4	0.97
	Lager 4	1.3	0.96

$$R_{ges} = 0.95 \cdot 0.98 \cdot 0.97 \cdot 0.96$$
$$\underline{\underline{R_{ges} = 0.87}}$$

Trotz wesentlich erhöhter Elementzuverlässigkeit gegenüber dem Auslegungswert von R = 0.9 wird eine mindestens anzustrebende Gesamtzuverlässigkeit von $R_{ges} \geq 0.9$ nicht erreicht.
Es soll deshalb eine Tragzahlerhöhung eines Lagers durch Auswahl des nächstgrößeren der Reihe erreicht werden. Es bietet sich natürlich das Lager mit der geringsten Tragzahlreserve, d.h. das Lager 1 an. Die Auswahl ergibt $C_{vorh}/C_{erf} = 2.2$ und damit $R_1 = 0.99$, womit sich die Gesamtzuverlässigkeit zu

$$\underline{\underline{R_{ges} = 0.91}}$$

errechnet.

Anhang B: Beispiele

9. Beispiel: Zuverlässigkeit, ökonomische Nutzungsdauer

Aufgabe:
Die Stadtwerke haben 20 Gehwegkehrmaschinen zum Preis von $A_1 = 28$ TDM je Stück angeschafft. Vom Hersteller wird die mittlere Lebensdauer $T(R=0.5) = 8$ Jahre angegeben.
Der Reparaturaufwand ist zunächst gering, z.B. $C_2 = 10$ TDM im 2. Jahr, steigt jedoch dann im 8. Jahr auf $C_8 = 300$ TDM an. Als besonders anfällig erweist sich das Saugsystem, eines der 3 Hauptaggregate (Fahrwerk, Kehrsystem, Saugsystem). Es ist im 8. Nutzungsjahr mit 58% an den Reparaturkosten beteiligt.
Es soll überprüft werden, ob die ökonomische Nutzungsdauer im 8. Jahr bereits überschritten ist.

Lösung:
Wegen $F(t=8 \text{Jahre}) = 0.5 = 300$ TDM ergibt sich

$$F(t = 2 \text{ Jahre}) = 0.5 \cdot \frac{10}{300} = 0.01667 .$$

Wird die Weibull-Funktion benutzt, so ergibt sich aus der Auftragung im Wahrscheinlichkeitspapier

$$T \cong 9.0 \text{ Jahre}$$

und damit wegen

$$\alpha = \frac{1}{T} = 0.1111 \text{ Jahr}^{-1} \quad \text{sowie} \quad \beta = 2.7 .$$

Der jährliche Aufwand nach Gleichung (9.22.) beträgt für $F(t \to \infty) = 1$ mit

$C = 2C_8 = 600$ TDM ,

$A = 20A_1 = 560$ TDM und

$B = 0$ (hat keinen Einfluß auf das Optimum)

$$K^* = \frac{560}{0.1111 \cdot t} + 600\left(1 - e^{-(0.1111 \cdot t)^{2.7}}\right) .$$

Die optimale Nutzungsdauer liegt bei $t_{opt} \approx 9$ Jahre, wobei das Minimum nicht besonders ausgebildet ist (s. Bild B.9.1.).

Trotz der erheblichen Zunahme der Reparaturkosten überwiegt schließlich die günstigere Umverteilung der hohen Anschaffungskosten.

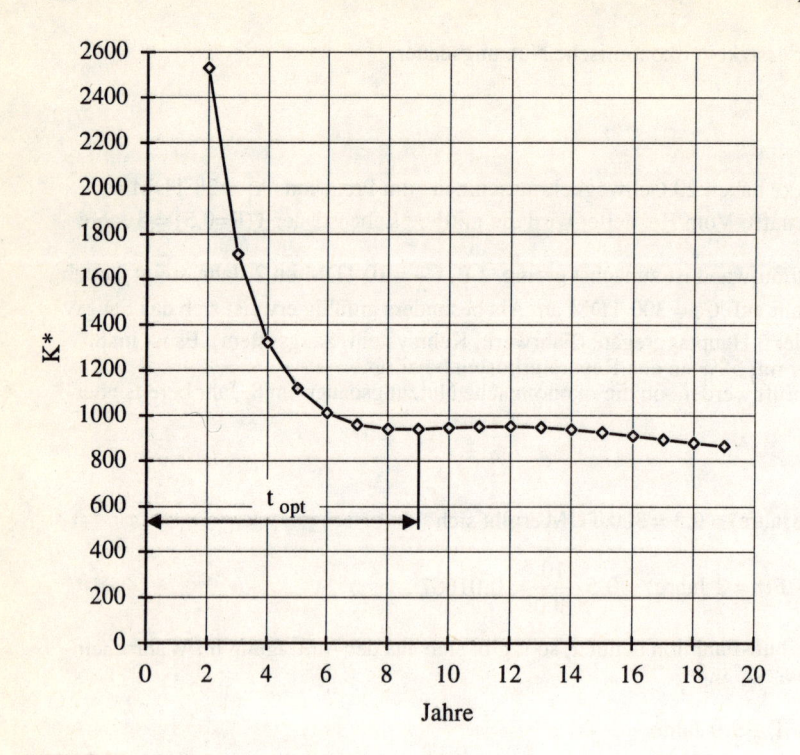

Bild B.9.1. Kostenfunktion nach Gleichung (9.22.)

Sachwortverzeichnis

Äquivalenzlast 105
Amplitudenkollektiv 96
Ausfallanteil 49
Ausfallrate 49
Ausfallwahrscheinlichkeit 49
Auslegung 6
Ausschlagsfestigkeit 15
Ausschlagspannung 15, 32
Auswerteverfahren 96

Badewannenkurve 51
Beanspruchung 61
–, äquivalente 105
–, Ermüdung 62
–, Erosion 80
–, Korrosion 80
–, Verschleiß 76
Beanspruchungsarten 14
Beanspruchungs-Zeitfunktionen 11
Beanspruchungskollektiv 92
Blockversuch 65

Dämpfung 66
Dauerfestigkeit 14
–, Schaubild nach SMITH 15
–, Schaubild nach HAIGH 15
–, Kostruktion des Schaubildes 14
Dichtefunktions 49

Einlaufvorgang 75
Einstufenversuch 65
Energie
–, Ermüdungs- 65
–, Schädigungs- 62
–, Verschleiß- 73

Ermüdung 62
Ermüdungsbruch 63
Exponentialverteilung 54

Festkörperreibung 71
Flankentragfähigkeit 81
Fließgrenze 12
Freßverschleiß 71
Frühausfall 51
Formzahl 51
Fußfestigkeit 81

GAUSS-Verteilung 51
Gesamteinflußfaktor 29
Gewaltbruch 12
Gleitreibung 72
Gleitverschleiß 74
Grenzlastspeilzahl 13
Grenznutzungsdauer 115
Größeneinfluß 29
–, geometrischer 30
–, technologischer 30

Häufigkeit
–, absolute 47
–, relative 47
HERTZsche Pressung 86
Histogramm 46

Instandhaltung 115

Kerben 19 ff
Kerbformen 21

Kerbwirkung 26
Klassenzahl 45
Klassierung 45, 92
Kollektiv 92 ff
–, Beanspruchungs- 93
–, Normierung 94
Kollektivbeschreibung
–, analytisch 95
Kollektivform 95
Konstruktionsprozeß 3
Korrosion 80
– Flächen- 80
–, örtliche 80
Kosten 118
Kostenmodell 118
Kostenkennzahl 120
Kurzlebigkeit 62

Langlebigkeit 62
Lebensdauerreserve 107
–, relative 109
Lebensdauerberechnung 99

MINER-Hypothese 101

Nennspannung 13, 26
Nennspannungskonzept 26
Normalverteilung, GAUSS 51
Nutzungsdauer 115

Oberflächeneinflußfaktor 29

Randspannung 26
Reibung 71
–, Festkörper- 72
–, Flüssigkeits- 72
Reibungsenergiedichte 79
Reibungskoeffizient 71
Rißausbreitung 63

Schadensakkumulation 98 ff
–, CORTEN-DOLAN 103
–, HAIBACH 103
–, MINER, PALMGREEN 101

Schadenswahrscheinlichkeit 42
– Maßnahmen zur Verringerung 44
Schädigung 59 ff
–, durch Ermüdung 62
–, durch Verschleiß 71
–, komplexe 83, 88
–, mehrfache 81, 87
–, Laufbuchse/ Kolbenring 88
–, Wälzlager 83
Sicherheit 6 ff
– Gesamt- 38
– Teil- 38
–, wahrscheinlichkeitstheoretischer
    Aspekt 42
– Zusammenhang zur Lebensdauer 108
– Zusammenhang zur Zuverlässigkeit 111
Sicherheitsberechnung
– Konzept örtl. Spannungen 19
– Nennspannungskonzept 26
– bei Schwingbeanspruchaung 16
– Überlastfälle 18
Sicherheitskreis 39
Sicherheitszahl 6
Sorfortausfall 62
Spannungen, Spannungszustände 8 ff
Spannungen, vorhandene 8
Spannungsausgleich, interkristallin 26
Sapnnungs-Dehnungs-Diagramm 13
Spannungserhöhung an Kerben 19 ff
Spannugnsgefälle, bezogenes 28
Spannungstensor 8
Spätausfall 51, 59
Standardabweichung 51
Streuspanne 69
Stützwirkung 26
Summenhäufigkeit 47
Systemzuverlässigkeit 54

Torsionsbeanspruchung 9

Überlastfälle, Sicherheit 18
Überlebenswahrscheinlich 49
Überrollung 85

Verfügbarkeit 118
Vergleichsspannung 34
Vergleichsspannungshypotthese,

Sachwortverzeichnis

–, Bach 35
–, TRESCA 34
–, v. MISES 34
Versagen,
–, durch Verformung 11
–, Gewaltbruch 11
–, Schwingbruch 11
Versagensellipse 35
Verschleiß 73 ff
Verschleißberechnung 75
Verschleißgrundgleichung 78
Verschleißhöhe 77
Verschleißintensivität 77
Verteilungsfunktionen 52
–, GAUSS 53
–, Exponential 54
–, WEIBULL 54

Wahrscheinlichkeitspapier,
–, GAUSS 54
–, WEIBULL 54
Wälzlager 82
Wälzlagerberechnung 82
WEIBULLverteilung 54
Werkstoffdämpfung 121
WÖHLER-Diagramm
–, normiertes 68
WÖHLER-Linie
–, Gleichung 60, 61
–, Exponent 60, 68, 70

Zeitfestigkeit 14
Zuverlässigkeit 50
Zuverkässigkeitstheorie 45

Springer-Verlag und Umwelt

Als internationaler wissenschaftlicher Verlag sind wir uns unserer besonderen Verpflichtung der Umwelt gegenüber bewußt und beziehen umweltorientierte Grundsätze in Unternehmensentscheidungen mit ein.

Von unseren Geschäftspartnern (Druckereien, Papierfabriken, Verpackungsherstellern usw.) verlangen wir, daß sie sowohl beim Herstellungsprozeß selbst als auch beim Einsatz der zur Verwendung kommenden Materialien ökologische Gesichtspunkte berücksichtigen.

Das für dieses Buch verwendete Papier ist aus chlorfrei bzw. chlorarm hergestelltem Zellstoff gefertigt und im pH-Wert neutral.

Druck: COLOR-DRUCK DORFI GmbH, Berlin
Verarbeitung: Buchbinderei Lüderitz & Bauer, Berlin